21世纪高等学校计算机教育实用规划教材

新编C程序设计案例教程

张秀国　主编
马金霞　刘　博　宋传磊　编著

清华大学出版社
北京

内容简介

本书通过解决一些实际案例引出C语言的相关知识点，全面介绍了C语言程序设计中常用的选择结构、循环结构、数组、函数、指针、结构体、文件等知识点。通过进行案例分析学习理论知识，启发读者如何利用C语言去解决实际问题，以提高分析问题、解决问题的能力。

全书共分4篇：第1篇(第1～4章)为基础篇，着重介绍编程中必备的计算机基础知识、数据的表示、存储、数据运算等知识点；第2篇(第5～7章)为流程控制篇，着重讨论程序设计中选择结构、循环结构及模块化功能函数的使用方法；第3篇(第8～11章)为数据操作篇，着重介绍解决实际问题时对数据进行处理的基本方法和技术；第4篇(第12～14章)为高级应用篇，主要讲述编程中常用的一些库函数及文件的使用方法，最后通过一个综合案例来说明C语言程序设计的应用。全书提供了大量的应用实例，每章后均附有习题。

本书适用于C语言程序设计的初学者，既可以作为应用型高等院校中计算机、软件工程专业本科生、专科生的教材，也可以作为非计算机专业学生及有兴趣学习C语言的自学教材。

图书在版编目(CIP)数据

新编C程序设计案例教程/张秀国主编. --北京：清华大学出版社，2015 (2023.1重印)

21世纪高等学校计算机教育实用规划教材

ISBN 978-7-302-40437-8

Ⅰ. ①新… Ⅱ. ①张… Ⅲ. ①C语言－程序设计－高等学校－教材 Ⅳ. ①TP312

中国版本图书馆CIP数据核字(2015)第122219号

责任编辑：刘 星 薛 阳
封面设计：常雪影
责任校对：李建庄
责任印制：宋 林

出版发行：清华大学出版社
网　　址：http://www.tup.com.cn，http://www.wqbook.com
地　　址：北京清华大学学研大厦A座　　**邮　　编**：100084
社 总 机：010-83470000　　**邮　　购**：010-62786544
投稿与读者服务：010-62776969，c-service@tup.tsinghua.edu.cn
质量反馈：010-62772015，zhiliang@tup.tsinghua.edu.cn
课件下载：http://www.tup.com.cn，010-83470236
印 装 者：涿州市般润文化传播有限公司
经　　销：全国新华书店
开　　本：185mm×260mm　　**印　　张**：18.75　　**字　　数**：463千字
版　　次：2015年8月第1版　　**印　　次**：2023年1月第10次印刷
印　　数：5901～6400
定　　价：49.00元

产品编号：064123-02

前　言

随着信息技术和计算机技术的快速发展，计算机已经渗入到各个专业。对非计算机专业人才来说，掌握一门计算机编程语言能够加深理解对本专业软件的应用，从而提高专业软件的操作能力。C语言是使用最为广泛的计算机基础语言，无论是计算机专业人员，还是非计算机专业人员，学好C语言可以为今后的学习、工作打下专业基础。

在很多应用型院校中，都将C语言作为一门极为重要的专业基础课程。C语言作为程序设计课程之一，主要培养学习者掌握基本问题的求解过程和基本思路，学会如何应用计算机解决实际问题和分析问题。为了能够帮助读者较好地学习和掌握好C语言，提高学习者对编程语言的学习兴趣，作者结合对编程语言教学改革，编写了案例式教学教材。案例式教学是以案例的分析解决为主线，通过对案例中的问题进行分析讨论，激发学生的求知欲和主动性，教给学生分析问题和解决问题的方法和道理。它既是一种互动式的教学方法，更是实现理论联系实际的有效手段。鉴于此，本教材讲解知识点的主要思路是先提出问题，然后分析问题，最后解决问题。在课堂上，采用引导式教学方法，使学生在学习编程语言过程中轻松入门，领会编程语言的魅力，真正掌握分析解决问题的能力。

本书具有如下特色。

1. 突出案例式驱动教学

分析归纳了C语言的主要知识点，精选出典型案例，通过对每个具体案例的分析引出相关知识点，介绍知识点，最后应用知识点解决问题，帮助读者了解C语言中各个知识点的学习目的性。

2. 通俗易懂，层次分明

本书按照编程语言的特点，分为基础篇、流程控制篇、数据操作篇、高级应用篇，循序渐进，由简单到复杂，做到讲解每个知识点具有较强的目的性和针对性，并有一定的层次性。基础篇介绍C语言数据类型、基本结构等基础知识，帮助读者认识编程语言，学会解决实际生活中的简单问题；流程控制篇主要介绍选择结构、循环结构、函数等用来控制程序执行顺序的相关内容，通过设计出多样的程序流程结构来解决实际生活中较为复杂的问题；数据操作篇主要介绍数组、字符串、指针、结构体等数据处理的相关内容。学习本部分内容使读者在解决问题过程中，既能较方便地对数据进行处理，又能降低处理数据的复杂度；高级应用篇主要介绍如何使用C语言提供的标准库函数及文件等内容来说明编程语言的实际应用。

3. 实用性强

本教材的实用性主要表现在：有较强的课堂操作性，让教师感到便于进行知识的传授和技能的训练，让学习者感到学起来方便容易；通过对实际问题进行分析，让学习者明显感到学习编程语言的用处所在；内容编排上遵循由易到难，注重编程语言的内在联系和区别，使自学本书者也能得心应手。

4. 知识点全面，讲解内容简练

本书涵盖了许多C语言教材中未讲解的内容，如标准库函数、复杂指针的使用方法等。对每个知识点的讲解都是以案例为中心进行展开，注重了对知识点的“用”。

适用的读者：

本书适用于学习计算机编程语言类课程的初学者使用，也可以作为应用型本科院校、高职高专类院校中各专业学习程序设计基础的教材，还可以供有兴趣学习C语言的读者进行自学。

出版说明：

本书主要以程序设计为主，未涉及具体的编程环境，整套教材提供的代码都可以在Visual C++、Borland C++、Turbo C、Dev C++中运行。

本书为作者在多年对编程语言类课程教学与程序设计实践的基础上，结合多次编写相关讲义的经验总结而成。全书共分为14章，其中第1～4章由刘博编写，第5、11、12章由宋传磊编写，第6、7、13、14章由马金霞编写、第8～10章由张秀国编写。最后全书由张秀国统编定稿。

在本书的写作过程中，江连海、王磊提供了编写本书所用到的附录及习题，王小妮、吴伟伟、薛晓亚对本书的资料进行了整理及校对，在此向他们表示衷心的感谢。

限于编者的水平和经验，加之时间比较仓促，书中疏漏或者不足之处在所难免，敬请读者批评指正。有兴趣的朋友可发送邮件到zxg@qdc.edu.cn与作者交流。

编　者

2015年3月

目 录

基 础 篇

流程控制篇

数据操作篇

高级应用篇

基 础 篇

通过计算机来解决实际问题，事实上是将实际问题的信息转换成数据，计算机通过对数据进行一定的计算处理，得到运算结果再转换成信息，从而解决实际问题。计算机对数据的处理过程是通过编程语言来实现的，编程语言是一门计算机语言，既然是语言，就需要按照一定的规则进行组织，像汉语、英语等一样，都有各自一整套的语法规则。在编程语言中，对数据是如何进行表示的？如何进行存储的？如何进行计算的？这三个问题是学习一门编程语言的入门知识。在本篇中，主要对常量、变量、运算符、输入输出进行详细介绍，学好本篇内容是掌握编程语言的基础。

第1章 编程中必备的基础知识

学好编程语言，首先要掌握一些计算机的基础知识，主要包括计算机的工作原理、计算机的组成、数据的存储形式以及编写程序所遵循的算法等。只有清楚了这些知识，学习编程才能更加轻松和得心应手。

1.1 编程语言

对于计算机而言，并不会因为程序员想什么，它就做什么，它只能根据程序员编写的程序指令完成相应的操作。虽然这些程序指令是由程序员下达的，但是，需要计算机必须识别并可以根据指令表达的含义完成相应的操作。那么，程序员和计算机到底是如何交流的呢？

人与人之间交流需要语言，人和计算机之间交流同样也需要语言。只是这种语言不是单纯的汉语、英语，而是符合计算机语法的语言，这种计算机能够响应、程序员能够理解的语言被称为计算机程序设计语言，也叫编程语言。编程语言是人和计算机交流、沟通的桥梁。

当前可用的编程语言以各种形式和类型出现，这些不同形式和类型的语言使编程过程更容易，它们或者专门针对某个硬件的特别属性，或者满足某个应用程序的特殊要求。但是，在基本层面，所有的程序都必须最终转换成机器语言程序，这是能够实际操作计算机的唯一程序类型。事实上，可以把程序设计语言分为机器语言、汇编语言和高级语言三类。

1. 机器语言

机器语言是直接用二进制代码表示指令的计算机语言。指令是由若干个0和1组成的一串代码，它们有一定的位数，并分成若干段，各段的编码表示不同的含义。例如，某台计算机字长为16位，即用16个二进制位组成一条指令或其他信息。16个0和1可组成各种排列组合，通过线路变成电信号，进而使得计算机能够执行各种不同的操作。例如，一个简单的包含两条指令的机器语言程序是：

```
11000000000000000001000000000010
11110000000000000001000000000011
```

每一个构成一条机器语言指令的二进制数字序列最少由两部分组成：指令部分和数据部分。指令部分称为操作码，告诉计算机要执行的操作，如加、减、乘等。二进制数的其余部分提供有关数据的信息。

机器语言是一种低级语言，它是最接近计算机硬件的一种语言，也是计算机唯一直接识别的语言。也就是说，无须翻译，计算机就能识别机器语言并可以执行相关的操作。因此，采用机器语言进行编码，计算机的执行效率较高。但是，由于每一条指令都是由若干个二进制数来表示，所以，编写机器语言的程序难度大、直观性差、容易出错和不易调试，给程序员带来了诸多不便。

2. 汇编语言

汇编语言，又称助记符语言，就是采用单词风格的符号替代机器语言中的二进制操作码。如ADD、SUB、MUL等。虽然相对于机器语言来说，汇编语言减轻了程序员烦琐的编程压力，但是，汇编语言必须经过翻译才能被计算机识别，而这个翻译的过程被称为汇编过程。

汇编语言比机器语言易于读写、调试和修改，同时具有机器语言的全部优点。但在编写复杂程序时，汇编语言相对高级语言而言，其代码量较大，而且汇编语言依赖于具体的处理器体系结构，即不能在不同处理器体系结构之间进行移植。所以，汇编语言适合编写一些有速度要求的程序或直接控制硬件的程序。

3. 高级语言

机器语言和汇编语言一般都称为低级语言。

高级语言是较接近自然语言和数学公式的编程语言，基本上脱离了机器的硬件系统，能够用人们更易理解的方式编写程序。高级语言并不是特指某一种具体的语言，而是包括很多种编程语言，如目前流行的BASIC、C、C++、Delphi、Java等，这些语言的语法、命令格式都不相同。

高级语言与计算机的硬件结构及指令系统无关，它具有更强的表达能力，可方便地表示数据的运算和程序的控制结构，能更好地描述各种算法，而且容易学习掌握。但高级语言编译生成的程序代码一般比用汇编程序语言设计的程序代码要长，执行的速度也较慢。

三种程序设计语言各有特色，使用的时期和领域也有所不同。可以根据自己的实际情况，选择不同的编程语言。但是，使用比较多的还是高级语言，而本书要介绍的C语言就是高级语言中的一种。虽然C语言是高级语言，但它也具有低级语言的某些特点，能够处理一些硬件控制操作，这也是C语言应用广泛的一个最基本的原因。

1.2 计算机基础知识

计算机的发展经历了电子管时代、晶体管时代、中小规模集成电路时代、大规模和超大规模集成电路时代，未来将迎来光子和量子计算机时代。到目前为止，无论是哪一个计算机时代，计算机的设计始终遵循冯·诺依曼式体系结构，即：计算机都是由运算器、控制器、存储器、输入设备和输出设备5大部分组成，整个工作过程遵循着存储程序控制的原理，并在其内部都是以二进制的形式存储数据来实现的。

1.2.1 计算机的工作过程

有人认为计算机非常神奇，也非常强大，玩游戏、看视频、网购等什么事情都能完成。其实，它所有功能的体现就是在进行数据运算。比如说，在计算机中玩一个战斗游戏，玩家拿枪打中敌人，敌人中弹倒地。实际上，计算机就是在计算枪口射出的子弹和敌人的坐标数据是否相同，如果相同，则显示一张敌人中弹倒地的图片。也就是说，计算机做的任何事情，实现的任何功能都是在计算数据。

前面说过，计算机是由运算器、控制器、存储器、输入设备和输出设备5大部件组成。输入设备也就是向计算机进行输入数据的设备，如键盘；输出设备就是将计算的数据结果进行输出的设备，如显示器；那么，运算器、控制器、存储器三者之间又是如何工作的呢？

为了说明这个问题，现在假设有一个没有记忆能力的人，其身边有一套纸笔和计算器，该计算器只能进行两个数据的算术运算，即不能进行多个数据的连算。现让他计算出(5+7)×(2+6)的结果，其步骤如下。

Step1：向计算器中分别输入5+7。

Step2：得出结果12，将结果12写到纸上。

Step3：向计算器中分别输入2+6。

Step4：得出结果8，将结果8写到纸上。

Step5：从纸上读出12、8的数据输入到计算器中，计算12×8。

Step6：得出结果96，将结果96写到纸上。

Step7：从纸上读出数据96，输出最终结果。

从以上解决问题的步骤来看，有人、计算器、纸三个主要元素，事实上，其工作分别对应了控制器、运算器、存储器。

这样也就不难理解计算机5大部件的工作过程是：首先，将程序和数据通过输入设备送入存储器；然后，计算机从存储器中依次取出程序指令送到控制器进行识别和分析该指令的功能；控制器根据指令的含义发出相应的命令(如加法、减法)，将存储单元中存放的操作数取出送往运算器进行运算，再把运算结果送回存储器指定的单元中；最后，计算机可以根据指令将最终的运算结果通过输出设备进行输出。

了解了计算机的工作过程，实际上，也就清楚了计算机的"神经系统"。依照这个"神经系统"，对计算机整个系统的组成也就不难理解了。

1.2.2 计算机系统的组成

一个完整的计算机系统由硬件系统和软件系统两大部分组成。

1. 硬件系统

硬件系统主要包括运算器、控制器、存储器和输入、输出设备5大部件。其中，运算器和控制器构成中央处理器，也就是人们常说的CPU(Central Processing Unit)；存储器是存放数据的单元，可以分为内存和外存，内存主要指RAM(Random Access Memory，随机存取存储器)，外存主要指计算机中的硬盘；输入设备就是人们常说的键盘和鼠标，而输出设备就是显示器。计算机硬件系统组成如图1-1所示。

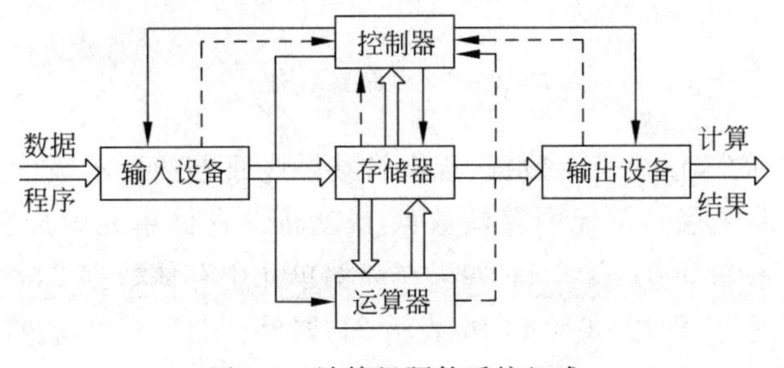

图1-1　计算机硬件系统组成

2. 软件系统

软件系统主要是指使计算机运行所需的程序，其作用在于对计算机硬件系统的有效控制与管理，提高计算机资源的使用效率，协调计算机各组成部分的工作，并在硬件提供的基本功能的基础上拓展计算机的功能，提高计算机实现和运行各类应用任务的能力。

计算机软件系统通常分为系统软件和应用软件两大类。

系统软件是管理、监控和维护计算机资源(包括硬件和软件)、开发应用软件的软件。例如，操作系统、语言处理程序、数据库管理系统等都属于系统软件。

应用软件是为解决计算机各类应用问题而编写的软件。应用软件具有很强的实用性，随着计算机应用领域的不断拓展和计算机的广泛应用，各种各样的应用软件与日俱增，如Microsoft Office、Adobe Photoshop等。

1.2.3 存储器

从1.2.1节中计算(5+7)×(2+6)的例子看出，每一步都在不停地存取数据，也就是说，如果通过编写程序来实现每一步的操作，事实上，整个程序设计都是围绕着对存储器的操作。由此看来，学习程序设计语言，掌握存储器是如何存储数据是至关重要的。

存储器结构如图1-2所示。存储器是由一个个的单元组成，每个单元被称为一个存储单元，每个存储单元都有一个编号。比如，图1-2存储器结构图中的0000H、0001H等，这些编号都被称为内存地址。存储单元就像一个房间一样用来存储数据，那么，它是如何存放数据的呢？其实，在每个房间中都有8根线，每根线称为1位(b)，是电子计算机中最小的数据单位，每一位的状态只能是0或1。每个房间即一个存储单元称为1个字节(B)，是由8位组成(即1B=8b)，也是存储空间的基本计量单位。

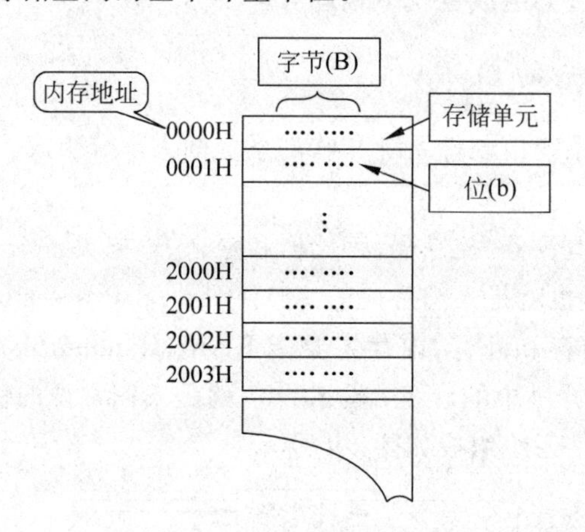

图1-2 存储器结构

为了能用房间中的8根线表示数据，规定给某根线通电就表示该位为1，不通电就表示该位为0。例如，如果在存储单元中存储数据1，就将该存储单元中最右边的线通电，其余7根线不通电，即用0000 0001表示1；如果在存储单元中存储数据2，就将右边数第二根线通电，其余7根线不通电，即用0000 0010表示2；如果存储数据3，就将最右边的两根线通电，其余6根线不通电，即用0000 0011表示3；以此类推，用0000 0100表示4，0000 0101

表示 5……直到该 8 根线全部通电，即 1111 1111，到达该存储单元中表示的最大数值。

事实上，像 0000 0101 一样，每位上只有 0 和 1 组成的数据被称为二进制数据。在现实生活中，为了更加方便地表示数据，创建了各种各样的数据。使用计算机的目的是为了解决应用中的实际问题，因此，在编程过程中，就会涉及这些各种各样的数据。那么这些数据在计算机内部是如何表示的，它们和现实中的数据又有着怎样的关系呢？

1.3 数制及其转换与数值型数据的存储表示

咿呀学语时，父母就教我们数数：1,2,3,4,5,6,7,8,9,10,11,12,…,20,21,22,23,…,30,31,…。上了小学，我们又知道了不管多大的数，都是由 0～9 这 10 个数字组成，而借一当十、逢十进一则是运算的法则。除此之外，还有一小时是 60 分钟，一分钟是 60 秒等，这里的运算规则是逢六十进一、借一当六十。为什么会有这样的运算规则？“十”和“六十”又代表什么？

1.3.1 数制进位中的基本概念

接下来介绍的这几个概念是学习数制及其数制转换过程中的重要知识点。只有理解了这些基本概念，在运算过程中才能游刃有余。

进制：进位记数制，是指用进位的方法进行记数的数制，例如十进制、二进制。

数码：一组用来表示某种数制的符号，如 1、2、3、4、A、B、C 等。

基数：数制所允许使用的数码个数称为“基数”或“基”，常用 R 表示，称 R 进制。例如，二进制的数码是 0、1，基数为 2。

位权：指数码在不同位置上的权值。在进位记数制中，处于不同数位的数码代表的数值不同。例如，十进制数 153，其中，个位数上数码 3 的权值为 10^0，十位数上数码 5 的权值为 10^1，百位数上数码 1 的权值为 10^2。

在对数据的表示中，一般采用二进制、八进制、十进制和十六进制这 4 种进制。由数码、基数的概念可以知道，表示一个十进制数据，其数码可以使用 0～9 这 10 个数字，基数 R 为 10，运算特点是逢十进一、借一当十；表示一个二进制数据，其数码可以使用 0、1 这两个数字，基数 R 为 2，运算特点是逢二进一、借一当二；表示一个八进制数据，其数码可以使用 0～7 这 8 个数字，基数 R 是 8，运算特点是逢八进一、借一当八；表示一个十六进制数据，其数码可以使用 0～9、a～f、A～F 这 10 个数字和大小写各 6 个字母，基数 R 是 16，运算特点是逢十六进一、借一当十六。

在计算机科学中，不同情况下允许采用不同的数制表示数据，这样就存在着同一个数可用不同的数制表示及它们之间相互转换的问题。为了弄清楚二、八、十、十六进制之间的转换，先来看一下十进制、二进制、八进制以及十六进制数据之间的对应关系，表 1-1 展示了十进制、二进制、八进制和十六进制数据之间的对应关系。其中，十六进制数的数码 a～f(或 A～F)分别对应十进制数 10～15；二进制、八进制、十六进制的数值 10 分别对应十进制的数值 2、8、16。

表 1-1 十进制、二进制、八进制和十六进制数据对应关系表

十进制	二进制	八进制	十六进制	十进制	二进制	八进制	十六进制
0	0	0	0	9	1001	11	9
1	1	1	1	10	1010	12	a(A)
2	10	2	2	11	1011	13	b(B)
3	11	3	3	12	1100	14	c(C)
4	100	4	4	13	1101	15	d(D)
5	101	5	5	14	1110	16	e(E)
6	110	6	6	15	1111	17	f(F)
7	111	7	7	16	10000	20	10
8	1000	10	8	17	10001	21	11

1.3.2 数制之间的转换

数制之间的转换根据方法的不同可以分为三类：一是从二进制、八进制、十六进制转换成十进制；二是从十进制转换成二进制、八进制、十六进制；三是对二进制、八进制和十六进制之间的转换。

1. 二进制、八进制、十六进制转换成十进制

对于二进制、八进制、十六进制转换成十进制数是比较容易的。不管哪一种进制都可以通过写出它的按权展开式,实现其向十进制的转换。

例如,一个十进制整型数据123.456的展开式是：

$$123.456=1\times10^2+2\times10^1+3\times10^0+4\times10^{-1}+5\times10^{-2}+6\times10^{-3}$$

其中,10^2、10^1、10^0、10^{-1}、10^{-2}、10^{-3}分别表示数据中各位上的权值。

因此,二进制、八进制、十六进制转换成十进制数据的方法是：对于任何一个二进制、八进制、十六进制数,可以写出它的按权展开式,再按十进制进行计算求和即可转换为十进制数。例如,分别将二进制数100101.1011、八进制数234.237、十六进制1A4f.BA5转换成十进制数值的运算过程如下。

$$\begin{aligned}(100101.1011)_2&=1\times2^5+0\times2^4+0\times2^3+1\times2^2+0\times2^1+1\times2^0+1\times2^{-1}+0\times2^{-2}+1\times2^{-3}+1\times2^{-4}\\&=32+0+0+4+0+1+0.5+0+0.125+0.0625\\&=37.6875\end{aligned}$$

$$\begin{aligned}(234.237)_8&=2\times8^2+3\times8^1+4\times8^0+2\times8^{-1}+3\times8^{-2}+7\times8^{-3}\\&=128+24+4+0.25+0.046\,875+0.013\,671\,875\\&=156.310\,546\,875\end{aligned}$$

$$\begin{aligned}(1A4f.BA5)_{16}&=1\times16^3+10\times16^2+4\times16^1+15\times16^0+11\times16^{-1}+10\times16^{-2}+5\times16^{-3}\\&=4096+2560+64+15+0.6875+0.039\,062\,5+0.001\,220\,70\\&=6375.727\,783\end{aligned}$$

2. 十进制转换成二进制、八进制、十六进制数

十进制转换为其他进制数时,待转换数据的整数部分和小数部分在转换时需作不同的

计算，分别求值后再组合在一起。

假设，现将一个十进制数据转换为二进制数据时，则十进制数据的整数部分采用的转换方法是：整数部分数据不断除以基数 2，直到商为 0，得出的余数倒序排列，即为二进制数据整数部分各位的数码。十进制数据的小数部分采用的转换方法是：小数部分数据不断乘以基数 2，并记下其整数部分得到二进制数各位的数码，直到结果的小数部分是 0 为止，并正序排列。

例如，十进制数据 $(286.8125)_{10}$ 转换成二进制数据是 $(100011110.1101)_2$，其具体的计算过程如下。

整数部分：

算式	余数	
286/2=143	余数为：0	↑ 最低整数位
143/2=71	余数为：1	
71/2=35	余数为：1	
35/2=17	余数为：1	
17/2=8	余数为：1	
8/2=4	余数为：0	
4/2=2	余数为：0	
2/2=1	余数为：0	
1/2=0	余数为：1	最高整数位

所以：$(286)_{10}=(100011110)_2$

小数部分：

算式	取整	
0.8125×2=1.625	取整为：1	最高小数位
0.625×2=1.25	取整为：1	
0.25×2=0.5	取整为：0	
0.5×2=1.0	取整为：1	↓ 最低小数位

所以：$(0.8125)_{10}=(0.1101)_2$

组合：$(286.8125)_{10}=(100011110.1101)_2$

同理，对于十进制向八进制转换的方法是：整数部分数据不断除以基数 8，直到商为 0，得出的余数倒排，小数部分数据不断乘以基数 8，保留整数部分，直到结果的小数部分是 0 为止。例如，十进制数据 $(286.8125)_{10}$ 转换成八进制数据是 $(436.6463)_8$，具体的计算过程如下。

整数部分：

算式	余数	
286/8=35	余数为：6	↑ 最低整数位
35/8=4	余数为：3	
4/8=0	余数为：4	最高整数位

所以：$(286)_{10}=(436)_8$

小数部分：

算式	取整	
0.8125×8=6.6	取整为：6	最高小数位
0.6×8=4.8	取整为：4	
0.8×8=6.4	取整为：6	
0.4×8=3.2	取整为：3	↓ 最低小数位

此时，由于小数部分始终不为 0，则应截取适当的小数位数，使其误差达到所要求的精度就可以了。比如，本例中精确到 4 位小数，所以：$(0.8125)_{10}=(0.6463)_8$。

组合：$(286.8125)_{10}=(436.6463)_8$

对于十进制转换成十六进制，只是将基数改为16，其转换方法与以上相同。例如，十进制数据$(286.8125)_{10}$转换成十六进制数据是$(11e.d)_{16}$，其具体的计算过程如下。

整数部分： 286/16=17　　余数为：14(e)　↑最低整数位

17/16=1　　余数为：1

1/16=0　　余数为：1　　最高整数位

所以：$(286)_{10}=(11e)_{8}$

小数部分： 0.8125×16=13.0　　取整为：13(d)

所以：$(0.8125)_{10}=(0.d)_{16}$

其中，数据14、13在十六进制数中分别用数码e、d表示。组合：$(286.8125)_{10}=(11e.d)_{16}$。

3. 二进制转换成十六进制和八进制转换成十六进制

在二进制、八进制和十六进制数据的相互转换中，需要利用表1-1中这三种进制的对应关系。八进制数的基数是8，正好是2^3，十六进制数的基数是16，正好是2^4。三种进制之间具有2的整指数倍关系，由此，可以利用这个关系进行直接转换。

二进制转换成八进制的方法是：将二进制数从小数点开始，整数部分向左每三位为一组，不足三位的左补0凑成三位，小数部分向右每三位为一组，不足三位的右补0凑成三位，再将每组分别转换成对应八进制数码中的一个数字，然后全部连接起来即可。例如，二进制数据$(100011110.1101)_2$转换成八进制数据是$(436.64)_8$，其具体的计算过程如下。

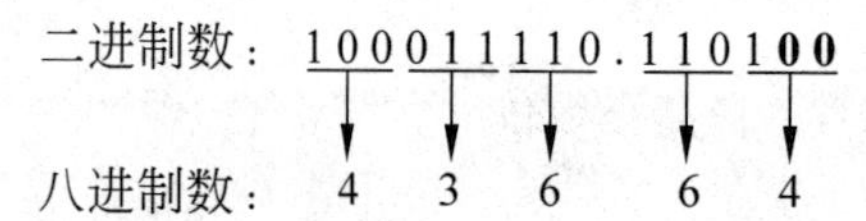

所以：$(100011110.1101)_2=(436.64)_8$

反过来，将八进制数转换成二进制数，只要将每一位的八进制数码转换成相应的三位二进制数即可。

二进制转换成十六进制的方法与转换成八进制的方法相类似。同样是将二进制数从小数点开始，分别向左、右每4位为一组，不足4位的补0(整数部分左补0，小数部分右补0)凑成4位，再将每组分别转换成对应十六进制数码中的一个数字，然后全部连接起来即可。例如，二进制数据$(100011110.1101)_2$转换成十六进制数据是$(11e.d)_{16}$，其具体的计算过程如下。

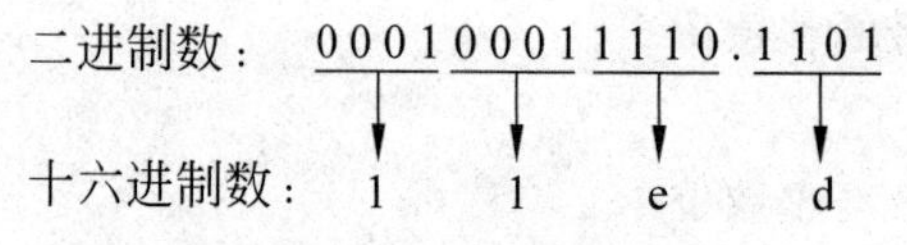

所以：$(100011110.1101)_2=(11e.d)_{16}$

同样反过来，将十六进制数转换成二进制数，只要将每一位的十六进制数码转换成相应的4位二进制数即可。

对于八进制和十六进制的相互转换，可以通过二进制数作为中间桥梁，先将数据转换为二进制数，再将得到的二进制转换成相应的数值。例如，若将上例中八进制数$(436.64)_8$转换成十六进制$(11e.d)_{16}$，其具体方法是：先将八进制数$(436.64)_8$转换成二进制数$(100011110.1101)_2$，再将该二进制数转换成十六进制数$(11e.d)_{16}$即可。

综上所述，无论是哪一种情况转换，如果转换的数据既有整数又有小数时，则分别按照整数规则和小数规则转换，最后用小数点连接即可。

各种进制之间数据的转换对于了解计算机内部数据的存储有很大的帮助。因为计算机内部是一个二进制世界。所有现实中的数据都是以二进制的形式进行存储的，只是不同类型的数据编码方案不同而已。

1.3.3 二进制数的运算

现在已经知道，计算机内部是一个二进制的世界，即所有数据在计算机内部都是由若干个0和1构成的。而0和1刚好对应着电路的低电压和高电压两种状态，因此，二进制运算能够直接处理硬件。

二进制数的运算，实际上就是对二进制数的每一位进行运算，也称为位运算。主要包括二进制的加、减、与、或、非、异或等运算。

1. 加法运算（＋）

参加运算的两个数据，按二进制位进行“加”运算。十进制数据进行四则运算时，遵守“逢十进一”的原则。而二进制数据则遵守“逢二进一”。

例如，3＋5＝8，用二进制数表示为

```
    00000011     (3)
＋  00000101     (5)
─────────────────────
    00001000     (8)
```

注意：对于有符号数来说，符号位不能参加运算，只对其数据位进行运算。

2. 减法运算（－）

进行二进制位减法运算，要遵循“借一当二”的原则。

例如，3－5＝－2，用二进制数表示为

```
    00000011     (3)
－  00000101     (5)
─────────────────────
    11111110     (－2)
```

也可以将3－5转换成3＋（－5）来进行计算。

3. 与运算（&）

参加运算的两个数据，按二进制位进行“与”运算。如果两个相应的二进制位都为1，则该位的结果值为1；否则为0。即：0&0＝0，0&1＝1，1&0＝0，1&1＝1。

例如，3&5并不等于8，应该是3和5对应二进制位进行与运算：

```
    00000011     (3)
&   00000101     (5)
─────────────────────
    00000001     (1)
```

因此，3&5的值为1。如果参加与（&）运算的是负数（如－3&－5），则将－3和－5转换成二进制补码的形式，然后再进行按位进行“与”运算。

按位与有以下一些特殊的用途。

（1）清零。将某一个单元清零，选择全0与该单元的数值进行与运算，使该单元的每一位数值都为零。

(2) 取一个二进制数中某些指定位。假设有一个8位二进制表示的整数a,想要整数a的低4位,只需将a与$(00001111)_2$按位与即可。

(3) 可以保留指定位的数据,选一个合适的二进制数进行与运算。所谓的合适数据只要满足在指定位上取1即可。

4. 或运算(|)

两个相应的二进制位中只要有一个为1,该位的结果值为1。即:0|0=0,0|1=1,1|0=1,1|1=1。

例如,3|5并不等于8,应按二进制位进行或运算:

```
      00000011      (3)
|     00000101      (5)
--------------------------
      00000111      (7)
```

如果想使一个8位的二进制数a的低4位改为1,只需将a与$(00001111)_2$进行按位或运算即可。

5. 非运算(~)

~是一个单目运算符,用来对一个二进制数按位取反,即将0变1,1变0。

例如,~3的结果不是-3,而是-4,注意~3和-3不同。

```
   00000011      (3)
~      ⇩
   11111100      (-4)
```

要将补码11111100转换成十进制数据,则为-4。

~运算符的优先级别比算术运算符、关系运算符、逻辑运算符和其他位运算符都高。例如,~a&b,先进行~a运算,然后进行&运算。

6. 异或运算(∧)

异或运算符∧也称XOR运算符。它的规则是:若参加运算的两个二进制位相同,则结果为0(假);否则结果为1(真)。即:0∧0=0,0∧1=1,1∧0=1,1∧1=0。

例如,3∧5的结果不是8,而是6。按照二进制位进行异或运算:

```
      00000011      (3)
∧     00000101      (5)
--------------------------
      00000110      (6)
```

"异或"的意思是判断两个相应的位值是否为"异",为"异"(值不同)就取真(1);否则为假(0)。

"异或"运算符有很多特殊的用法:指定位翻转;保留原来值;交换两个变量的值等。

1.3.4 数据在计算机内部的存储形式

前面讨论的数都没有考虑符号,一般认为是正数,但在算术运算中总会出现负数。那么,计算机内部是如何区分数据的正负值呢?实际上,对于一个有符号数来说,计算机将其数据分为两部分:一部分表示数的符号,另一部分表示数的数值。一般用最高位来表示数的正负号,称该位为符号位,正数用0表示,负数用1表示。

例如，十进制数 3 和 -3 用 8 位二进制数表示形式如图 1-3 所示。

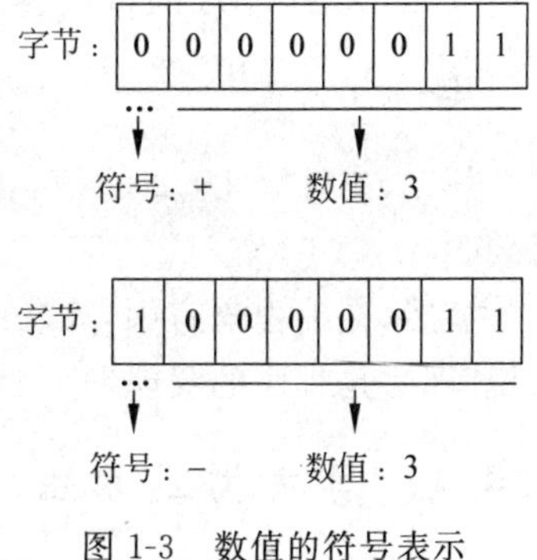

图 1-3　数值的符号表示

但是，使用这种数据表示方式出现了两个方面的问题：第一，不方便于计算机的加减运算。例如，将数值 -3 减 1，应该在 1000 0011 基础上减 1，得出 1000 0010，而此数表示 -2，并不是 -4；第二，对于一个有符号数来说，0000 0000 和 1000 0000 都表示数值 0，在计算机中产生了不确定性和二义性，不利于编程。因此，为了解决这两个问题，在计算机系统中，任何数值事实上都是采用“补码”进行存储表示的。要想弄清楚数值的补码表示，需要借助原码和反码两个概念。

原码是指一个数据的带有符号位的真值表示，而数据的真值就是该数绝对值的二进制表示。例如：

+3 的原码是$(00000011)_2$

-3 的原码是$(10000011)_2$

反码是指将数据的原码除符号位之外，其他各位按位取反，即 0 变 1，1 变 0。但是，对于负数，反码的数值是将其原码数值按位求反而得到的；而对于正数，其反码和原码相同。例如：

+3 的反码是$(00000011)_2$

-3 的反码是$(11111100)_2$

补码是指在反码的基础上加 1。但是，对于负数，补码的数值是将其反码数值进行加 1 操作得到；而对于正数，其补码也和原码相同。例如：

+3 的补码是$(00000011)_2$

-3 的补码是$(11111101)_2$。

由此，按照补码的存储形式，不管是正数还是负数，计算机都可以使用同样的加法减法规则了。例如，-3 的补码是$(11111101)_2$，对其减 1 得到$(11111100)_2$，该二进制数正好是 -4 的补码，读者可以按照求补码的方法求出 -4 的补码进行验证。同样，采用补码的存储形式也消除了二义性，对于有符号数来说，$(0000\ 0000)_2$ 表示数值 0，而$(1000\ 0000)_2$ 表示数值 -128。

掌握数值补码的求法，不仅能够知道数值在计算机内部的存储表示，还可以计算出一定字节中存储数据的数值范围，该计算方法将在后续章节中讲述。

1.4 算　　法

解决任何实际问题，都需要分步骤进行。例如，完成旅游这个任务，可以先购票、收拾行李，拿票等候上车分步骤进行。当然，也可以先收拾行李，然后再去购票，最后拿票等候上车。也就是说，解决同一个问题，可以有不同的步骤来完成。同样，编写程序也是由若干个步骤来完成的。而用来解决实际问题的一般步骤被称为算法。解决一个实际问题的方法、步骤有很多种，也就是算法有很多种。但是，一个好的算法能够提高解决问题的效率。

例如,求1～100的自然数之和,方法就有很多种。

其一,用公式$\frac{n(1+n)}{2}$(n=100)直接计算得到结果5050(其中n是100)。

其二,先计算1+2的值,再依次累加3、4、5、…、100,不断重复求和最后得到计算结果5050。

显然,在编程语言中,算法的好坏直接决定了计算机解决实际问题的效率。也就是为什么说"算法是程序的灵魂"这句话了。那么该如何描述和表示算法呢?

1.4.1 算法描述方法

算法的描述方法有很多,例如,自然语言描述、伪代码、传统流程图以及N-S结构图等。本节主要介绍伪代码和流程图两种形式。伪代码比较接近高级语言的表示,而流程图描述算法则比较形象直观。

1. 用伪代码的形式表示算法

伪代码是让人便于理解的代码。可以用中文、英文等比较熟悉的语言来表示程序的执行过程,但这个程序段不一定能够被编译通过。使用伪代码的目的是为了使被描述的算法可以更容易地以任何一种编程语言(Pascal、C、Java等)实现。因此,伪代码必须结构清晰、代码简单、可读性好。

用求1～100自然数之和为例,分析设计该题的算法,主要考虑用循环来实现的算法。伪代码的表示如下:

```
step 1: sum = 0 和 i = 1
step 2: sum = sum + i
step 3: i = i + 1
step 4: if i <= 100 then
              goto step 2
        else
              output sum
```

如上伪代码中用到的单词大家都比较熟悉,能见名之意。并且,这些代码能很清楚地表述程序求解的过程。针对代码稍加修改,就可以设计出满足C语言语法的C语言程序,程序运行后,很快就可以得到计算结果。

2. 用传统流程图的形式表示算法

所谓流程图,就是通过一些图形和流程线来描述问题的解答过程和思路。用流程图描述算法比用伪代码描述算法更加形象直观,是程序设计过程中切实有效的算法描述方法。为了保证流程图具有一定的通用性,因此,画流程图要有一定的行业习惯。

在绘制流程图中,各图形元素表示含义如图1-4(a)所示,圆角矩形框表示程序的开始和结束;平行四边形表示输入和输出框;矩形表示执行框;菱形表示条件判断框;箭头代表程序执行的先后顺序。

例如,用流程图表示1～100自然数之和的算法如图1-4(b)所示。

显然,用流程图表示算法形象直观,并且能很清楚地知道程序的下一步流程。但是,值得注意的是,并不是所有的由菱形、矩形、平行四边形以及连接线构成的图都是合法的流程图,画流程图必须要遵守算法的特性。那么一个设计优良的算法都应该具备什么特性呢?

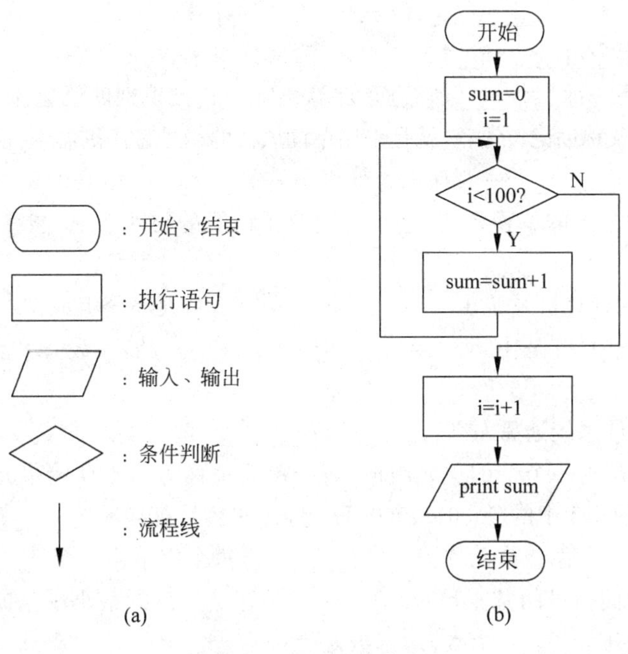

图 1-4　图形元素含义

1.4.2　算法特性

在计算机中，使用一个正确的算法，应当具备以下 5 个特性。

(1) 有穷性：算法必须在有限的时间内结束。即设计的算法不能出现无限循环的情况，计算机在执行若干个操作步骤之后结束，每一步都能在合理的时间内完成。

(2) 确定性：算法中每一步都必须有确切的含义，不能出现二义性，对于相同的输入数据必能得到相同的输出结果。

(3) 可行性：算法必须是有效可行的，计算机对算法中的每一步都可以执行并得出有用的数据，否则这个算法就是没有意义的。

(4) 有零个或多个输入：描述一个算法时，可以不需要输入任何数据，也可以需要输入多个数据。

(5) 有一个或多个输出：描述一个算法时，至少要有一个输出。算法主要是为了解决实际问题，是为了求“解”，这个“解”只有通过输出才能得到。

在程序设计中，通常使用算法的 5 大特性来判断该算法的设计是否合理、正确。由此，只有充分理解和掌握了算法的主要特性，在用算法描述实际问题时，才能更好地解决实际问题。

习　题　1

一、填空题

1. 程序员和计算机交流的工具是________。
2. ________是人和计算机交流、沟通的桥梁。
3. 程序设计语言可以分为________、________和________三类。

4. 机器语言是直接用________代码表示指令的计算机语言。

5. 机器语言指令由________和________两部分组成。

6. 机器语言是一种________,它也是计算机唯一直接识别的语言。

7. ________,又称助记符语言,就是采用单词风格的符号替代机器语言中的二进制操作码。

8. 机器语言和________一般都称为低级语言。________相对汇编语言而言,它是较接近自然语言和数学公式的编程语言,基本上脱离了机器的硬件系统,能够用人们更易理解的方式编写程序。

9. 一个完整的计算机系统由________和________两大部分组成。

10. 计算机硬件系统是由运算器、________、________、输入设备和输出设备 5 大部分组成。

11. 计算机软件系统通常分为________和________两大类。

12. ________是由一个个的单元组成,每个单元被称为一个存储单元,每个存储单元都有一个编号,比如图 1-2 中的 0000H、0001H 等,这些编号都被称为________。

13. 存储器中一个存储单元称为一个________,每个字节由 8 个________组成(即 1B=8b),________是存储信息的基本单位,________是存储信息的最小单位。

14. 八进制共有________个数码,基数是________。

15. 两个 8 位二进制数 10101011 和 01001011 进行逻辑加的结果为________。

16. 十六进制数 AB.CH 对应的十进制数字是________。

17. $(205)_{16}=(\_\_\_\_\_\_\_\_)_{10}=(\_\_\_\_\_\_\_\_)_2=(\_\_\_\_\_\_\_\_)_8$

$(\_\_\_\_\_\_\_\_)_{16}=(957)_{10}=(\_\_\_\_\_\_\_\_)_2=(\_\_\_\_\_\_\_\_)_8$

$(\_\_\_\_\_\_\_\_)_{16}=(\_\_\_\_\_\_\_\_)_{10}=(\_\_\_\_\_\_\_\_)_2=(265.15)_8$

$(\_\_\_\_\_\_\_\_)_{16}=(\_\_\_\_\_\_\_\_)_{10}=(11110101.1100)_2=(\_\_\_\_\_\_\_\_)_8$

二、选择题

1. 以下选项中不属于程序设计语言的是(　　)。

A. 机器语言　　B. 汇编语言　　C. 高级语言　　D. 自然语言

2. C 语言属于(　　)。

A. 机器语言　　B. 汇编语言　　C. 高级语言　　D. 自然语言

3. 与十六进制数(AB)等值的二进制数是(　　)。

A. 10101010　　B. 10101011　　C. 10111010　　D. 10111011

4. 下列 4 个不同进制的无符号整数中,数值最小的是(　　)。

A. 10010010(B)　　B. 221(O)　　C. 147(D)　　D. 94(H)

5. 十进制数(−123)的原码表示为(　　)。

A. 11111011　　B. 10000100　　C. 1000010　　D. 01111011

6. 已知一补码为 10000101,则其真值用二进制表示为(　　)。

A. −000010　　B. −1111010　　C. −000000　　D. −1111011

7. 若 $x=+1011$,则$[x]_{补}=$(　　)。

A. 01011　　B. 1011　　C. 0101　　D. 10101

8. 设有二进制数 $x=-1101110$,若采用 8 位二进制数表示,则$[x]_{补}$为(　　)。

A. 11101101　　B. 10010011　　C. 00010011　　D. 10010010

9. 若$[X]_{补}=0.1011$，则真值 $X=$(　　)。

A. 0.1011　　B. 0.0101　　C. 1.1011　　D. 1.0101

10. 已知一补码为 10000101，则其真值用十进制表示为(　　)。

A. －1111011　　B. －1111010　　C. －000000　　D. －000010

三、简答题

1. 什么是编程语言?
2. 根据使用的逻辑元器件的不同，计算机的发展经历哪几代?
3. 简述计算机的工作过程。
4. 简述计算机硬件系统的各组成部分。
5. 简述什么是算法，算法的描述工具有哪些。
6. 简述算法的特征。

第2章　从认识C语言开始

本章主要从一个简单的“Hello World!”程序开始，帮助读者了解C语言程序的基本结构，进而阐述编写一个C语言程序所用到的基础知识：标识符、常量、变量以及运算符等。

2.1　从显示“Hello World!”开始

对于初学者来说，编程的最大障碍是设计算法。只要有了算法，不管用哪一种编程语言都能实现案例程序的编写。并且，操作的过程都是类似的。即：先编辑源程序，生成一个后缀名为.c的文件；接着编译源程序，生成一个后缀名为.obj的文件；然后连接，生成一个后缀名为.exe的文件，最后运行得到结果。如果程序运行后，没有达到预期的结果，则应该重新修改、调试、运行程序，直到完成任务为止。

接下来，就通过一个简单的例子认识C语言程序的基本结构。

【例2-1】　在屏幕上显示字符串“Hello World!”。

问题分析：

该程序只是要求在屏幕上显示一行信息，程序没有输入，只有一个输出。

程序代码如下：

```
/*一个简单的C程序*/
#include<stdio.h>
int main()
{
  printf("Hello World!\n");
  return 0;
}
```

程序运行结果如图2-1所示。

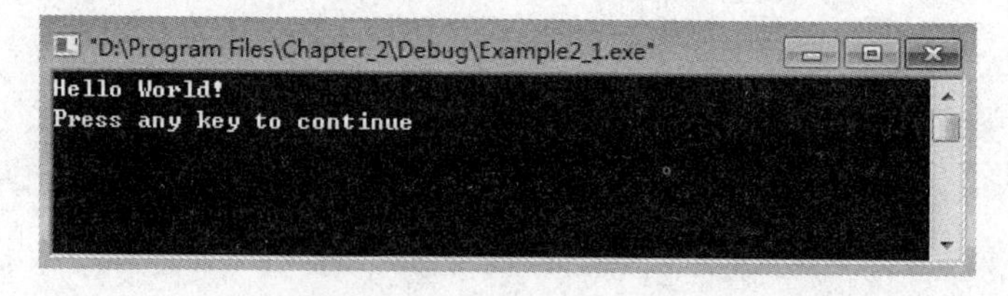

图2-1　例2-1程序运行结果

程序说明：

(1) “/ * 一个简单的 C 程序 * /”是注释信息,其主要作用是为了增加程序的可读性而人为添加的说明性信息。在 C 语言程序中,注释的信息内容都是被/ * 和 * /括起来,其不会进行编译。为了编译系统正确识别是否为注释信息,C 语言规定,/和 * 之间不能有空格,并且注释不能嵌套,即/ * 一个/ * 简单 * /的 C 程序 * /是错误的。

(2) #include<stdio.h>是编译预处理命令中的文件包含命令。stdio.h 文件被称为“标准输入输出头文件(standard input output.head)”,在这个文件中定义了很多关于输入输出的函数。在这里之所以使用该命令语句,是因为题目需要一个输出,而负责输出操作的函数正来源于此头文件。有关文件包含命令,将在后续章节中详细介绍。

(3) main()称为主函数,“int main(){ }”是函数的整体,其中 int main()称为函数头,一对花括号中间部分就是主函数的具体实施部分,称为函数体。一个 C 语言程序要求有且只有一个主函数。程序的执行总是从主函数开始,从主函数结束。具体地讲就是从主函数后面的{开始执行,到}结束。

(4) “printf("Hello World!\n");”是一个函数调用语句。printf 函数的定义过程存在于 stdio.h 文件中。其主要作用就是在显示器上输出字符串。在这里输出的字符串是“Hello World!”。而符号\n 是转义字符,表示在此处输出一个换行符。

(5) “return 0;”语句表示将值 0 返回给调用 main()函数的操作系统。关于 return 语句的用法将在第 7 章中详细介绍。

补充说明:

从上述例子中看出,程序的执行总是在函数内部执行,因此,函数是 C 程序的基本组成单位。

在 C 语言程序中,语句是以分号“;”为结束标记的。

一行中可以写多条语句,一条语句也可以写在多行。

/ * 和 * /可以进行多行注释也可以单行注释,也可以出现在程序中的任意位置。

2.2 常　　量

前面讲过,用计算机解决实际问题实际上就是通过编程来计算一定的数据,也就是说,程序中离不开数据。那么,在 C 语言程序里是如何表示数据的呢?首先认识一下 C 语言中常量的定义,所谓常量是指在程序运行过程中,数据的值永不能被改变的量。从常量的定义中可以看出,常量是有一定值的,并且其值是永远不能改变的。这里,常量又分为整型常量、实型常量、字符常量、字符串常量 4 类。

2.2.1 整型常量

在 C 语言中,整型数据有如下三种表示形式。

(1) 十进制整数:是程序中最常用的整数表示形式,它是由正、负号以及 0~9 这 10 个数字组成。如 123、-456、0 都是合法的十进制整数。

(2) 八进制整数:必须以数字 0 开头,后跟 0~7 这 8 个数字。如 0123、011 都是合法的八进制整数。

(3) 十六进制整数:必须以 0x 或 0X 开头,后跟 0~9、a~f 或者 A~F。如 0x123a、0X1ff 都是合法的十六进制整数。

注意：

(1) 在这里，十进制整数既能表示出正整数，也能表示出负整数，而八、十六进制整数只能表示出正整数。

(2) 正确区分在 C 语言中合法地表示一个整型数据与前面章节中所讲述的数制及其转换的不同含义。

2.2.2 实型常量

在 C 语言中，实型数据有如下两种表示形式。

(1) 小数形式：是程序中最常用的实数表示形式，它是由数字和一个小数点组成，两者缺一不可。如：23.9、12.、.12 都是合法的实型数据，其中，12. 表示 12.0；.12 表示 0.12。

(2) 指数形式：是由 e 或 E 连接一个尾数和指数组成的。如：1.2e3、2E5、1e－1 都是合法的实型数据，其分别表示的数据是 1.2×10^{3}、2.0×10^{5}、1.0×10^{-1}。在这里，要保证 e 或 E 的前面必须有数字，后面必须为整数。

2.2.3 字符型常量

在 C 语言中，字符型数据有如下两种表示形式。

(1) 普通字符：是由一对单引号括起来的一个字符。如：'A'、'a'、'0'、'$'都是合法的字符型数据。注意：一对单引号是半角下的单引号；一对单引号括起来一个空格表示空格字符，是合法的字符型数据，而只有一对单引号是非法的字符型数据；一对单引号括起来一个数字表示数字字符，如'1'、'2'等。

(2) 转义字符：是由一对单引号括起来一组以反斜杠\开头，后跟一个或几个字符的字符序列。如：'\n'、'\123'、'\a'都是合法的字符型数据。转义字符是具有特定含义的字符型数据。如前面提到过的'\n'代表一个换行符，'\0'代表字符串结束标志，常用的转义字符及其含义如表 2-1 所示。

表 2-1 转义字符含义对照表

转义字符	含义	ASCII 码键
\n	回车换行符，显示该字符时，光标移到下一行的行首	10
\r	回车符，显示该字符时，光标移到当前行的行首	13
\t	制表符，显示该字符时，光标向右移动一个制表位	9
\v	竖向跳格	11
\b	退格	8
\f	走纸换页	12
\a	鸣铃	7
\\	反斜杠符“\”	92
\’	单引号符	39
\”	双引号符	34
\ddd	1～3 位八进制数所代表的字符，d 的值可以是 0～7 的任何数字	
\xhh	1 或 2 位十六进制数所代表的字符，h 的值可以是 0～f 的任何数字	

2.2.4 字符串常量

在C语言中，合法的字符串数据是由一对双引号括起来的一组字符序列。如："C PROGRAM"、"HELLO!"、"$1234"都是合法的字符串数据。注意：一对双引号是半角下的双引号；只有一对双引号也是合法的字符串数据，其表示一个空串。有关字符串数据的存放和处理后续章节中会详细讲述。

2.3 常用的运算符

学会了如何在C语言程序中合法地表示一个数据后，再来看看程序中是如何对数据进行运算的。C语言一个最大的特点就是运算符丰富。常用的运算符有：算术运算符、关系运算符、逻辑运算符、条件运算符、赋值运算符、逗号运算符、自增与自减运算符。

学习运算符应注意以下几个方面。

(1) 运算符的功能；

(2) 运算符的优先级；

(3) 运算符的结合方向；

(4) 要求运算对象的个数。

除此之外，还要特别注意程序中运算符和数学中运算符的区别。清楚在C语言中任何运算符构成的表达式都能计算出一定的数值。

2.3.1 算术运算符与算术表达式

算术运算符主要用来进行一定数值的计算，包括5种：加(+)、减(-)、乘(*)、除(/)、求余(%)。其运算功能和数学中的运算功能相同，但在这里需要注意两点：其一，若“/”的两个操作数都为整数，计算结果必为整数，如5/2的值为2，5.0/2的值为2.5；其二，C语言规定，求余运算符要求两个操作数必须为整数，如5%2.0不合法。

算术运算符的优先级是先乘、除和求余，再计算加、减。同级运算符的计算顺序是从左向右。并且都为双目运算符，即必须有两个操作数。

由算术运算符构成的表达式称为算术表达式。在C语言中，要构建合法的表达式必须满足C语言的语法规范。如2(ab+5)要写成C语言表达式是2*(a*b+5)。

如图2-2所示，图中详细地表示出表达式5+1/2-8%3*2的求解过程，①～⑤表示求解过程的先后顺序。

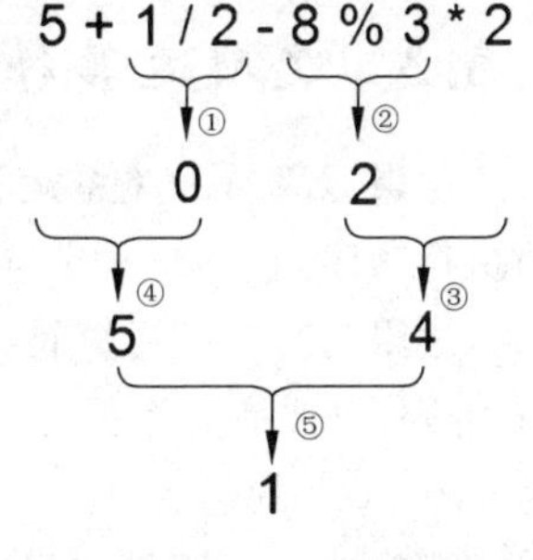

图2-2 算术运算求解过程

2.3.2 关系运算符与关系表达式

关系运算符主要用来判断数据之间的大小决定程序的执行顺序，包括6种：大于(>)、大于等于(>=)、小于(<)、小于等于(<=)、双等(==)、不等(!=)。

关系运算实际上是“比较运算”，即进行两个数的比较。如5>3称作“5大于3”是比较5和3的大小关系。在这里，大于、小于运算符和数学中不等式运算符的大于、小于含义相同,而<=、>=分别取代了不等式运算符≤、≥(注意书写格式)。==是判断两个数是否相等,!=是判断两个数是否不等。

关系运算符的优先级是先大于、大于等于、小于、小于等于,再双等、不等。同级运算符的计算顺序是从左向右。并且都为双目运算符。

由关系运算符构成的表达式称为关系表达式。如 5>3==2、2+1<=2、'a'>'1'都是合法的关系表达式。前面提到,C 语言中任何运算符构成的表达式都能计算出值,那么,关系表达式的值是如何计算的呢?事实上,关系表达式的计算结果要么为 1,要么为 0,分别表示"真"和"假"。如果关系成立,则为真,即得结果 1;不成立则为假,即得结果 0。如3>-2 关系成立,结果为 1;5>3==2 首先计算 5>3 得值 1,然后再计算 1==2 结果为 0。

如图 2-3 所示,图中详细地表示出表达式(5>3>2)!=(4<=(3+2))的求解过程,①～⑤表示求解过程的先后顺序。

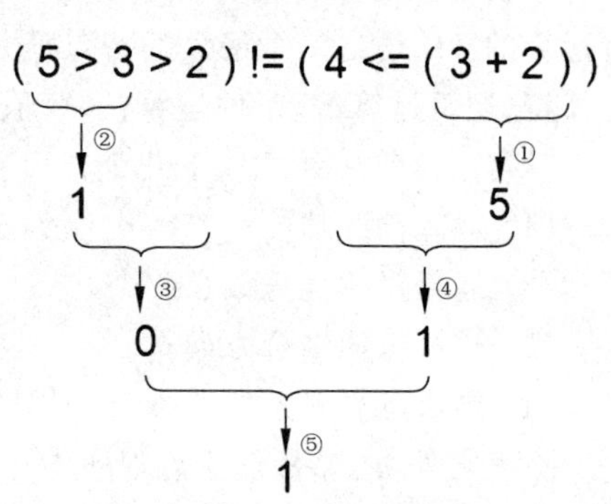

图 2-3 关系运算求解过程

在关系表达式中,需要注意以下几点。

(1) 表达式 5>3>2 在 C 语言中是允许的,但值为 0。

(2) 表达式"'a'>0"的结果为 1。因为,字符型数据可以用它的 ASCII 码值代替。所以,'a'>0 等价于 97>0。同样,表达式"'A'>100"等价于 65>100。

(3) 应避免对小数作是否相等或不等的判断。如:表达式"(1.0/3) * 3==1.0"的结果不一定为真,因为实型数据不能完全正确地表示,实型数据在表示时是存在误差的。一般地,都将(1.0/3) * 3==1.0 改写为 fabs(1.0/3 * 3-1.0)<1e-6(这里 fabs 表示求绝对值)。

(4) 区分=与==,=是赋值运算符,而==则是关系运算符。

2.3.3 逻辑运算符和逻辑表达式

逻辑运算符和关系运算符一样,主要用来判断数据之间的逻辑关系(真假值)决定程序的执行顺序,包括三种:与(&&)、或(||)、非(!)。

逻辑与"&&"运算符是双目运算符,两操作数只要都为非零值(表示真),则其结果为 1;否则,只要有一个操作数为零(表示假),则其结果为 0。如 5&&3 的值为 1,5&&0 的值为 0,0&&0 的值为 0。

逻辑或||运算符也是双目运算符,两操作数只要都为零值(表示假),则其结果为 0;否则,只要有一个操作数为非零值(表示真),则其结果为 1。如 5||3 的值为 1,5||0 的值为 1,0||0 的值为 0。

逻辑非"!"运算符是单目运算符,操作数为非零值(表示真)的非运算,则其结果为 0;操作数为零值(表示假)的非运算,则其结果为 1。如"!5"的值为 0,"!3"的值也为 0,"!0"的值为 1。

为了更加清楚逻辑运算符的功能,表 2-2 列出了逻辑运算符的运算规则。

表 2-2 逻辑运算真值表

a	b	!a	!b	a && b	a || b
非零值	非零值	0	0	1	1
非零值	零值	0	1	0	1
零值	非零值	1	0	0	1
零值	零值	1	1	0	0

三个逻辑运算符的优先级各不相同，"先非再与后或"，即为逻辑非"!"的优先级最高，逻辑与 && 其次，最后是逻辑或||。&& 和||都是双目运算符，其同级执行顺序是自左向右，而"!"是单目运算符(只有一个操作数)，其同级执行顺序是自右向左。

由逻辑运算符构成的表达式称为逻辑表达式，如 5&&3||2+1、"!5||5"、5>3&&3>2 都是合法的逻辑表达式。从表 2-2 中可以看出，和关系表达式一样，任何逻辑表达式计算结果不是 1，就是 0。

如图 2-4 所示，图中详细地表示出表达式(!0&&2&&3||5&&0)的求解过程，①～⑤表示求解过程的先后顺序。

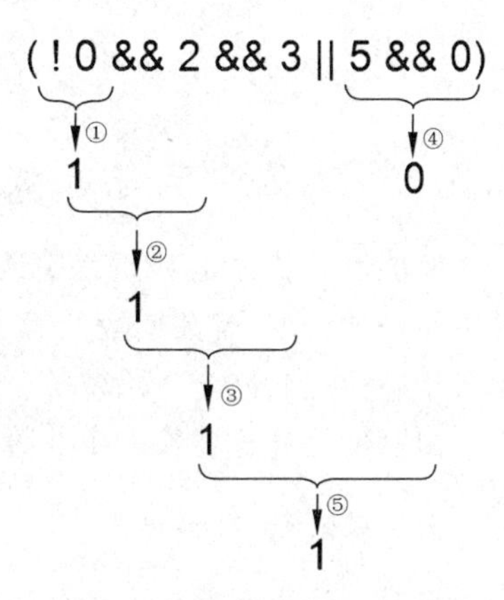

图 2-4 逻辑运算求解过程

补充说明：

(1) 在 C 语言中要表示出与|x|<4 相同含义的表达式，前面已经知道，只用关系表达式 -4<x<4 是不对的，假设 x=-5，|x|<4 为假，而 -4<x<4 的值却为 1。要想表示出与"|x|<4"相同含义的表达式，需要同时使用逻辑运算符和关系运算符构成的表达式，即 -4<x&&x<4，读者可以进行一定的数据验证。

(2) 短路特性：在逻辑表达式求解时，并非所有的运算对象都能被执行到。也就是说，对 && 来说，若其左边部分已经为 0，则计算机不会再计算其右边的数据，直接得出结果 0；同样对||来说，若其左边部分已经为 1，则计算机也不会再计算其右边的数据，直接得出结果 1。如计算表达式"!5&&(3||2)"，"!5"的值为 0，计算机不会再计算 3‖2 的值，直接得出整个逻辑表达式的值为 0。由于短路特性，在图 2-4 的计算中④和⑤部分不会执行计算，直接得出整个逻辑表达式的值为 1。

2.3.4 条件运算符和条件表达式

条件运算符是由一个问号"?"和一个冒号":"组成的一对运算符，两个符号不能单独使用。条件运算符也是 C 语言中唯一的三目运算符，它由"?"和":"连接了三个表达式组成一个条件表达式。具体格式是：表达式 1? 表达式 2: 表达式 3。如"('a'>'A')?1:2"、"(1+2)?3:30"都是合法的条件表达式。

条件表达式的计算过程是：首先计算表达式 1 的值，如果表达式 1 的值为非 0 值，则该条件表达式的值为表达式 2 的值；如果表达式 1 的值为 0 值，则该条件表达式的值为表达式 3 的值。如"2>1?5:10"的值为 5，"1>2?5:10"的值为 10。

同级的条件运算符执行顺序是自右向左。

说明：条件表达式的三个表达式可以是 C 语言中任意合法的表达式，只要每个表达式都能计算出值即可。由此，也说明了条件表达式是可以嵌套的。

如图 2-5 所示，表示出对表达式(5==10)?'a':(5>10?'b':(10>5?'c':'d'))的求解过程，①～⑥表示求解过程的先后顺序。

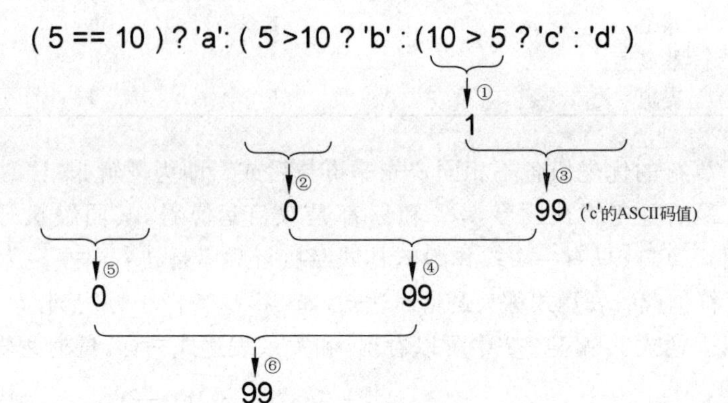

图 2-5　条件表达式求解过程

2.3.5　赋值运算符及赋值表达式

赋值运算符也是 C 语言中最常用的一种双目运算符，其主要作用是计算出表达式的值并赋给一个变量，有关变量的概念将在第 3 章中做详细讲述。最常用的赋值运算符主要包括等于(=)、加等(+=)、减等(-=)、乘等(*=)、除等(/=)、取余等(%=) 6 种。

由赋值运算符连接一个变量和表达式的形式称为赋值表达式。其格式为：

变量 赋值运算符 表达式

注意：*变量一定要紧靠在赋值运算符的左边，表达式在赋值运算符的右边；同样，在这里的表达式可以是 C 语言中任意合法的表达式，只要表达式能够计算出值即可。如 a=5+3、b+=5>3、c*=a+=4 都是合法的赋值表达式(这里 a、b、c 都是变量)。*

前面说过，C 语言中的合法表达式都能够计算出数值，那么，赋值表达式的值是多少呢？它又是如何计算的呢？

等于(=)：设有表达式 a=5，是将=号右边的值 5 赋给左边的变量 a，整个赋值表达式的值是左边变量 a 获得的值，即：表达式"a=5"的值为 5。

加等(+=)：设有表达式 a+=5，事实上相当于表达式 a=a+5，首先要计算表达式 a+5 的值(这里要求变量 a 必须有初值)，然后将计算结果再赋给变量 a，整个赋值表达式的值同样也是左边变量 a 获得的值。

和加等(+=)相同，对于减等(-=)、乘等(*=)、除等(/=)、取余等(%=)来说：

a-=5 相当于 a=a-5

a*=5 相当于 a=a*5

a/=5 相当于 a=a/5

a%=5 相当于 a=a%5

这 6 种赋值运算符的优先级属同一优先级，其同级执行顺序是自右向左。

在赋值表达式中，需要特别注意以下几点。

(1) 赋值运算符左边必须是变量，不能是常量或者表达式，如 a+b=3、5=2+3 不合法。

(2) 正确区分程序中=和数学中=的含义，程序中的赋值运算符有“赋予”的操作。

(3) 表达式 x=x 表示将右边 x 的值赋给左边变量 x，理解左右两边 x 代表不同的含义。

(4) 表达式 x=y=3 是合法的赋值表达式，自右向左计算，先将 3 赋值给 y，并得出 y=3 的值为 3，然后将 3 再赋给变量 x。

(5) 加等(+=)、减等(-=)、乘等(*=)、除等(/=)、取余等(%=)中都包含算术运算符，但优先级是不相同的，如：加等(+=)中的加与算术运算符中的加(+)优先级不同。

下面列举了几个合法的赋值表达式，请读者仔细观察每个表达式的结果及各个变量的值。

```
a = b = c = 5                //表达式的结果是 5,a 的值是 5,b 的值是 5,c 的值是 5
a = (b = 5)                  //表达式的结果是 5,b 的值是 5,a 的值是 5
a = 5 + (c = 6)              //表达式的结果是 11,c 的值是 6,a 的值是 11
a = (b = 4) + (c = 6)        //表达式的结果是 10,c 的值是 6,b 的值是 4,a 的值是 10
a = (b = 10)/(c = 2)         //表达式的结果是 5,c 的值是 2,b 的值是 10,a 的值是 5
```

如图 2-6 所示，图中详细地表示出表达式 a*=(a=4)+(b=6)的求解过程，①~④表示求解过程的先后顺序。

2.3.6 逗号运算符及逗号表达式

逗号运算符(,)是 C 语言提供的一种特殊运算符，其主要作用是连接多个表达式。

用逗号运算符将若干个表达式连接起来的式子称为逗号表达式。

逗号表达式的一般形式是：

表达式 1,表达式 2,…,表达式 *n*

如“a=2,a+3,b=3,a+b”、“5,3+2,5>1,1&&0”都是合法的逗号表达式。

逗号表达式的求解顺序是“从左向右”依次计算各个表达式的值，最后一个表达式的值就是整个逗号表达式的值。

如图 2-7 所示，图中详细地表示出表达式 a=b=3,a+b,b*=3 的求解过程，①~④表示求解过程的先后顺序。

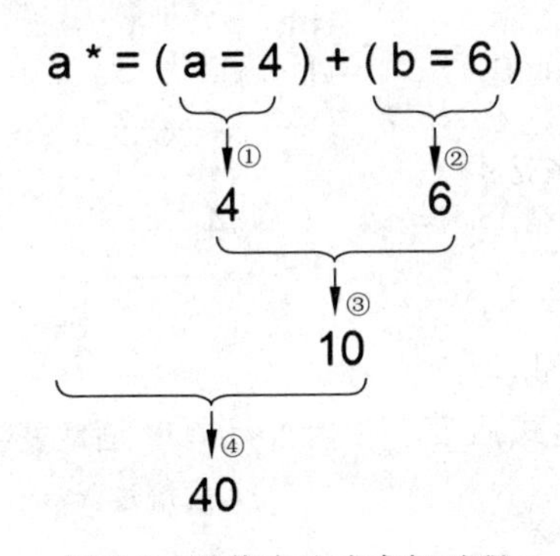

图 2-6 赋值表达式求解过程

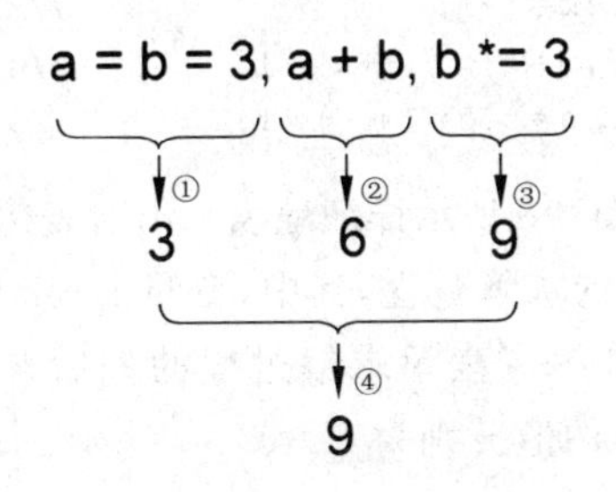

图 2-7 逗号表达式求解过程

2.3.7 自增、自减运算符

自增、自减运算符是C语言中最常用的单目运算符，其作用就是对一个变量的值作加1或减1操作，包含两种：自增(++)、自减(--)。

自增(++)就是使一个变量的值加1，如：设有变量i，++i相当于i=i+1。

自减(--)就是使一个变量的值减1，如：设有变量i，--i相当于i=i-1。

自增(++)和自减(--)运算符具有相同优先级，其同级执行顺序是自右向左。

事实上，在程序中使用自增、自减运算符通常有以下两种用法。

(1) 前置：运算符放在变量之前，如++i、--i。其计算过程是先使变量的值加1或减1，然后，再得出表达式的值为该变量变化之后的值，即"先计算后使用"。设有变量i，初值为2，++i使变量i的值变为3，表达式++i的值也为3。

(2) 后置：运算符放在变量之后，如i++、i--。其计算过程是先得出表达式的值是该变量变化之前的值，然后，再使变量的值加1或减1，即"先使用后计算"。设有变量i，初值为2，i++使变量i的值变为3，表达式i++的值却为2。

使用自增、自减运算符需要注意以下几点。

(1) 无论是自增(++)还是自减(--)都蕴含着赋值操作，因此，参加运算的运算对象只能是变量，不能是常量或表达式。如3++、++(a+b)都是不合法的表达式。

(2) 因自增、自减运算符是使变量在原来值的基础上作增1或减1操作，所以，该运算符要求操作的变量必须有初值。

(3) 两个加号和两个减号之间不能有空格。

(4) 尽量不要在一个表达式中对同一个变量进行多次自增、自减运算，如i++ * ++i，这种表达式可读性差，而且不同的编译系统对这样的表达式将做不同的解释，得出的值也将不一样。

(5) 自增、自减运算符能使程序更加简洁，但是，如果使用不当，也会带来不必要的麻烦。如i+++j，到底是(i++)+j，还是i+(++j)？为了避免二义性出现，在使用自增和自减运算符时，可以加上小括号"()"，以强调其优先结合性。

下面列举了几个合法使用自增、自减运算符的表达式，请读者仔细观察每个表达式的结果及各个变量的值。

```
j = 3;k = ++j;                    //k 的值是 4,j 的值也是 4
j = 3;k = j++;                    //k 的值是 3,j 的值是 4
a = 3;b = 5;c = (++a) * b;        //c 的值是 20,a 的值是 4
a = 3;b = 5;c = (a++) * b;        //a 的值是 4,c 的值是 15
```

如图2-8所示详细地表示出对表达式(i++)+(++j)-(k--)的求解过程，其中，变量i、j、k的初值分别为1、2、3。图中的①～⑤表示求解过程的先后顺序。执行表达式后变量i、j、k的值分别为2、3、2。

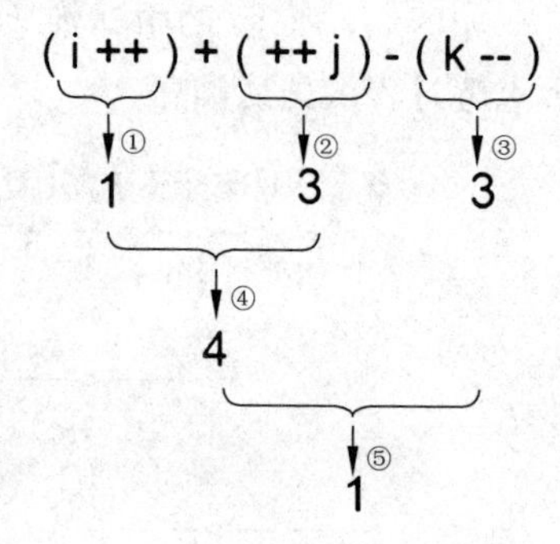

图2-8 自增、自减表达式求解过程

2.4 综合运算

2.4.1 运算符之间的优先级

到此为止，学完了C语言的几个常用运算符。不同的运算符具有不同的优先级，在计算表达式的值时，先计算优先级高的运算符，当然，相同优先级的运算符就要按照其结合方向确定计算的先后顺序。

记住各运算符的优先级是准确计算表达式的必要条件，那么，各个运算符的优先级又是怎样的呢？C语言中全部运算符的优先级详见附录C。对于前面学到的几类常用运算符，只要把握如下两点。

(1) 单目运算符比双目运算符优先级高，如自增(＋＋)、自减(－－)、非(!)优先级非常高。

(2) 在所学习的双目运算符中，优先级由高到低的顺序如下：

算术运算符→关系运算符→逻辑运算符→条件运算符→赋值运算符→逗号运算符

高 ⟶ 低

2.4.2 综合运算实例

【例 2-2】 计算表达式 a＝2,b＝a＊3＋2,a＋＋,b＋3,a－b&&a＋b,(a＋＝2)＋(b＋＝2)的值，其中，a、b为两个变量。

求解过程如图2-9所示。

【例 2-3】 计算表达式“－－m&&n＋＋||m＋n＞m－n”，其中，m、n为两个变量，其初值分别为0和1。

如图2-10所示详细地表示出对该表达式的求解过程：①～⑦。由于短路特性，实际上只执行①②⑥三步直接得出结果。

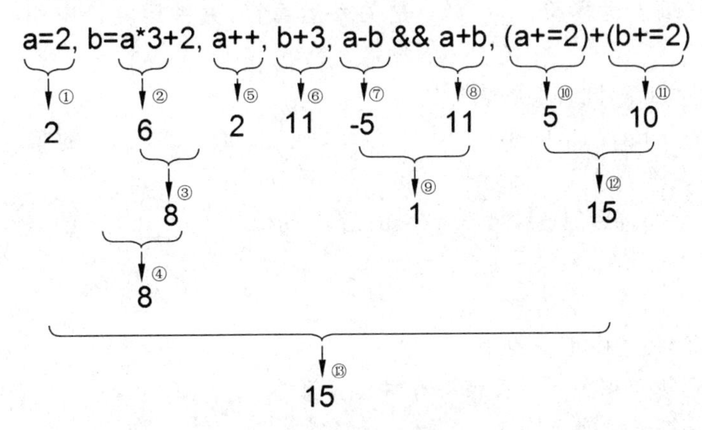

图 2-9　综合运算表达式求解练习1

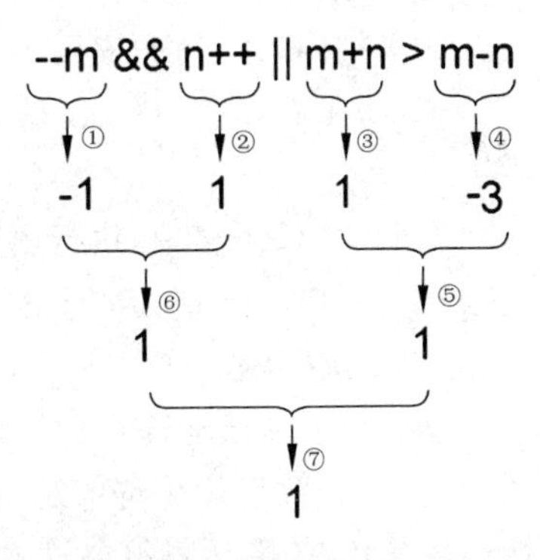

图 2-10　综合运算表达式求解过程

习 题 2

一、填空题

1. 在 VC++ 6.0 环境中运行一个 C 程序时，这时所运行的程序的后缀是________。

2. C 语言源程序文件名的后缀是________；经过编译后，生成文件的后缀是________；经过连接后，生成文件的后缀是________。

3. 在 C 语言程序中，注释的信息内容都是被________和________括起来，其不会进行编译。

4. C 程序为了增加程序的可读性，常常人为添加地说明性信息，该说明性信息称为________。

5. C 语言中，注释标记符号/和 * 之间不能有________，并且注释不能________。

6. ________文件被称为“标准输入输出头文件”。

7. int main(){} 是函数的整体。其中________称为主函数，其中 int main()称为________，一对花括号中间部分就是主函数的具体实施部分，称为________。

8. 一个 C 语言程序要求有且只有一个________。程序的执行总是从主函数开始，从主函数结束。

9. 程序的执行总是在函数内部执行，因此，________是 C 程序的基本组成单位。

10. 在 C 语言程序中，语句是以________为结束标记，是语句的重要组成部分。

11. ________是指在程序运行过程中，数据的值永不能被改变的量。

12. 常量通常分为________、________、字符常量、________ 4 类。

13. 在 C 语言中，整型数据有如下三种表示形式：________、十进制和________。

14. 在 C 语言中，实型数据有如下两种表示形式：________和________。

15. 在 C 语言中，字符型数据有如下两种表示形式：________和________。

16. 在 C 语言中，字符串数据是由一对________括起来的一组字符序列。

17. 在 C 语言算术运算符中，除(/)和求余(%)运算符比较特殊，除(/)运算符的两个运算量都为整数时为________，求余(%)运算符要求两个运算量都必须为________。

18. 在 C 语言中，________是赋值运算符，________是关系运算符，关系运算符中用________表示不等。

19. 在 C 语言中，表示与“|x|＜4”相同含义的表达式为________。

20. 在 C 语言中，表达式 2＞1?5:10 的值为________，表达式 1＞2?5:10 的值为________。

21. 在 C 语言中，执行语句：a=3;b=5;c=(++a)*b;后，c 的值是________，a 的值是________。

二、选择题

1. 以下关于运算符优先顺序的描述中正确的是(　　)。

   A. 赋值运算符＜逻辑与运算符＜关系运算符＜算术运算符

   B. 关系运算符＜算术运算符＜赋值运算符＜逻辑与运算符

   C. 逻辑与运算符＜关系运算符＜算术运算符＜赋值运算符

   D. 算术运算符＜关系运算符＜赋值运算符＜逻辑与运算符

2. 下列运算符中优先级最高的是(　　)。

A. &&　　　　B. ＜　　　　C. ＋　　　　D. !＝

3. 下列不是赋值运算符的是(　　)。

A. ＋＝　　　　B. ＝＝　　　　C. ％＝　　　　D. /＝

4. 下列不是算术运算符的是(　　)。

A. ＝　　　　B. /　　　　C. ％　　　　D. ＋＋

5. 下列不是关系运算符的是(　　)。

A. ＝＝　　　　B. ＞＝　　　　C. !＝　　　　D. *＝

6. 下列不是逻辑运算符的是(　　)。

A. !＝　　　　B. !　　　　C. &&　　　　D. ||

7. 下列是条件运算符的是(　　)。

A. ?　　　　B. ?:　　　　C. :　　　　D. ＝

8. 若a、b、c已正确定义并赋值,符合C语言语法的表达式是(　　)。

A. a＝7＋b＋c,a＋＋　　　　B. a＋b＝c

C. a＝7＋1＝b　　　　D. a＝a＋7＝c＋b

9. 假设所有变量均为整型,则表达式(x＝2, y＝5, y＋＋, x＋y)的值是(　　)。

A. 2　　　　B. 7　　　　C. 6　　　　D. 8

10. 设x＝3,y＝4,z＝5,则值为0的表达式是(　　)。

A. x !＝y＋z＞y－z　　　　B. x＜＝＋＋y

C. x＞y＋＋　　　　D. y％z＞＝y－z

11. 设x＝3,y＝0,z＝0,则值为0的表达式是(　　)。

A. x&&y　　　　B. x||z

C. x ||z＋2&&y－z　　　　D. !((x＜y)&& !z||y)

12. x为奇数时值为“真”,x为偶数时值为“假”的表达式是(　　)。

A. !(x％2＝＝1)　　　　B. x％2　　　　C. x％2＝＝0　　　　D. !(x％2)

13. 设a＝3,b＝4;,则执行表达式(a＋＋＝＝4)&&(b＋＋＝＝5)后,变量b的值是(　　)。

A. 4　　　　B. 3　　　　C. 5　　　　D. 6

14. 若变量a,b,c都为整型,且a＝1、b＝15、c＝0,则表达式a＝＝b＞c的值是(　　)。

A. 1　　　　B. 0　　　　C. 非零　　　　D. “真”

15. a为0时,值为“真”的表达式是(　　)。

A. !(＋＋a)　　　　B. a　　　　C. a＝＝0　　　　D. a＝0

16. 设整型变量a＝4,b＝5,c＝0,d; d＝!a&&!b||!c;,则d的值是(　　)。

A. 1　　　　B. 0　　　　C. －1　　　　D. 非0的数

17. 逻辑运算符两侧运算对象的数据类型(　　)。

A. 可以是任何类型的数据　　　　B. 只能是0或1

C. 只能是0或非0正数　　　　D. 只能是整型或字符型数据

18. 能正确表示“当x的取值在[1,10]和[200,210]范围内为真,否则为假”的表达式是(　　)。

A. (x＞＝1)&&(x＜＝10)||(x＞＝200)&&(x＜＝210)

B. (x>=1)&&(x<=10)&&(x>=200)&&(x<=210)

C. (x>=1)||(x<=10)||(x>=200)||(x<=210)

D. (x>=1)||(x<=10)&&(x>=200)||(x<=210)

19. 不能正确表示 ab/cd 的 C 语言表达式的是(　　)。

A. a * b/c/d　　　　B. a/(c * d) * b

C. a * b/c * d　　　　D. a * b/(c * d)

20. 设 k=7, x=12,则能使值为 3 的表达式是(　　)。

A. x%=k-k%5　　　　B. x%=(k%=5)

C. x%=(k-k%5)　　　　D. (x%=k)-(k%=5)

21. 设 n=10,i=4,则赋值运算 n%=i+1 执行后,n 的值是(　　)。

A. 0　　　　B. 1　　　　C. 2　　　　D. 3

22. 以下运算符中要求运算对象必须是整型的是(　　)。

A. /　　　　B. %　　　　C. =　　　　D. *

23. 设 n=3,则有表达式++n,n 的结果是(　　)。

A. 5　　　　B. 3　　　　C. 2　　　　D. 4

24. 若变量已正确定义并赋值,下面符合 C 语言语法的表达式是(　　)。

A. (a+b)=c+2,a++　　　　B. a=a+2

C. int 12.3%4　　　　D. a=a+2=a+b

三、简答题

1. C 语言中,什么是常量? 常量又分为哪几类?
2. C 语言中,常用的运算符有哪些?
3. 使用自增、自减运算符需要注意哪些?

第3章 数据类型及变量

清楚了在C语言中如何表示数据，并且学会了对这些数据的运算。要想在程序中将数据存储到内存中必须借助变量。本章主要介绍变量的定义和使用，包括定义变量时用到的基本数据类型（整型、实型、字符型）和变量标识符的命名规则等。通过本章的学习，应能掌握C语言中对数据存储及处理的基本操作，为以后各章的学习打下基础。

3.1 数据类型

前面曾经提到，程序事实上就是不停地向存储器存取数据，并将这些数据参加一定的计算。为了方便描述数据在内存中的存储方式及处理，C语言中提供了如图3-1所示的数据类型。

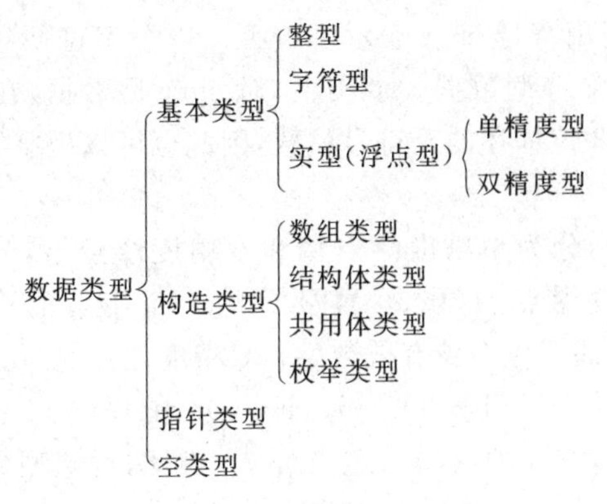

图3-1　C语言常用数据类型

首先要学习基本数据类型，包括整型、字符型、实型（也称浮点型）。通过它的不同组合可以组成很多数据类型，像数组类型、结构体类型等都是由基本数据类型组合而成。

整型：C语言里用符号int表示整型。在VC环境中，一个int型数据需分配4个字节的存储空间，即用32位二进制数描述一个int型数据，那么一个int型数据的取值范围是多少呢？前面讲过，数据都是以补码形式存放在内存中的，如图3-2所示，图3-2(a)表示出8位无符号数据取值范围，图3-2(b)表示出8位有符号数据取值范围。

从图3-2中得知，用8位存储一个有符号整数，它的取值范围是$-128\sim127$，即$-2^7\sim2^7-1$，同理，可以得出32位描述一个int型数据的取值范围是$-2^{31}\sim2^{31}-1$。

为了满足应用中的不同需求，int型数据可以附加修饰词，用于表示不同的整型数据，如长整型、短整型、无符号整型等，各整型数据符号及取值范围如表3-1所示。

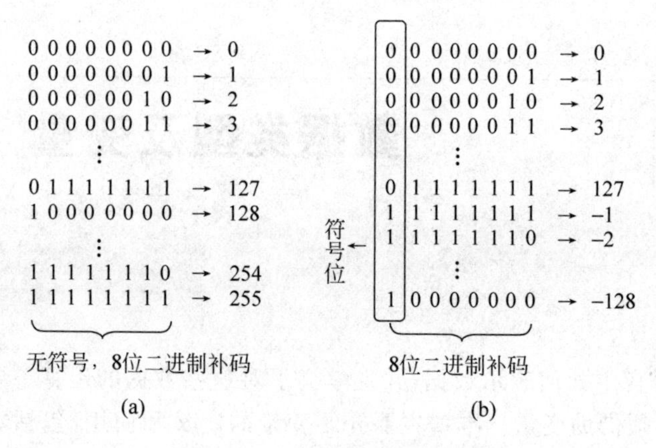

图 3-2　8 位整型数据取值范围

表 3-1　整型数据信息

数据类型	数据类型符号	占用字节数	数值范围
整型	int	4(32 位)	$-2^{31}\sim2^{31}-1$
长整型	long	4(32 位)	$-2^{31}\sim2^{31}-1$
短整型	short	2(16 位)	$-2^{15}\sim2^{15}-1$
无符号整型	unsigned	4(32 位)	$0\sim2^{32}-1$

字符型：在 C 语言里用符号 char 表示字符型。一个字符型数据只需一个字节的存储空间，即用 8 位描述一个字符型数据。事实上，对 char 型数据，在内存里存储的是字符的 ASCII 码值，即是一个用 8 位描述的无符号整数，因此也可以把字符型数据看成是整数值来参加一定的计算。

实型：也称作浮点型，分为单精度浮点型和双精度浮点型，分别在 C 语言里用 float、double 符号表示。单精度浮点型(float)需要分配 4 个字节的内存空间，其数值范围为 －3.4E＋38～3.4E＋38，能提供 7 位有效数字；双精度浮点型(double)需要分配 8 个字节的内存空间，其数值范围为－1.7E＋308～1.7E＋308，能提供 15 位有效数字。由于实型数据的编码规则复杂，对 C 语言初学者来说意义不大，因此，对实型数据取值范围的求解这里不再讲述。

3.2　变　　量

变量和常量都是数据的一种表示。不同的是，在程序运行过程中，常量的值不可以改变，而变量的值是可以改变的。在 C 语言中，每个变量都对应着内存单元，也就是说，变量不仅可以用来表示数据的值，而且可以用来存放数据。

3.2.1　标识符

在编程中，为了方便使用变量，必须先给变量起个名字。这种用来标识变量、数组、函数等数据的有效字符序列称为标识符。

一个人的姓名通常由姓氏和名字构成，起名习惯则是父姓在前，名字在后。那么，C 语言程序设计中,标识符也要符合如下的命名规则。

(1) 只能由字母、数字、下划线组成,且第一个字符必须是字母或者下划线。

(2) 名字的有效长度不能超过 32 个字符。

例如:

year、Day、ATOK、x1、_ CWS、_change_to 都是合法的标识符。

#123、.COM、$100、1996Y、1_2_3、Win3.2 都是不合法的标识符。

标识符分为两类:一类称为用户标识符,另外一类称为关键字。关键字是指 C 系统中已对某些标识符指定了用途,不能再做他用。如"if"、"int"都属关键字,C 语言中共有 32 个关键字,详见附录 B。用户标识符是除关键字以外可以用作变量名、函数名等用途的标识符。

以下为对标识符的两点补充说明。

(1) C 语言对英文字母是区分大小写的,即同一字母的大小写被认为是两个不同的字符。

(2) 用户标识符要做到见名知意,以提高程序的可读性。例如,用 ave(average 的缩写)表示平均值,area 表示面积等。

3.2.2 对变量的理解

前面提到,变量不仅可以用来表示数据,还可以用来存放数据。如何理解变量的两个作用呢?对此,借助于图 3-3 变量在内存储器中的存储形式说明一下。

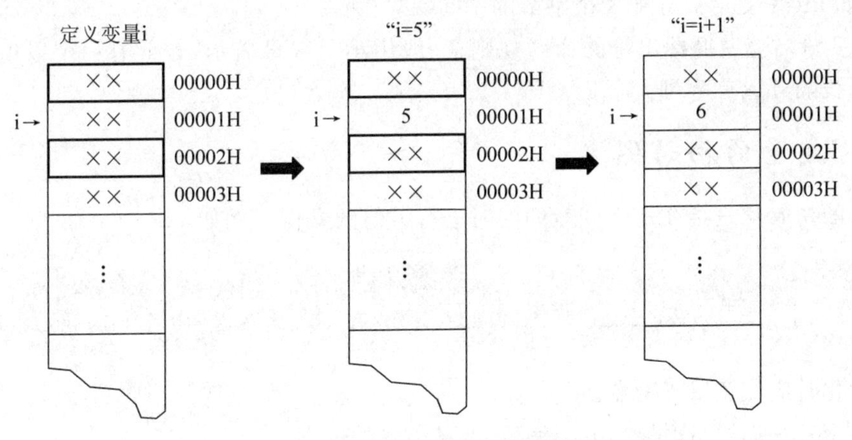

图 3-3 变量在内存储器中的存储形式

C 程序中,主要是围绕着对内存不停地存数和取数操作。完成这一操作,需要借助于变量。如图 3-3 所示,若程序中定义了一个变量,其变量名为 i,则计算机会为变量 i 分配一定的内存空间,图中变量 i 占用了地址为 0001H 的内存空间;通过赋值语句"i=5;"将数值 5 存放在变量 i 所占的内存空间中。

语句"i=i+1;"中等号右边的 i 代表 i 所占内存空间的数值,称为变量值;等号左边的 i 表示变量 i 所占的内存空间,称为变量名。即该语句的含义是:将 i 中的数值 5 取出和数值 1 相加,得到的结果再放入变量 i 所占的内存空间中。变量在运算中的存储表征如图 3-4 所示。

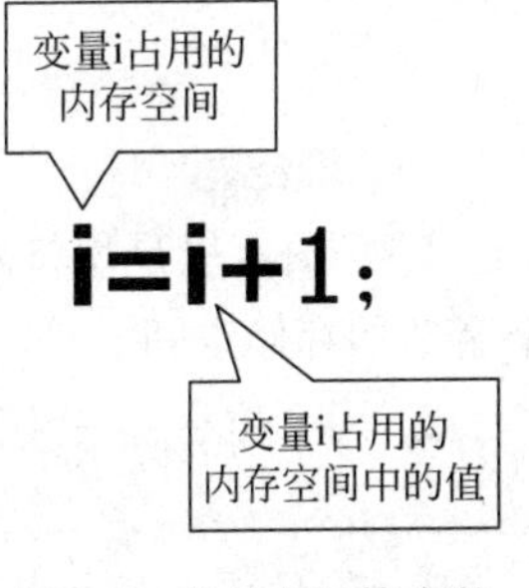

图 3-4 变量在运算中的存储表征

3.2.3 定义变量

在C语言中,定义变量主要是为变量分配一定的内存空间。程序要求每个变量都必须先定义后使用,也就是说,在使用变量之前,必须先为变量分配一定的内存空间,否则,程序将会因使用未经定义的变量而报错。

定义变量的一般格式:

```
数据类型  变量名列表;
```

其中,数据类型就是前面所讲述的数据类型,如int、float、char等;变量名列表是由一个或多个(用逗号分隔)的合法变量名构成。

例如:

```
int i,j;   //表示定义了两个整型变量 i,j,分别为 i,j 分配了 4 个字节的内存空间用来存放整型
           //数据
char ch;   //表示定义了一个字符型变量 ch,为 ch 分配了一个字节的内存空间用来存放字符型数据
```

说明:

(1) 变量定义后,计算机会给该变量分配一定大小的内存空间,其空间大小是由数据类型而定,如int型变量被分配4个字节的空间。

(2) 变量名应遵循标识符的命名规则,一般用小写字母表示,若含有一个以上的单词,可用下划线隔开或首字母大写。

3.2.4 变量的初始化

变量的初始化是指在定义变量的同时进行赋值的操作。例如:

```
float f = 2.5;                //表示定义了一个实型变量,并将数值 2.5 存入 f 占用的内存空间
int i = 2, j = 3;   //表示定义了两个整型变量,并将 2 存入 i 占用的内存空间,3 存入 j 占用的内存空间
```

初始化时应注意以下两点。

(1) “int i=2,j=3;”与“int i,j=3;”两条语句的区别。

(2) “int i=j=3;”定义语句是错误的,即初始化变量时不能连等。

习 题 3

一、填空题

1. C语言里是用符号________表示整型,在VC环境中,一个int型数据需分配________个字节的存储空间。

2. 用8位存储一个有符号整数,它的取值范围是________;存储无符号数,取值范围是________。

3. 在C语言里用符号________表示字符型。一个字符型数据只需________字节的存储空间。

4. 对 char 型数据,在内存里存储的是字符的________码值,即是一个用 8 位描述的无符号整数。

5. 在 C 语言里用符号________表示单精度浮点型,用符号 double 表示双精度浮点型。单精度浮点型需要分配________字节的内存空间,双精度浮点型需要分配________字节的内存空间。

6. 在 C 语言中,每个变量都对应着________,也就是说,变量不仅可以用来表示数据的值,而且可以用来存放数据。

7. 在 C 语言中,定义基本整型变量 i 的语句为________。

8. 在 C 语言中,定义字符型变量 c,并赋初值'a'的语句为________。

二、选择题

1. C 语言中最基本的数据类型包括(　　)。

A. 整型、实型、字符型　　B. 整型、实型、逻辑型

C. 整型、字符型、逻辑型　　D. 整型、实型、逻辑型、字符型

2. 在 C 语言中,下列属于合法用户标识符的是(　　)。

A. int　　B. IF　　C. 3d　　D. if

3. 以下符号中不合法的用户标识符是(　　)。

A. Dim　　B. _123　　C. printf　　D. a$

4. 以下符号中不合法的用户标识符是(　　)。

A. Main　　B. file　　C. abc.c　　D. PRINTF

5. 在下列 C 语言程序中,可以用作变量名的是(　　)。

A. a1　　B. 1　　C. int　　D. *p

6. 下列标识符组中,合法的用户标识符为(　　)。

A. list 与 *jer　　B. del-word 与 signed

C. _0123 与 ssiped　　D. keep%与 wind

7. 在 C 语言中,int、char 和 short 三种类型数据在内存中所占用的字节数(　　)。

A. 由所用机器的机器字长决定　　B. 由用户自己定义

C. 均为两个字节　　D. 是任意的

8. VC++ 6.0 中 int 类型变量所占字节数是(　　)。

A. 1　　B. 3　　C. 2　　D. 4

9. VC++ 6.0 中 float 类型变量所占字节数是(　　)。

A. 3　　B. 4　　C. 2　　D. 1

10. VC++ 6.0 中 char 类型变量所占字节数是(　　)。

A. 1　　B. 2　　C. 3　　D. 4

11. 以下选项中,为合法关键字的是(　　)。

A. Switch　　B. default　　C. cher　　D. Case

12. 不属于 C 语言关键字的是(　　)。

A. while　　B. int　　C. break　　D. character

13. C 语言提供的合法关键字的是(　　)。

A. signed　　B. Float　　C. integer　　D. Char

14. C语言中提供的合法的数据类型关键字是(　　)。

A. integer　　B. Double　　C. short　　D. Char

15. 以下的变量定义中,合法的是(　　)。

A. double　a = 1 + 4e2.0;　　B. float　3_four = 3.4;

C. int　_abc_= 2;　　D. short　do =15;

16. 若有以下定义 char s='\092';则该语句(　　)。

A. 定义不合法,s的值不确定　　B. 使s的值包含一个字符

C. 使s的值包含4个字符　　D. 使s的值包含3个字符

17. 下列变量定义中合法的是(　　)。

A. double b=1+5e2.5;　　B. short _a=1-.le-1;

C. long do=0xfdaL;　　D. float 2_and=1-e-3;

18. 以下选项中正确的定义语句是(　　)。

A. int,a,b;　　B. int: a,b;

C. int　a=b=7;　　D. int a,b=7;

19. 若已定义x和y为int类型,则表达式x=1,y=x+3/2的值是(　　)。

A. 2.0　　B. 1　　C. 2　　D. 2.5

20. 若已定义x和y为double类型,则表达式x=1,y=x+3/2的值是(　　)。

A. 2.0　　B. 1　　C. 2　　D. 2.5

三、简答题

1. 基本数据类型有哪几种?

2. 基本整型(int)类型的数据,分别存放带符号数和无符号数时所表示的范围分别是多少?

3. C语言程序设计中,标识符的命名规则是什么?

第4章 数据的输入与输出

程序主要就是对数据的输入、处理和输出操作。一般地，数据输入是利用键盘向计算机输入数据，输出数据是计算机将数据结果显示到显示器上。C语言中没有自己的输入输出语句，要完成数据的输入输出功能，需要调用C标准库函数(stdio. h文件)中的函数，如scanf函数、putchar函数等。下面分别对C语言中最常用的数据输入输出函数做一一介绍。

4.1 格式化输入输出

格式化输入输出是按照指定的格式完成数据的输入输出操作。在C语言中，进行格式化输入、输出的函数分别是scanf函数和printf函数。

4.1.1 printf函数

printf函数用来按照格式串指定的格式，向输出设备上(显示器)输出一定的数据。其调用的一般格式如下：

```
printf(格式串,输出项列表)
```

其中，格式串是用一对双引号括起来的字符串，由格式说明符、普通字符和转义字符三部分组成。输出项列表是由若干个输出项组成，各输出项之间用逗号隔开。输出项可以是常量、变量或者表达式。输出函数printf格式说明如图4-1所示。

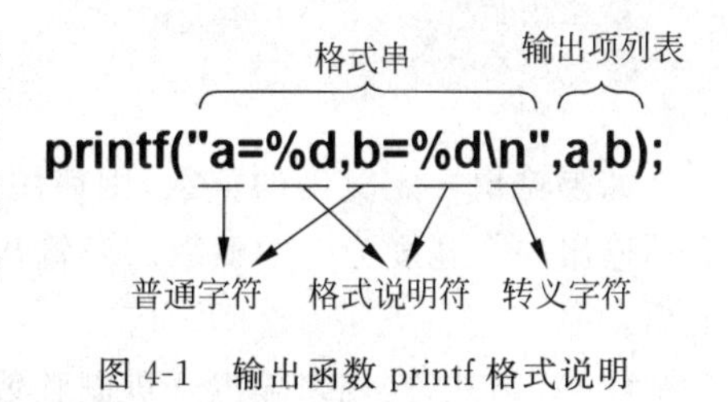

图4-1 输出函数printf格式说明

格式说明符由一个%开头，和某个格式符组合而成，如图4-1中的%d；转义字符是输出其所表达的含义，\n表示在这里输出一个换行；普通字符是照原样输出的字符序列，a=和“,b=”都属于普通字符。

1. 格式说明符

printf函数进行输出时，对不同类型的数据要使用不同的格式字符。常用的格式说明符如表4-1所示。

表4-1 常用格式说明符

格式说明符	含义	案例
%d	以十进制形式输出一个整型数据	int a = 100; printf("%d",a); //输出100
%o	以八进制形式输出一个整型数据	int a = 100; printf("%o",a); //输出144
%x	以十六进制形式输出一个整型数据	int a = 100; printf("%x",a); //输出64
%f	以小数形式输出一个实型数据	float f = 0.25; printf("%f",f); //输出0.250000
%e	以指数形式输出一个实型数据	float f = 0.25; printf("%e",f); //输出2.500000e-001
%c	输出一个字符型数据	char ch = 'A'; printf("%c",ch); //输出A
%s	输出一个字符串数据	printf("this is %s","C program"); //输出this is C program

(1) d格式符,用来输出十进制整数。

如整型变量a和b已正确定义,则有如下输出语句:

```
① printf("a=%d,b=%d\n",a,b);
② printf("a+b=%d,a-b=%d\n",a+b,a-b);
③ printf("%d+%d=%d\n",a,b,a+b);
```

若a=3、b=4,则

```
① 输出结果为: a=3,b=4
② 输出结果为: a+b=7,a-b=-1
③ 输出结果为: 3+4=7
```

如果输出一定宽度的整数,则使用格式说明符"%md",m表示指定的宽度。如"%5d"表示输出一个宽度为5的整数。若输出的整数宽度小于m时,则左补空格;否则,按实际输出。

(2) o格式符,用来输出八进制整数。

如整型变量a和b已正确定义,则有如下输出语句:

```
① printf("a=%o\n",a);
② printf("b=%o,b=%d\n",b,b);
```

若a=9、b=8,则

① 输出结果为a=11,此时是将十进制数据9按照八进制形式11输出。

② 输出结果为b=10,b=8,此时,%d是用来输出十进制数据8的,而十进制数据8按照八进制形式输出则是10。

(3) x 格式符，用来输出十六进制整数。

如整型变量 a 和 b 已正确定义，则有如下输出语句：

```
① printf("a = %x\n",a);
② printf("b = %o,b = %d,b = %x\n",b,b,b);
```

若 a=12、b=18，则

① 输出结果为 a=c，此时是将十进制数据 12 按照十六进制形式 c 输出。

② 输出结果为 b=22，b=18，b=12，此时是将十进制数据 18 按照八进制形式 22 输出、按照十六进制形式 12 输出。

(4) f 格式符，用来输出实数(包括单、双精度)，以小数形式输出。例如：

如单精度类型变量 a、b 已正确定义，则有如下输出语句：

```
printf("%f \n",a+b);
```

若 a=111111.111、b=222222.222，则输出结果为 333333.312500。

显然，只有前 7 位数字是有效数字。千万不要以为凡是计算机输出的数字都是准确的。双精度数也可以用%f 格式输出，它的有效数字位数一般为 16 位，给出小数 6 位。

如双精度类型变量 x、y 已正确定义，则有如下输出语句：

```
printf("%f \n",x+y);
```

若 x = 1111111111111.111111111、y = 2222222222222.222222222，则输出结果为 3333333333333.333000。可以看到最后三位小数(超过 16 位)是无意义的。

如果输出指定宽度的实数或保留小数位数，则使用格式说明符“%m.nf”，m 表示实数的宽度(整数位数+小数点+小数位数)；n 表示保留小数的位数。如“%5.2f”表示输出一个宽度为 5，保留两位小数的实数。若输出的实数宽度小于 m 时，则左补空格；否则，按实际输出。

(5) c 格式符，用来输出一个字符，这个字符可以是常量、变量、表达式。例如：

```
char c = 'a';
① printf("%c\n",c);
② printf("%d\n",c);
```

其中，①输出结果为字符'a'。注意：“%c”中的 c 是格式符，逗号右边的 c 是变量名，二者不要混淆；②输出的结果是字符'a'对应的 ASCII 码值 97。即：一个字符变量如果按照格式符“%c”输出，则以字符形式输出；如果按照格式符“%d”输出，则以该字符变量对应的 ASCII 码值的形式输出。

(6) s 格式符，用来输出一个字符串。输出字符串时，遇到字符串结束标记'\0'则停止输出。例如：

```
printf("%s\n","C program is fun!");
```

输出结果为“C program is fun!”(不包括双引号)。而

```
printf("%s\n","C program\0is fun!");
```


输出结果却是“C program”,因格式符%s遇到字符串中的第一个'\0'就结束输出。

2. 关于使用printf函数的几点补充说明

(1) 输出列表中的输出项和格式说明符要尽量做到一一对应,即个数相同、类型一致。

C语言编译器不会检测格式串中格式说明符的个数是否和输出项的个数相匹配。

如:

```
printf("%d  %d\n",i);
```

printf函数将正确显示变量i的值,接着显示下一个(无意义)整数值。

又如:

```
printf("%d \n",i,j);
```

printf函数能够正确显示变量i的值,但不会显示变量j的值。

C语言编译器也不检测格式说明符是否适应要输出的输出项的数据类型。如果程序员使用不正确的格式说明符,printf函数调用后只会简单地产生无意义的输出。

如:

```
printf("%f  %d\n",i,j);                    //假设i为整型变量,j为单精度浮点型变量
```

因为printf函数输出是绝对服从格式串的,所以它将如实地先显示一个float型数值,接着显示一个int型数值。可惜这两个数值都是无意义的。

(2) 输出时表达式的计算顺序一般是从右至左。

如:

```
int i=1;
printf("%d,%d\n",i+1, i+=3);
```

输出结果是5,4,而不是2,4。

(3) printf函数的参数必须有格式串,可以没有输出项列表(即表示格式串中不存在格式说明符)。

(4) 如果想输出字符“%”,则格式串中的格式说明符应为“%%”。

如:

```
printf("%.2f%%",1.0/3);
```

输出:0.33%

3. printf 函数的使用案例

【例 4-1】 用 printf 函数输出数值型数据。

问题分析：

该程序用来输出整型、实型等数值型数据，要用到格式说明符%d、%f，没有输入，有输出。

程序代码如下：

```
/*求任意数值型数据的输出*/
#include<stdio.h>
int main()
{   int a,b;
    float c;
    double d;
    a=2;
    b=3;
    c=2.3354f;
    d=3.0123456789;
    printf("整型数据的算术加法形式如下:\n");
    printf("%3d+%3d=%3d\n",a,b,a+b);
    printf("单精度类型变量 b=%5.2f\n",c);
    printf("双精度类型变量 d=%.2f\n",d);
    return 0;
}
```

程序运行结果如图 4-2 所示。

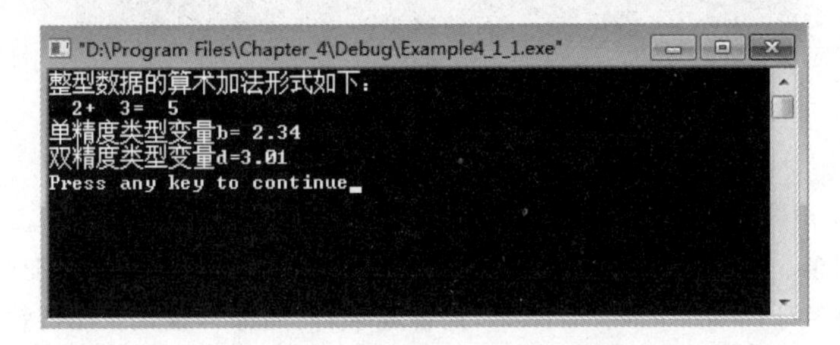

图 4-2 例 4-1 程序运行结果

程序说明：

(1) int 用来声明整型变量 a、b；float 声明单精度实型变量 c，double 声明双精度实型变量 d。

(2) 给单精度实型变量 c 赋值时，要写成 2.0f 的形式，否则编译程序时会出现数据丢失(高类型向低类型赋值时)警告。其中，后缀 f 表示 2.0 是单精度类型的常量，C 语言中实型常量默认为 double 类型。

(3) printf 函数调用时，格式串中可以没有格式说明符，只是输出普通字符起到信息提示的作用，如语句："printf("整型数据的算术加法形式如下：\n");"。

(4) float 和 double 类型数据都可以用格式说明符%f 输出，编译环境默认%f 输出 6 位小数,不足时用数字0补充。

(5) %5.2f对输出的实型数据宽度为5,限定小数位数为两位。

【例4-2】 用printf函数输出字符型数据。

问题分析:

该程序用来输出字符型数据,要用到格式说明符%c,没有输入,有输出。

程序代码如下:

```
/*求任意两个字符及其对应的ASCII码值*/
#include<stdio.h>
int main()
{ char ch1,ch2;
   ch1 = 'a';
   ch2 = 'b';
   printf("ch1 = %c,ch2 = %c\n",ch1,ch2);
   printf("ch1 的 ASCII 码值为: %d,ch2 的 ASCII 码值为:%d\n",ch1,ch2);
   return 0;
}
```

程序运行结果如图4-3所示。

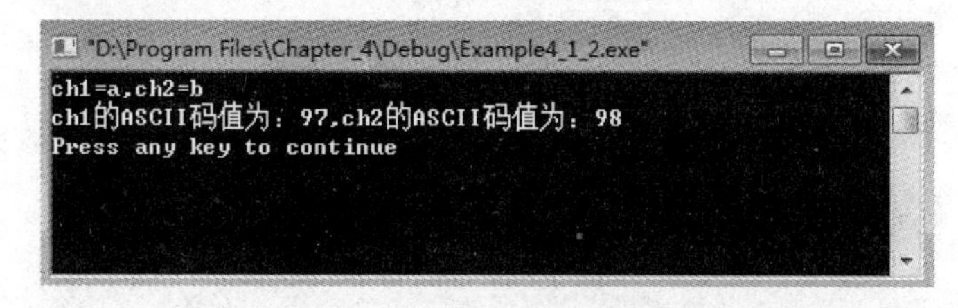

图4-3 例4-2程序运行结果

程序说明:

(1) 用char声明了两个字符型变量ch1、ch2,并分别进行了赋值操作。

(2) 在调用第一个printf函数中,两个格式说明符%c的输出位置分别对应输出ch1和ch2变量代表的字符;"ch1="与",ch2="是普通字符,照原样输出;换行符\n使得下一个printf函数另起一行输出。

(3) 在调用第二个printf函数中,两个格式说明符%d的输出位置分别对应输出ch1、ch2变量代表的字符的ASCII码值。

(4) 注意:用%c输出字符时,输出的字符不带单引号。

4.1.2 scanf函数

如同printf函数按指定格式显示输出一样,scanf函数能够根据指定格式由输入设备(键盘)进行数据的输入。其调用的一般格式如下:

```
scanf(格式串,输入项列表)
```

其中,格式串由格式说明符、普通字符组成,其含义和printf函数中的一样;输入项列表是由若干个变量地址组成的表列，各输入项之间用逗号隔开。输入函数 scanf 格式说明如图 4-4 所示。

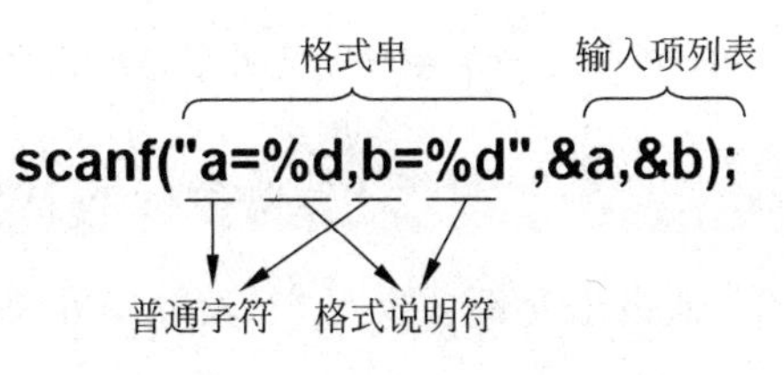

图 4-4 输入函数 scanf 格式说明

如图 4-4 所示，格式说明符%d 表示在此位置输入一个十进制整数；a=与“,b=”是普通字符，要照原样输入；&a、&b 则表示输入项列表，其中 & 是“地址运算符”，其作用是得到后面紧跟的变量的地址，如 &a 表示变量 a 在内存中的地址。针对图 4-4 中的输入语句，如果将数值 3、4 分别输入到变量 a、b 中，必须从键盘按照如下格式进行输入：

```
a=3,b=4
```

1. 格式说明符

与 printf 函数中的格式说明符类似，用%开头，后面连接一个格式字符。常用的格式说明符如表 4-2 所示。

表 4-2 常用格式说明符

格式说明符	含义	案例
%d	以十进制形式输入一个整型数据	int a; scanf("%d",&a); //输入一个十进制整数 100 放入变量 a 中
%o	以八进制形式输入一个整型数据	int a; scanf("%o",&a); //输入一个八进制整数 144 放入变量 a 中
%x	以十六进制形式输入一个整型数据	int a; scanf("%x",&a); //输入一个十六进制整数 64 放入变量 a 中
%f	以小数形式输入一个实型数据	float f; scanf("%f",&f); //输入实数 0.25 放入变量 f 中
%c	输入一个字符型数据	char ch; scanf("%c",&ch); //输入字符 A 放入变量 ch 中
%s	输入一个字符串数据	char st[50]; scanf("%s",st); //输入字符串 this is C program 放入 ch 数组中

2. 使用 scanf 函数时应注意的问题

(1) scanf 函数中格式串的输入项列表必须是内存地址。如表 4-2 中出现的 &a、&f、&ch、st(数组名表示数组首地址)都表示所占内存空间的地址。这一点是与 printf 函数最容易混淆的地方，初学者经常在此出错。

(2) 在进行 scanf 函数输入时，格式串中不要出现“\n”等转义字符，否则在输入数据序列时会引来不必要的麻烦。

(3) 输入数据时不能规定精度，如：

```
scanf("%7.2f",&a);
```

是不合法的，会造成不能成功地输入数据。

(4) 如果相邻格式说明符之间无任何普通字符，且要求输入数值型数据时，则输入数据之间，至少用一个空格、或回车、或 Tab 键进行数据分隔。如：

```
scanf("%d%f%d",&a,&b,&c);
```

假设给变量 a 输入 12，给变量 b 输入 3.4，给变量 c 输入 56，则正确的输入为：

12␣3.4␣56↙

或者

12↙
3.4␣56↙

其中，␣表示一个空格符、↙表示一个回车符。

(5) 用格式说明符%c 接收字符时，空格字符和转义字符都能作为有效字符接收，如：

```
scanf("%c%c%c",&c1,&c,&c3);
```

若输入

a␣b␣c↙

则字符'a'送给 c1，空格字符␣送给 c2，字符'b'送给 c3。

如果想要将字符'a'、'b'、'c'分别赋值给变量 c1、c2、c3，则正确的输入方法是：

abc↙　　(abc 之间没有任何间隔符)

因此，当连续输入多个字符时，要特别注意运行时输入数据的格式，否则读取字符不能成功。

(6) 输入数值型数据时，除遇到空格、回车、Tab 键进行数据分隔外，非法输入也能表示数值数据输入结束。如：

```
scanf("%d%c%f",&a,&b,&c);
```

若输入

123#45o.26↙

则 123 赋值给整型变量 a；字符'#'赋值给字符变量 b；本意将 450.26 赋值给实型变量 c，但输入时将 450 错写成 45o，遇到非法数据'o'则输入结束，最终把 45 赋值给实型变量 c。

3. scanf 函数使用案例

【例 4-3】 用 scanf 函数输入两个圆半径的值，分别输出两个圆的面积。

问题分析：

该程序是根据数学中求圆面积公式 $s=\pi r^2$，对半径数据进行输入、对求出的圆面积进行输出。

程序代码如下：

```
/* 求任意半径 r 的圆的面积 */
#include <stdio.h>
int main()
{   int r1,r2;
    double s1,s2;
    scanf("%d%d",&r1,&r2);
    s1 = 3.14 * r1 * r1;
    s2 = 3.14 * r2 * r2;
    printf("半径是%d的圆的面积为%f\n",r1,s1);
    printf("半径是%d的圆的面积为%f\n",r2,s2);
    return 0;
}
```

若输入：2␣3↙

程序运行结果如图 4-5 所示。

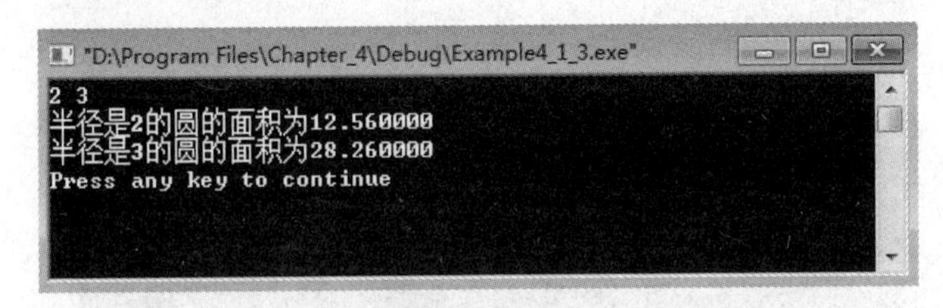

图 4-5　例 4-3 程序运行结果

程序说明：

(1) 定义了两个整型变量 r1,r2,用来存放半径的值；定义了两个双精度实型变量 s1,s2,用来存放圆面积的计算结果。

(2) 语句"scanf("%d%d",&r1,&r2);"要求输入两个整型数值分别放入 r1、r2 所占的内存空间中,如按"2␣3↙"格式输入后,则 r1、r2 的存储空间中分别放入了 2、3。

(3) 分别通过 r1、r2 中的值计算圆面积,并将计算结果分别放入 s1、s2 所占的内存空间。

(4) 通过两个 printf 函数分别输出 s1、s2 中圆面积的值。

(5) 注意 scanf 函数使用的格式说明符要和对应变量的类型保持一致,否则得不到预期结果。如在这里对整型变量 r1、r2 的输入用格式说明符%d。

【例 4-4】 求一个加法算术表达式的值。

问题分析：

该程序主要功能是,将输入的 char 类型密文与密码"2"相加,得到加密后的密文。再进行减 2 操作,使密文还原为输入时的内容。

程序代码如下：

```
/* 求任意一个字符的密文,其密码是 2 */
#include <stdio.h>
int main()
```

```
{   char ch1,ch2;
    scanf("%c%c",&ch1,&ch2);
    ch1 = ch1 + 2;
    ch2 = ch2 + 2;
    printf("ch1 和 ch2 的密文分别是：%c%c\n",ch1,ch2);
    printf("解密处理,按任意键继续...\n");
    getch();                              //按任意键继续的函数调用
    printf("本次发报的解密密码是数字 2\n");
    ch1 = ch1 - 2;
    ch2 = ch2 - 2;
    printf("ch1 和 ch2 对应的原文是： %c%c\n",ch1,ch2);
return 0;
}
```

程序运行结果如图4-6所示。

图4-6　例4-4程序运行结果

程序说明：

(1) scanf函数中两个%c之间没有任何间隔符，则程序运行时，输入的两个字符必须连续输入，即AB↙的格式，否则变量ch1、ch2不能接收正确的值。

(2) 字符型数据和数值进行加减运算，得到的结果仍然可以按照字符型数据进行处理。字符型数据的加减运算实际上就是字符对应的ASCII码值的运算。如：'A'+1，即65+1，值为66，如果按照格式说明符%c输出，则得到字符'B'，如果按照格式说明符%d输出，则得到ASCII码值66。

(3) getch()函数也是在头文件stdio.h中的一个输入函数，这个函数表示程序执行到此时，按键盘上任意键继续程序的执行，否则程序不显示改语句下面的内容。

4.2　字符输入输出函数

scanf和printf函数是根据指定格式进行数据的输入和输出。对于单个字符的输入输出来说，不用指定格式，若使用scanf和printf函数实现有点“大材小用”之嫌。为了方便，在标准函数库中提供了两个专门处理单个字符数据的输入和输出函数：getchar函数和putchar函数。

4.2.1 putchar 函数

与 printf 格式化输出函数不同的是，putchar 函数的作用是向终端(显示器)输出非指定格式的单个字符。其一般格式为：

```
putchar(输出项)
```

其中，输出项可以是字符型常量、或字符型变量、或表达式(结果是字符型数据)，如：

```
putchar('a');                //用来输出字符常量'a',等价于"printf("%c",'a');",输出 a
ch='b'; putchar(ch);         //用来输出字符变量 ch 中的值,输出 b
putchar('b'+1);              //用来输出表达式'b'+1 的值,输出 c
putchar('\n');               //用来实现换行,等价于"printf('\n');",输出一个换行符
```

putchar 函数输出字符时，可以用 printf 函数中的格式说明符“%c”代替，但是使用 putchar 函数输出单个字符比 printf 函数效率更高，占用的内存也更少。

putchar 函数使用案例如下：

【例 4-5】 使用 putchar 函数输出字符。

问题分析：

该程序能够在屏幕上输出字符，putchar 函数一次只能输出单个字符，没有输入，只有输出。

程序代码如下：

```
/*使用 putchar 函数输出字符*/
#include<stdio.h>
int main()
{   int ch1=67;
    char ch2='+';
    putchar(ch1);
    putchar(ch2);
    putchar(ch2);
    putchar('\n');
    return 0;
}
```

程序运行结果如图 4-7 所示。

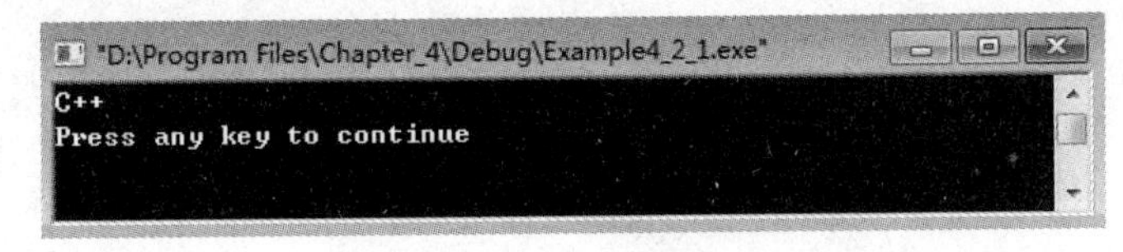

图 4-7 例 4-5 程序运行结果

程序说明：

(1) 定义了一个整型变量 ch1 和一个字符型变量 ch2，并分别进行了初始化。

(2) 程序中第一个 putchar 显示 ch1 所对应的字符'C'(ASCII 值为 67)；第二个和第三

个 putchar 显示了 ch2 中的字符'+'；第四个 putchar 输出了一个换行符。

4.2.2 getchar 函数

getchar 函数的功能是从终端(键盘)输入单个字符，函数的值等于从终端输入字符的 ASCII 码值。getchar 函数只能输入单个字符，若要输入多个字符，需要使用多个 getchar 函数。其一般格式为：

变量名 = getchar()

getchar 函数将接收的字符赋值等号左边的字符型变量，也可以直接作为有效字符使用。如：

```
char ch;
ch = getchar();
putchar(ch);
```

getchar 函数接收的字符赋给字符型变量 ch，然后通过 putchar 函数将 ch 中的值输出。再如：

```
putchar(getchar());
```

此时，getchar 函数作为有效字符直接输出，但接收的字符不能再作为他用。

【例 4-6】 从键盘输入多个任意字符，然后再将其输出。

问题分析：

该程序通过键盘输入多个字符，然后在屏幕上输出这些字符，有多个输入，对应多个输出。

程序代码如下：

```
/* 使用 getchar 函数输入字符 */
#include <stdio.h>
int main()
{   char ch1,ch2;
    printf("输入 2 个字符\n");
    ch1 = getchar();
    ch2 = getchar();
    printf("ch1 = %c,ch2 = %c\n",ch1,ch2);
    return 0;
}
```

若输入：AB↙

程序运行结果如图 4-8 所示。

程序说明：

(1) 程序定义了两个字符型变量 ch1、ch2，并分别利用 getchar 函数接收了输入的两个字符'A'和'B'，即 ch1 得到 65('A'的 ASCII 码值)，ch2 得到 66('B'的 ASCII 码值)。

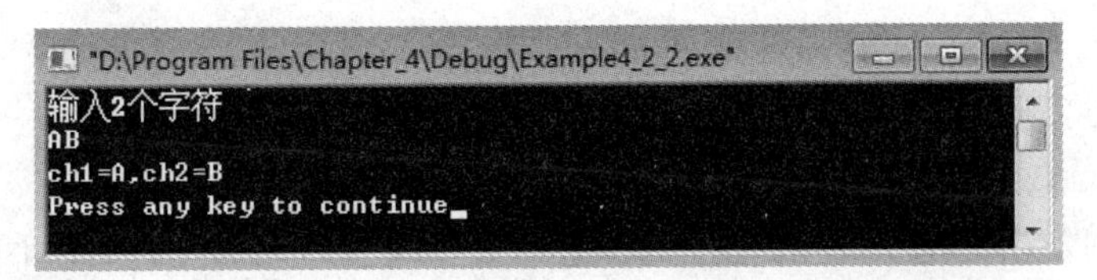

图 4-8　例 4-6 程序运行结果

(2) 程序运行时,若输入

```
A↙
B↙
```

则字符'A'赋值给 ch1,换行符赋值给 ch2,导致程序没有得到预期的输出结果。

通过 getchar 函数输入字符时,并不是在键盘上按下一个字符键,这个字符就立即被送到计算机中,而是首先将字符存储在缓冲区中,只有按下回车键时才将所有字符一起送入计算机中,并按照先后顺序赋值给相应的变量。

习　题　4

一、填空题

1. 通常情况下,________是利用键盘向计算机输入数据,________是计算机将数据结果显示到显示器上。

2. C 语言中要完成数据的输入输出功能,需要调用头文件________中的函数。

3. 在 C 语言中,进行数据的格式化输入、输出分别是通过函数________和________实现的。

4. 函数 printf()中格式串是由________、________和转义字符三部分组成。

5. 格式说明符由________开头,和某个格式符组合而成;转义字符是由________开头。

6. 格式符________用来输出十进制整数;格式符________用来输出实数(包括单、双精度)。

7. 在标准函数库中的两个专门处理单个字符数据的输入和输出函数为________和________。

二、选择题

1. 有以下程序:

```
main()
{  int m,n,p;
scanf("m = %dn = %dp = %d",&m,&n,&p);
printf(" %d%d%d\n",m,n,p);
}
```

若想从键盘上输入数据,使变量 m 中的值为 123,n 中的值为 456,p 中的值为 789,则正确的输入是(　　)。

A. m=123n=456p=789　　　　B. m=123　n=456　p=789

C. m=123,n=456,p=789　　　D. 123　456　789

2. 有定义语句：int　x,y;，若要通过 scanf("%d,%d",&x,&y);语句使变量 x 得到数值 11，变量 y 得到数值 12，下面 4 组输入形式中，错误的是(　　)。

A. 11,12＜回车＞　　B. 11,12＜回车＞

C. 11　12＜回车＞　　D. 11,＜回车＞12＜回车＞

3. 设有如下程序段：

```
int  x = 2002,y = 2003;
printf(" % d\n",(x,y));
```

则以下叙述中正确的是(　　)。

A. 输出值为 2002

B. 输出值为 2003

C. 输出语句中格式说明符的个数少于输出项的个数，不能正确输出

D. 运行时产生出错信息

4. 已知 i、j、k 为 int 型变量，若从键盘输入：1,2,3＜回车＞，使 i 的值为 1、j 的值为 2、k 的值为 3，以下选项中正确的输入语句是(　　)。

A. scanf("i=%d,j=%d,k=%d",&i,&j,&k);

B. scanf("%d　%d　%d",&i,&j,&k);

C. scanf("%2d%2d%2d",&i,&j,&k);

D. scanf("%d,%d,%d",&i,&j,&k);

5. 设有定义：long x=－123456L;，则以下能够正确输出变量 x 值的语句是(　　)。

A. printf("x=%ld\n",x);　　B. printf("x=%d\n",x);

C. printf("x=%8dL\n",x);　　D. printf("x=%LD\n",x);

6. x、y、z 被定义为 int 型变量，若从键盘给 x、y、z 输入数据，正确的输入语句是(　　)。

A. read("%d%d%d",&x,&y,&z);　　B. scanf("%d%d%d",x,y,z);

C. scanf("%d%d%d",&x,&y,&z);　　D. INPUT　x、y、z;

7. 若变量已正确说明为 float 类型，要通过语句 scanf("%f　%f　%f ",&a,&b,&c);给 a 赋予 10.0，b 赋予 22.0，c 赋予 33.0，不正确的输入形式是(　　)。

A. 10　22＜回车＞33＜回车＞　　B. 10＜回车＞22＜回车＞33＜回车＞

C. 10.0＜回车＞22.0　33.0＜回车＞　　D. 10.0,22.0,33.0＜回车＞

8. 有以下程序：

```
#include< stdio.h>
void main()
{
 char a = '1';
 putchar(a);
}
```

A. '1'　　B. a='1'　　C. a=1　　D. 1

9. 下面程序运行后，若从键盘输入 126745，则输出结果是(　　)。

```
#include< stdio.h>
void main()
```

```
{
char c1,c2,c3,c4,c5,c6;
scanf("%c%c%c%c",&c1,&c2,&c3,&c4);
c5 = getchar(); c6 = getchar();
putchar(c1); putchar(c2);
printf("%c%c",c5,c6);
}
```

A. 1274　　B. 1245　　C. 2674　　D. 2745

10. 有以下程序：

```
#include<stdio.h>
void main()
{
int u = 010,v = 0x10,w = 10;
printf("%d, %d, %d",u,v,w);
}
```

输出结果是(　　)。

A. 8,16,12　　B. 8,12,10　　C. 6,16,10　　D. 8,16,10

三、程序设计题

1. 编写程序,把560分钟换算成用小时和分钟表示,然后进行输出。

2. 编写程序,输入两个整数：1500和350,求出它们的商和余数并进行输出。

3. 编写程序,读入三个双精度数,求它们的平均值并保留此平均值小数点后一位数,对小数点后第二位数进行四舍五入,最后输出结果。

4. 编写程序,读入三个整数给a、b、c,然后交换它们中的数,把a中原来的值给b,把b中原来的值给c,把c中原来的值给a,然后输出a、b、c。

流程控制篇

实际应用过程中，任何一个复杂的问题都是由三种基本控制结构组成的，即顺序结构、选择结构和循环结构。C语言又是一种面向过程的结构化程序设计语言，因此，设计一个自顶向下，逐层划分的模块化程序，也是我们遵循的目标。这种模块化的程序设计，主要通过自定义函数，以及函数调用来完成。接下来的章节，将会通过实例详细介绍选择结构和循环结构用法，以及通过函数之间的调用控制程序的流程。

第5章 选择控制语句

在现实生活中,往往会处于一种抉择的时刻,或放弃、或选择,或成功、或失败,不管怎样,最终只有一个结果。编写程序的目的就是有效地解决实际问题,而在解决问题的过程中会出现不同的情况需要不同的处理。这种有选择的处理方式在C语言中称为选择结构。选择结构,主要是根据一定条件有选择地执行不同的程序代码。在编写程序过程中经常会使用选择结构来解决实际问题,离开了选择结构很多情况将无法处理。从本章开始,将通过相关案例的分析与实现来讲解编程中的主要知识点,更好地掌握如何通过编写程序来解决实际问题。

5.1 案例一 温度转换

5.1.1 案例描述及分析

【案例描述】

经常出国旅行的驴友都知道,需要随时了解当地的气温状况,但不少国家采用了不同的温度计量单位:有些使用华氏温度标准(F),有些使用摄氏温度(C)。现在,根据温度转换公式设计一个程序,可以进行华氏温度和摄氏温度的相互转换。如果输入摄氏温度,显示转换的华氏温度;如果输入华氏温度,显示转换的摄氏温度。

输出说明:转换后的温度值(保留小数点后两位)。

如果从华氏转摄氏,须输出:The Centigrade is XX.XX

如果从摄氏转华氏,须输出:The Fahrenheit is XX.XX

范例输入:F －30

范例输出:The Centigrade is －34.44

【案例分析】

摄氏温度向华氏温度转换的公式为:$F=(C\times 9/5)+32$ ---------①

华氏温度向摄氏温度转换的公式为:$C=(F-32)\times 5/9$ ---------②

那么到底采用哪一个公式来解决本案例程序呢?关键是看输入的温度值是华氏温度,还是摄氏温度。而确定这个输入值是华氏温度还是摄氏温度可以借助一个字符型数据来实现,如果输入的数据是'C',则采用公式①;如果输入的数据是'F',则采用公式②。因此,实现本案例的程序流程是:首先,将输入的字符保存在一个字符型变量中;然后,通过判断该字符型变量是'C'还是'F'决定执行哪个公式。在C语言中,根据一定条件来执行某语句是通过"if语句"实现的。

5.1.2 单分支 if 语句

单分支 if 语句是根据判定给定的条件决定是否执行某项操作。其一般格式如下：

```
if(表达式)
    语句 1
```

执行过程是：计算表达式的值，如果表达式的值为真(即非零值)，则执行语句 1；如果表达式的值为假(即零值)，则不执行语句 1。如：

```
if(x > y)
  printf(" % d",x);
```

表示如果 x 的值大于 y 的值，表达式“x＞y”的值是 1(即为真)，则执行语句“printf("%d",x);”；如果 x 的值不大于 y 的值，表达式“x＞y”的值是 0(即为假)，则不执行语句“printf("%d",x);”。

在使用 if 语句时应注意以下几点。

(1) “if”是 C 语言关键字，必须为小写。

(2) if 后面的一对小括号不能省略。

(3) 小括号中可以是 C 语言的任意表达式，只要能计算出表达式的值即可。

(4) “语句 1”称为 if 语句的内嵌语句。如果内嵌语句是由多条语句组成时，必须用一对大括号“{ }”括起来形成一条复合语句。如：

```
if(x > y)
  {t = x;x = y;y = t;}
```

(5) 在 if 语句中，小括号后面若有“;”，则 C 编译系统会将这个分号看成该 if 语句的内嵌语句，这样会造成程序结构混乱。如：

```
if(x > y);
  {t = x;x = y;y = t;}
```

则复合语句不是该 if 语句的内嵌语句，也就不受 if 表达式“x＞y”的控制。

(6) 如果小括号中的表达式使用双等运算符(＝＝)或赋值运算符(＝)，注意两者的区别。如：

```
if(x == 2)
   x++;
```

表示如果变量 x 的值和 2 相等，则执行语句“x＋＋;”；否则，不执行语句“x＋＋;”。

```
if(x = 2)
   x++;
```

表示无论变量 x 以前是什么值，“x＝2”的值永为真值，即每次都会执行语句“x＋＋;”。

(7) 为方便于程序阅读,尽量使内嵌语句和其 if 表达式行有一个缩进格式。

5.1.3 程序实现

清楚了 if 语句的格式及其执行过程之后,就可以通过使用 if 语句来解决“温度转换”的问题了。

具体算法：首先将输入的字符“F”或“C”存入字符型变量 a 中,输入的温度值存入单精度实型变量 temperature 中；然后判断变量 a 中的字符是'F'还是'C'选择不同的温度转换公式计算；最后根据要求的格式输出转换之后的温度值。

程序代码如下：

```
#include <stdio.h>
int main()
{     char a;
      float temperature;
      printf("请输入温度类型(F/C)及温度:");
      scanf("%c%f",&a,&temperature);
      if(a == 'F')
      {
          temperature = (temperature - 32) * 5/9;
          printf("The Centigrade is %.2f \n",temperature);
      }
      if(a == 'C')
      {
          temperature = (temperature * 9/5) + 32;
          printf("The Fahrenheit is %.2f \n",temperature);
      }
      return 0;
}
```

程序运行结果如图 5-1 所示。

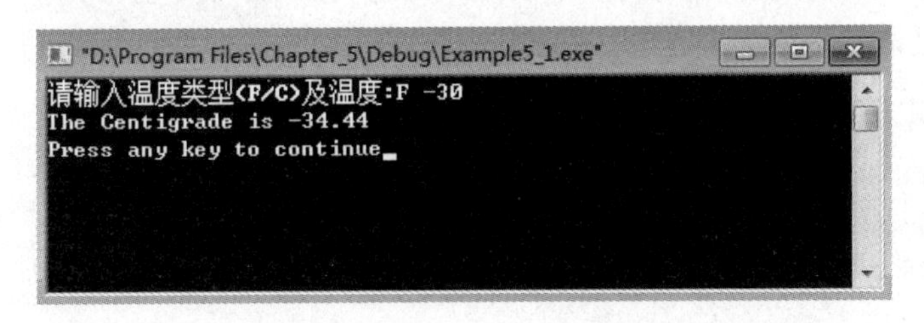

图 5-1 温度转换程序运行结果

程序说明：

(1) 程序中将输入的温度类型及温度分别存入变量 a 和变量 temperature 之后,书写了两条相互独立的 if 语句,其一用来判断输入的温度类型如果是 F,则计算摄氏温度并输出；其二用来判断输入的温度类型如果是 C,则计算华氏温度并输出。

(2) 两个 if 语句的执行顺序是：首先,执行第一个 if 语句,判断变量 a 的值是否为 F,若是，则执行该内嵌语句后去执行第二个if语句，若不是，则跳过该内嵌语句执行第二个if语句；然后，在执行第二个if语句中，判断变量a的值是否为C，若是，则执行该内嵌语句后结束程序，若不是，则跳过该内嵌语句结束程序。

(3) 两个if语句中小括号内表达式都使用了双等运算符(==)，表示出对字符型变量a的值和常量'F'或常量'C'是否相等的判断。读者可以考虑一下将双等运算符改成赋值运算符会得到什么结果。

(4) 在语句"temperature=(temperature-32)*5/9;"中，等号右边的变量temperature表示转换前输入的温度值，经转换公式计算后得到的结果又存入变量temperature中，后面输出temperature的值即为转换后的温度值。语句"temperature=(temperature*9/5)+32;"的含义与其相同。

(5) 为保证程序的输出结果保留两位小数而使用格式说明符"%.2f"。

(6) 两个if语句的内嵌语句都是由两条语句组成，为保证if条件的作用范围，分别对两条语句用大括号"{}"括起来。

也许读者已经发现，程序中使用两个相对独立的if语句事实上存在着一定的关系，即：如果第一个if语句的表达式为真，则第二个if语句的表达式一定为假，不用再进行判断。因此，在本案例中使用两个相对独立的单分支if语句实际上是不合适的。在C语言中，解决这类问题可以使用双重分支选择结构if…else语句来实现。

5.1.4 双重分支 if…else 语句

双重分支if…else语句是在两个操作中根据判断给定条件的真假值有选择地执行某项操作。其一般格式是：

```
if(表达式)
    语句 1
else
    语句 2
```

执行过程是：计算表达式的值，如果表达式的值为真(即非零值)，则执行语句1，跳过语句2；否则，跳过语句1，执行语句2。如：

```
if(x>y)
  printf("%d",x);
else
  printf("%d",y);
```

表示如果x的值大于y的值，则执行语句"printf("%d",x);"，不执行语句"printf("%d",y);"(即输出x，不输出y)；如果x的值不大于y的值，则不执行语句"printf("%d",x);"，执行语句"printf("%d",y);"(即输出y，不输出x)。

在使用if…else的语句中，小括号、表达式、内嵌语句等与单分支if语句的要求相同，除此之外，还应注意以下几点。

(1) "else"也是C语言关键字，必须为小写。

(2) else和if之间有且仅有一条内嵌语句，也就是说，若由多条语句组成语句1，需要用大括号括起来组成一条复合语句。如：

```
if(x>y)                          |          if(x>y)
                                 |              printf("%d",x); x++;
else                             |          else
    printf("%d",y);              |              printf("%d",y);
```

以上两种情况都属非法使用 if…else 语句。

(1) 没有 else 的 if…else 语句实际上是单分支 if 语句，但只要有 else 就一定有一个 if 与之对应，也就是说"if 可以没有 else，但 else 必须有 if"。

(2) 称语句 1 为 if 子句、语句 2 为 else 子句。

在"温度转换"案例中，使用 if…else 语句实现只需将程序中的"if(a=='C')"改成"else"即可。但要注意，使用 if…else 语句实现，输入的温度类型必须是'F'或'C'，否则，程序将执行错误，读者可以考虑一下为什么。

5.2 案例二 计算股票经纪人的佣金

在实际应用中，往往需要连续判断多个条件来解决某一问题。如果用多个连续的单分支 if 语句或双重分支 if…else 语句实现，程序执行时会造成判断浪费，以致降低程序的执行效率。针对这一问题，可以通过使用 C 语言中的多分支 if…else if 语句来解决。

5.2.1 案例描述及分析

【案例描述】

在股票交易所中，往往通过股票经纪人来进行股票的买卖，这样需要付给股票经纪人一些佣金。股票经纪人佣金的计算方式是根据股票交易额的不同而不同，其计算方式如表 5-1 所示。

表 5-1 股票交易额佣金对照表

交易额范围	佣金计算方式	交易额范围	佣金计算方式
低于 2500	30+1.7%×value	20 000～50 000	100+0.22%×value
2500～6250	56+0.66%×value	50 000～500 000	155+0.11%×value
6250～20 000	76+0.34%×value	超过 500 000	255+0.09%×value

【案例分析】

从表 5-1 可以看出，股票经纪人的佣金计算方式共有 6 种情况，选择哪种计算方式是由股票交易额的值来决定的。根据"温度转换"案例得知，解决本案例可以如下进行：首先，输入一个实际交易额数据(value)；然后，分别经过 6 个顺序排列的单分支 if 语句判断出实际交易额属于哪个范围；最后，根据所属范围选择相对应的佣金计算方式，计算出最终佣金值并输出。主要结构如下：

```
…
if(value<2500)
  …
if(value>=2500&&value<6250)
  …
if(value>=6250&&value<20000)
  …
if(value>=20000&&value<50000)
  …
if(value>=50000&&value<=500000)
  …
if(value>500000)
  …
```

显然，在上面的程序结构中，没有考虑到条件和条件之间的关系，使用了相互独立的if语句来实现，如果交易额范围再多一些，程序员的工作量增强，代码出错的几率也会增大。而多分支结构的出现则将很好地解决这些问题。

5.2.2 多分支结构

多分支结构是在多种判断条件下，利用条件相互之间的关系，从多项操作中选择执行某项操作。其一般格式如下：

```
if(表达式1)
   语句1
else if(表达式2)
    语句2
…
else if(表达式m)
    语句m
else
    语句n
```

其执行过程是：从表达式1开始依次计算各表达式的值，当出现某个表达式的值是非零值时（即真值），则执行其对应的内嵌语句后结束整个if语句的执行。如：

```
if(x>y)
  printf("%d",x);
else if(y>z)
  printf("%d",y);
else
 printf("%d",z);
```

表示如果x大于y，则输出x；如果x不大于y并且y大于z，则输出y；如果x不大于y并且y不大于z，则输出z。

可以看出，在多分支结构中，除第一个if和最后一个else以外，中间都存在着else if（else和if之间必须有空格），因此，有时把多分支结构也称作"else…if语句"。

前面提到，每个 else 都要有与之相对应的 if，那么，如果出现多个 if 和 else，else 究竟和哪个 if 配对呢？C 语言规定，else 总是和它上面的、离它最近的、未配对的 if 进行配对。

清楚了 C 语言中 if 和 else 的配对原则，多分支 else…if 语句嵌套配对关系如图 5-2 所示，其结构是在一整个 if…else 语句中的 else 子句里又嵌套了一个 if…else 语句，直到最后一个 if…else 语句。

```
if(…)
⇕ …
else if(…)
⇕ …
else if(…)
⇕ …
else …
```

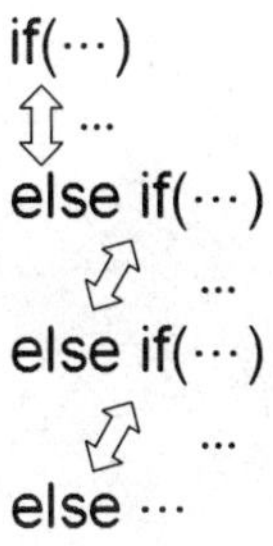

图 5-2　if…else 嵌套配对关系

在选择结构中，无论是单分支 if 语句还是双重分支 if…else 语句，其内嵌语句可以是其他的 if 语句或 if…else 语句，即选择结构允许嵌套。

5.2.3　程序实现

清楚了多分支结构的执行过程及特点，"计算股票经纪人的佣金"的案例就很好解决了。

使用多分支结构的具体算法基本与使用单分支 if 语句相同，不同的是对 if 语句中判断条件的设定，考虑了条件相互之间的关系，增强了程序的执行效率。

程序如下：

```
#include <stdio.h>
int main()
{
    float value,commission;
    printf("Please input the value:\n");
    scanf("%f",&value);
    if(value<2500)
        commission=30+0.017*value;
    else if(value<6250)
        commission=56+0.0066*value;
    else if(value<20000)
        commission=76+0.0034*value;
    else if(value<50000)
        commission=100+0.0022*value;
    else if(value<=500000)
        commission=155+0.0011*value;
    else
        commission=255+0.0009*value;
    printf("The commission is $%.2f\n",commission);
    return 0;
}
```

运行结果如图 5-3 所示。

程序说明：

(1) 程序中定义的变量 value 用来保存输入的实际交易额，变量 commission 用来保存计算得到的佣金数。

(2) 程序中根据多分支结构的执行过程使得各个条件的设定比较简单，如："if(value＜6250)"等同于"if(value＞=2500&&value＜6250)"。

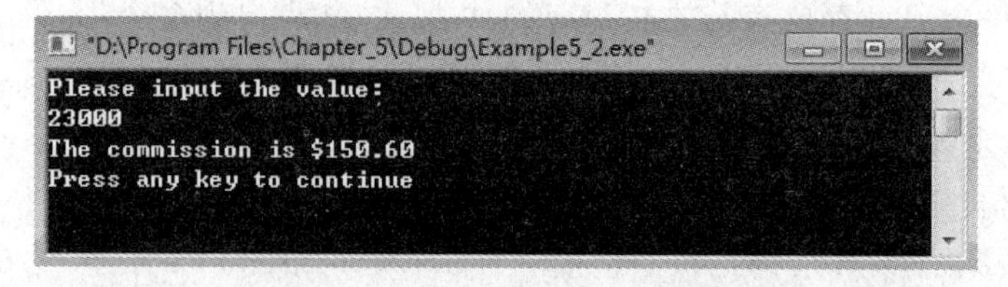

图 5-3 计算佣金程序运行结果

(3) 编写程序时注意各条件表达式的先后位置顺序不能颠倒,以免造成执行结果错误。

5.3 案例三 判定成绩等级

5.3.1 案例描述及分析

【案例描述】

输入一个0～100以内的学生成绩,然后根据成绩值的不同的范围输出'A','B','C','D','E'5个等级。其中,0～59输出'E',60～69输出'D',70～79输出'C',80～89输出'B',90～100输出'A'。

【案例分析】

不难看出,本案例也是通过判断输入数据(grade)的所属范围来输出结果,完全可以利用多分支结构来实现。但是,我们发现本案例中的每个范围都有一定的规律性,即输入数据的十位上数若大于等于9则输出'A'、等于8则输出'B'、等于7则输出'C'、等于6则输出'D'、小于6则输出'E'。当然,利用这个特点也可以采用多分支结构实现。其代码如下。

```
#include <stdio.h>
int main()
{
    int grade;
    printf("Please input the grade:\n");
    scanf("%d",&grade);
    grade=grade/10;
    if(grade>=9)
        printf("成绩的等级为%c\n",'A');
    else if(grade==8)
        printf("成绩的等级为%c\n",'B');
    else if(grade==7)
        printf("成绩的等级为%c\n",'C');
    else if(grade==6)
        printf("成绩的等级为%c\n",'D');
    else
        printf("成绩的等级为%c\n",'E');
}
```

为了使程序更加简洁易读,C语言中对多分支else…if语句进行了变型,提供了另外一种用于多分支选择的switch语句。

5.3.2 switch 语句

switch 结构也是多分支结构中的一种，为了增强程序的可读性，在实际应用过程中占据着不可忽视的地位。其一般格式如下：

```
switch(表达式)
{
   case 常量表达式 1:  语句 1;
   case 常量表达式 2:  语句 2;
   ……
   case 常量表达式 n:  语句 n;
   default:            语句 n+1;
}
```

执行过程是：首先计算 switch 后面括号内表达式的值；然后和 case 后面的常量表达式 1、常量表达式 2、…、常量表达式 n 的值依次比较，如果与常量表达式 i 相等，则依次执行语句 i、语句 i+1、…、语句 n、语句 n+1，否则直接执行 default 后面的语句 n+1。如：

```
switch(a)
{
case 1: printf("A");
case 2: printf("B");
default: printf("*");
}
```

该程序段表示如果 a 的值是 1，则输出"AB*"；如果 a 的值是 2，则输出"B*"；如果 a 的值是除了 1 和 2 之外的其他整数，则输出"*"。

在使用 switch 语句时应注意以下几点。

(1) "switch"、"case"和"default"都是 C 语言关键字，必须是小写。

(2) switch 后面小括号不能省略，括号内表达式值的类型一般情况下为整型或字符型，否则会出现匹配不成功导致程序运行错误。

(3) switch 语句体必须用一对大括号"{}"括起来。

(4) 最后的右大括号"}"表示整个 switch 语句结束，因此，紧随 switch 的小括号和大括号后面不能添加分号"；"。

(5) case 后表达式的值必须是常量，且每一个 case 的常量表达式的值必须互不相同，否则会出现相互矛盾的现象。

(6) case 关键字和常量表达式之间至少有一个空格作为间隔。

(7) 常量表达式后面的冒号"："表示后面的语句是其内嵌语句，这里的内嵌语句可以没有也可以由多条语句组成，如果由多条语句组成不必使用大括号括起来。

(8) default 可以省略，也可以放在 switch 语句的位置任意，但不能存在两个及两个以上的 default。如：

```
switch(a)
{ default: printf("*");
```

```
    case 1: printf("A");
    case 2: printf("B");
}
```


表示如果 a 的值是 1,则输出结果为“AB”,如果 a 的值是 2,则输出“B”,如果 a 的值是除了 1 和 2 之外的其他整数,则输出“＊AB”。

从 switch 语句的执行过程知道,此时的 switch 语句并没有实现多分支结构的功能。而要想实现这一功能,则需要在每一个 case 分支的内嵌语句后加上 break 跳转语句结束 switch 语句的执行。如:

```
switch(a)
{   case 1: printf("A"); break;
    case 2: printf("B"); break;
    default: printf("*");
}
```

该程序段表示如果 a 的值是 1,则输出“A”; 如果 a 的值是 2,则输出“B”; 如果 a 的值是除了 1 和 2 之外的其他整数,则输出“＊”。

在 switch 语句中使用 break 应注意以下几点。

(1) “break”是 C 语言关键字,必须是小写。

(2) break 只存在于 case 分支和 default 分支的内嵌语句中。

(3) 不是每一个 case 分支的内嵌语句中都必须有 break 跳转语句,要根据分支结构的情况而定。

由此看来,本案例是通过输入的成绩输出一个与其相对应的等级,需要在 switch 语句中使用 break 才能实现题目所要求的功能。

5.3.3 程序实现

清楚了 switch 结构的格式及其执行过程,就可以设计本案例的程序了。

具体算法: 首先输入一个成绩(0～100 之间)保存在整型变量 grade 中; 然后用变量 grade 的值除以 10 再存入 grade 变量中,这时,变量 grade 中的值是 0～10 之间的一个整数; 最后使用 switch 语句,用变量 grade 分别进行判断,得出相对应的等级,并输出。

程序代码如下:

```
#include <stdio.h>
int main()
{
    int grade;
    printf("Please input the score(0～100):\n");
    scanf("%d",&grade);
    grade = grade/10;
    switch(grade)
    {
```

```
        case 10:
        case 9:    printf("成绩的等级为 %c\n",'A'); break;
        case 8:    printf("成绩的等级为 %c\n",'B'); break;
        case 7:    printf("成绩的等级为 %c\n",'C'); break;
        case 6:    printf("成绩的等级为 %c\n",'D'); break;
        default:      printf("成绩的等级为 %c\n",'E');
    }
    return 0;
}
```

输入成绩为：85

程序的运行结果如图 5-4 所示。

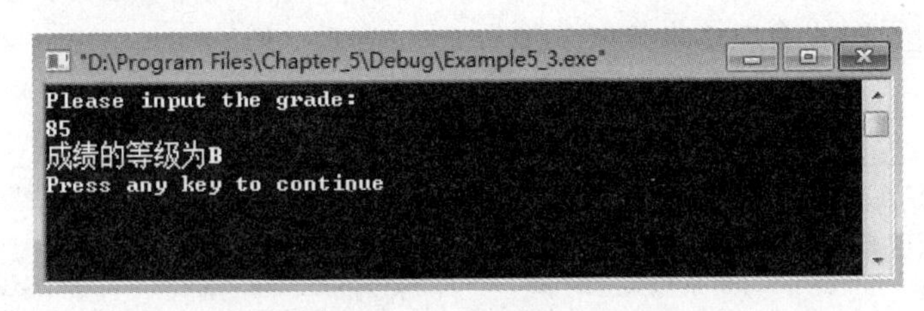

图 5-4　成绩等级判断程序运行结果

程序说明：

(1) 程序中，分支“case 10：”后面没有内嵌语句，表示该分支和分支“case 9：”共用相同的内嵌语句“printf("成绩的等级为%c\n",'A')；break;”，即满足 90 分以上都能输出字符 A。

(2) 在这里，default 分支放在各分支的最后，不用再使用 break 语句，表示如果 grade 变量的值大于等于 0 小于 6，执行 default 分支，输出字符 E。

(3) case 和后面的常量表达式之间要留有空格，如“case 10：”变成了“case10：”，编译时，编译系统会将“case10”当作用户标识符来处理，从而造成编译性错误。

(4) 事实上，case 后面的常量表达式起各分支标号的作用，如程序中的 10、9、8 等，该常量表达式中不能包含变量。

本章通过解决三个案例，分别讲解了选择结构中单分支 if 语句，双重分支 if…else 语句、多分支 else…if 语句，以及 switch 语句的用法。想要熟练掌握它们的用法，还需要通过多分析问题，找出适合的选择结构去解决问题。

习　题　5

一、填空题

1. 结构化程序设计的三种基本结构是顺序结构、________和________。
2. C 语言遵循模块化程序设计，主要通过自定义________，以及________来完成。
3. 在 C 语言中，根据一定条件来执行某语句是通过________实现的。
4. 在 C 语言中，如果存在多重条件判断可以使用嵌套的 if 语句和________实现。
5. 在 C 语言中，switch 语句要想真正实现多分支需要配合________实现。

二、选择题

1. 下面4个选项中，判断a和b是否相等的if语句(设int x,a,b,c;)为(　　)。

   A. if (a!=b) x++;　　B. if (a=b) x++;

   C. if (a=<b) x++;　　D. if (a=>b) x++;

2. 已知int x=10,y=20,z=30,则执行

```
if (x > y)
z = x;x = y;y = z;
```

语句后，x、y、z的值是(　　)。

   A. x=20,y=30,z=20　　B. x=10,y=20,z=30

   C. x=20,y=30,z=10　　D. x=20,y=30,z=30

3. 执行下面程序的输出结果是(　　)。

```
main()
{ int a = 5,b = 0,c = 0;
  if (a = a + b) printf(" * * * *\n");
  else printf(" ####\n");
}
```

   A. 输出####　　B. 有语法错误不能编译

   C. 能通过编译，但不能通过连接　　D. 输出****

4. 运行下面程序后，输出是(　　)。

```
main()
{int k = -3;
 if (k <= 0) printf(" * * * *\n")
 else printf(" ######\n");
 }
```

   A. ######　　B. 有语法错误不能通过编译

   C. ****　　D. ######****

5. 以下不正确的if语句是(　　)。

   A. if(x>y) printf("%d\n",x);

   B. if(x=y)&&(x!=0) x+=y;

   C. if(x!=y) scanf("%d",&x);else scanf("%d",&y);

   D. if(x<y) {x++;y++;}

6. 若运行下面程序时，给变量a输入15，则输出结果是(　　)。

```
 main()
{int a,b;
 scanf(" % d",&a);
 b = a > 15?a + 10:a - 10;
 printf(" % d\n",b) ;
 }
```

   A. 5　　B. 25　　C. 15　　D. 10

7. 以下程序段运行结果是(　　)。

```
int x = 1,y = 1,z = -1;
x += y += z;
printf("%d\n",x < y?y:x);
```

A. 4　　B. 2　　C. 1　　D. 不确定的值

8. 在执行以下程序时,为了使输出结果为:t=4,则给 a 和 b 输入的值应满足的条件是(　　)。

```
main()
{int s,t,a,b;
 scanf("%d,%d",&a,&b);
 s = 1; t = 1;
 if (a<0) s = s + 1;
 if (a>b) t = s + t;
 else if (a == b) t = 5;
 else t = 2 * s;
 printf("t = %d\n",t);
 }
```

A. a<b<0　　B. 0<a<b　　C. a>b　　D. 0>a>b

9. 请读程序:

```
#include <stdio.h>
main()
{int x = 1,y = 0,a = 0,b = 0;
 switch(x)
 {case 1:  switch (y)
           {case 0: a++;break;
            case 1: b++;break;
           }
case 2: a++;b++;break;
    }
printf("a = %d,b = %d\n",a,b);
  }
```

上面程序的输出结果是(　　)。

A. a=2,b=2　　B. a=1,b=1

C. a=1,b=0　　D. a=2,b=1

10. 下面程序的输出结果是(　　)。

```
 main()
{int x = 100,a = 10,b = 20,ok1 = 5,ok2 = 0;
 if (a<b)
 if (b!= 15)
 if (!ok1)
    x = 1;
 else
 if (ok2) x = 10;
```

```
    x = -1;
 printf(" %d\n",x);
  }
```


A. −1　　B. 0　　C. 1　　D. 不确定的值

11. 运行下面程序时,若从键盘输入数据为"86",则输出结果是(　　)。

```
 main()
{int t;
 scanf(" %d",&t);
 if (t>=90) printf("A");
 else if (t>=80) printf("B");
 else if (t>=70) printf("C");
 else if (t>=60) printf("D");
 else printf("E\n");
 printf("OK\n");
  }
```

A. B　　B. BOK　　C. C　　D. E

12. 以下程序的运行结果是(　　)。

```
main()
{int a=0,b=1,c=0,d=20,x;
 if (a) d=d-10;
 else if (!b)
 if (!c) x=15;
   else x=25;
 printf(" %d\n",d);
  }
```

A. 20　　B. 15　　C. 25　　D. 10

13. 以下程序的运行结果是(　　)。

```
 main()
{int i=0;
if(i==0) printf(" * *");
 else printf(" $ "); printf(" * \n");
}
```

A. *　　B. ***　　C. $ *　　D. **

14. 若有定义语句:int x=3,y=2,z=1;则以下表达式的值是(　　)。

```
z *= (x>y ? ++x:y++)
```

A. 4　　B. 0　　C. 1　　D. 3

15. 执行下列程序段后的输出结果是(　　)。

```
int x=1,y=1,z=1;
x+=y+=z;
printf(" %d\n",x<y?y:x);
```

A. 2　　B. 4　　C. 5　　D. 3

16. 设 ch 是 char 型变量，其值为 A，且有下面的表达式：ch=(ch>='A'&&ch<='Z')?(ch+32):ch 表达式的值是(　　)。

A. Z　　B. A　　C. a　　D. z

17. 设 a,b 和 c 都是 int 型变量，且 a=3,b=4,c=5，则下面的表达式中，值为 0 的表达式是(　　)。

A. !((a<b)&&!c||1)　　B. a||b+c&&b-c

C. a<=b　　D. 'a'&&'b'

18. 以下程序的输出结果是(　　)。

```
main()
{
int n = 0,m = 1,x = 2;
if(!n) x -= 1;
if(m) x -= 2;
if(x) x -= 3;
printf(" %d\n",x);
}
```

A. −5　　B. −4　　C. −3　　D. 3

19. 若要求在 if 后一对圆括号中表示 a 不等于 0 的关系，则能正确表示这一关系的表达式为(　　)。

A. a　　B. !a　　C. a<>0　　D. a=0

20. 为了避免嵌套的 if…else 语句的二义性，C 语言规定 else 总是与(　　)组成配对关系。

A. 在其之前未配对的 if　　B. 缩排位置相同的 if

C. 在其之前未配对的最近的 if　　D. 同一行上的 if

三、程序设计题

1. 编写程序，输入一位学生的生日(年：y0，月：m0，日：d0)，并输入当前的日期(年：y1，月：m1，日：d1)，输出该生的实际年龄。

2. 编写程序，输入一个整数，打印出它是奇数还是偶数。

3. 编写程序，输入 a、b、c 三个数，打印出最大者。

4. 编制一个完成两个数的四则运算程序。例如，用户输入 34+56，则输出结果 90.00。要求运算结果保留两位小数，用户输入时一次将两个数和操作符输入。

提示：如果使用 switch 语句实现，完成对运算符的判定，需要命令#include <conio.h>。

5. 利用条件运算符的嵌套来完成此题：学习成绩≥90 分的同学用 A 表示，60～89 分之间的用 B 表示，60 分以下的用 C 表示。

6. 企业发放的奖金根据利润提成。利润(I)低于或等于 10 万元时，奖金可提 10%；利润高于 10 万元，低于 20 万元时，低于 10 万元的部分按 10%提成，高于 10 万元的部分，可提成 7.5%；20～40 万之间时，高于 20 万元的部分，可提成 5%；40～60 万之间时高于 40 万元的部分，可提成 3%；60～100 万之间时，高于 60 万元的部分，可提成 1.5%，高于 100 万元时，超过 100 万元的部分按 1%提成。从键盘输入当月利润 I，求应发放奖金总数。

提示：请利用数轴来分界，定位。注意定义时需把奖金定义成长整型。

第6章 循环控制语句

在实际应用中,有时需要根据条件判断,来决定是否反复执行语句体的情况,满足这种情况的结构被称为循环结构。C语言中主要用 while、do…while 和 for 三种循环语句来实现循环结构。本章将通过案例的形式分别介绍它们的用法。

6.1 案例一 猴子吃桃

6.1.1 案例描述及分析

【案例描述】

猴子第一天摘下若干个桃子,当天吃了一半,觉得还不过瘾,又多吃了一个。第二天早上又将剩下的桃子吃掉一半,且又多吃了一个。以后每天早上都吃了前一天剩下的一半零一个。到第十天早上再想吃时,就只剩下一个桃子了。求第一天共摘了多少个桃子?

【案例分析】

假设第一天桃子的个数为 n_1,则第二天剩下桃子个数为 $n_2=n_1/2-1$,第三天剩下 $n_3=n_2/2-1$ 个桃子,以此类推,第十天剩下 $n_{10}=n_9/2-1$ 个桃子,而第十天剩下的桃子个数是 1,即 $n_{10}=1$。所以,根据第十天剩下的桃子个数就可以计算出第九天桃子的个数,即 $n_9=2\times(n_{10}+1)$。实际上,公式中的 $n_1,n_2,\cdots,n_{10}$ 等都可以用 n 来表示,只是等号两边的 n 表示不同的含义,即:计算剩下桃子的公式为:$n=2\times(n+1)$,这个式子要反复计算 9 次,且 n 的初值是 1。

程序代码如下:

```
#include <stdio.h>
int main()
{
    int n = 1;
    n = 2 * (n + 1);
    n = 2 * (n + 1);
    n = 2 * (n + 1);
    n = 2 * (n + 1);
    n = 2 * (n + 1);
    n = 2 * (n + 1);
    n = 2 * (n + 1);
    n = 2 * (n + 1);
```

```
    n = 2 * (n + 1);
    printf("The total is %d\n",n);
    return 0;
}
```

通过上面的程序段可以看出，相同的语句“n=2 * (n+1);”重复书写了多次，代码看上去不够简洁。如果用循环结构中的 while 语句则能很好地解决这种问题。

6.1.2 while 语句

当型结构 while 语句是根据判定表达式的值来决定是否反复执行某操作，其一般语法格式为：

```
while(表达式)
  语句
```

具体执行过程如下：计算表达式的值，如果表达式的值为假(即零值)，则不执行语句，如果表达式的值为真(即非零值)，则执行语句；然后再重新计算表达式的值，判断表达式的值是否为真，如果为真，则重复执行语句，直到表达式的值为假才结束循环，转去执行后续语句。其流程图如图 6-1 所示。其特点是先判断表达式，再执行语句。

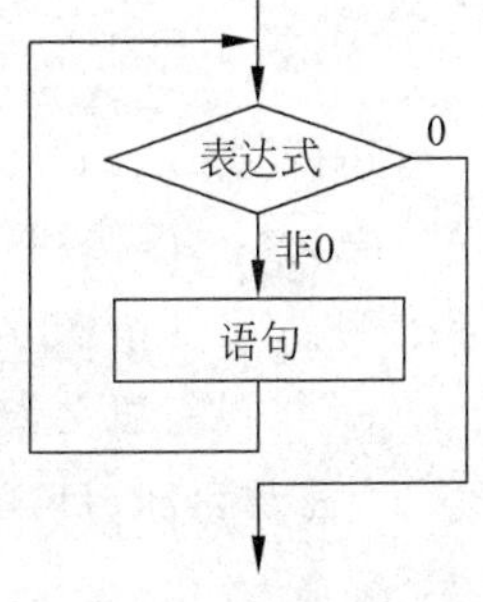

图 6-1　while 循环流程图

例如：

```
x = 4;
while(x > 2)
   x--;
```

如上程序段的执行过程是，先计算表达式“x>2”的值，即表达式“4>2”，其值为 1(即为真)，则执行语句“x−−”，语句执行之后 x 的值为 3，本次循环结束；再次计算表达式“x>2”的值，即表达式“3>2”，其值仍为 1(即为真)；则再次执行语句“x−−”，执行该语句之后，x 的值为 2，第二次循环结束；再次计算表达式“x>2”的值，即表达式“2>2”，其值为 0(即为假)，则不执行语句“x−−”，循环结束，接下来执行后续语句。

在使用 while 语句时应注意以下几点。

(1) while 是 C 语言关键字，必须为小写。

(2) while 后面的一对小括号不能省略。

(3) 小括号中的表达式称为循环控制条件，它可以是 C 语言的任意表达式，只要能计算出表达式的值(0 为假，非 0 为真)。

(4) 循环条件与循环结束条件为互补关系，即可由循环结束条件推出循环条件。例如，循环结束条件是“a>0”，那么循环条件则是“a<=0”。

(5) 注意小括号内“==”与“=”的不同，其含义和 if 语句中的用法相似。

(6) 格式中的“语句”称为 while 语句的循环体，如果循环体是由多条语句组成，必须由一对大括号“{}”括起来形成一条复合语句。例如：

```
while(x<2)
{  x--;
   printf("%d\n",x);
}
```

(7) while语句中，若小括号后面误加“；”，C编译系统会将这个分号(空语句)看成while语句的循环体，原有循环体语句将不受循环条件控制，且这样的程序可能出现无限循环(即死循环)。例如：

```
x=4;
while(x>2);
   x--;
```

语句行“while(x＞2)”后面写有“；”，则循环体语句发生变化，不再是原来的“x－－；”，而是空语句“；”。当程序执行时，循环条件“x＞2”即为“4＞2”，其值为1，循环体语句“；”中没有改变循环变量x的语句，造成循环条件“x＞2”永远为真，程序出现“死循环”，语句“x－－；”将没有机会被执行。

(8) 注意自加、自减运算符出现在小括号内的情况，例如：

```
a=1;
while(a++<3)
    printf("%d ",a);
printf("%d\n ",a);
```

如上程序段执行后的结果是：2 3 4。

输出结果为什么不是2 3 3呢？根据算术运算符和关系运算符的优先级关系，语句“while(a＋＋＜3)”和语句“while((a＋＋)＜3)”作用相同。在语句执行过程中，“a＋＋＜3”等价于“a＜3，a＝a＋1”，即在执行输出语句“printf("％d",a)；”之前，变量a的值要自加1。执行第一次循环时，“1＜3”成立，此时a自加1变为2，通过语句“printf("％d",a)；”输出2；接下来重新判断表达式“a＋＋＜3”，即表达式“2＜3”的值为1(即为真)，此时a自加后变为3，通过语句“printf("％d",a)；”输出a的值3；执行第三次判断时，表达式“a＋＋＜3”的值即为表达式“3＜3”的值，其值为0(即为假)，不执行循环体语句“printf("％d",a)；”，但变量a的值还是要自加1，此时a为4，这个4是通过后续语句“printf("％d\n",a)；”输出的。

读者可将语句“while(a＋＋＜3)”改为“while(＋＋a＜3)”，测试两种情况运行后的结果有何不同。

(9) 为方便阅读，尽量使得循环体语句和while表达式行构成缩进格式。

6.1.3 程序实现

清楚了while语句的格式和执行过程，接下来就可以利用while语句改写“猴子吃桃”程序了。

具体算法：首先定义一个变量n，用来存放桃子的个数。再定义变量day，用来存放天数。且n的初值为1，day的初值为10。剩下桃子的计算公式为：n＝2(n＋1)，每计算一次

n 值，day 的值要减 1，直到 day=1 结束循环，最后输出 n 的值即为所求。

程序代码如下：

```
#include <stdio.h>
int main()
{
  int day = 10;        //总天数
  int n = 1;           //第十天桃子的数量为 1
  while(day > 1)
  {
      day = day - 1;
      n = 2 * (n + 1);
  }
  printf("The total is %d\n",n);
  return 0;
}
```

运行结果如图 6-2 所示。

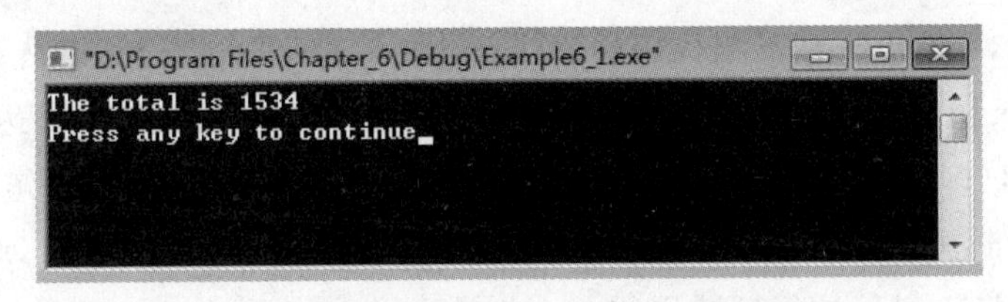

图 6-2　猴子吃桃程序运行结果

程序说明：

(1) 就像“有人问你的年龄，而你却说比小明大 1 岁，小明说比毛毛小 1 岁，毛毛又说比某人大两岁，就这样一直说下去，直到最后一个人告知自己的年龄，否则将无法知道你的年龄一样”，第 10 天剩下桃子的个数为 1 是本案例解题的突破点(即 day=10; n=1;)。

(2) “day=10; ”决定了循环变量 day 的初值，这个初值用来判断循环条件“day>1”的真假，当其值为真时，执行循环体语句“day=day-1;n=2 * (n+1);”(此时循环体语句多于一条，用大括号“{}”括起来构成复合语句)，当 day 的值为 1 时结束循环，此时 n 的值即为所求。

(3) 语句“day=day-1;”的目的是使得循环条件“day>1”在某一时刻不成立，进而结束循环; 而“n=2 * (n+1);”则是计算第 day 天的桃子个数，最后由 printf 输出。

(4) 公式 n=2(n+1)，要写成符合 C 语法的表达式“n=2 * (n+1)”。“=”两边的 n 含义不同，根据运算符的优先级先计算等号右侧的值，然后再赋值给等号左侧的 n。

也许读者能够发现，上述程序代码中，当 day=10 时，表达式“day>1”的值显然为真，也即没有必要先判断条件，再去执行循环体。因此，程序可以修改为先去执行循环体语句“day=day-1;n=2 * (n+1);”，然后再判断条件“day>1”的情况。C 语言中，这种先执行循环体，后判断条件的情况由 do…while 语句实现。

6.1.4 do…while语句

直到型结构do…while语句是先执行循环体语句，然后再根据表达式值的真假决定是否重新执行循环体的操作，其一般语法格式如下：

```
do
        语句
while(表达式);
```

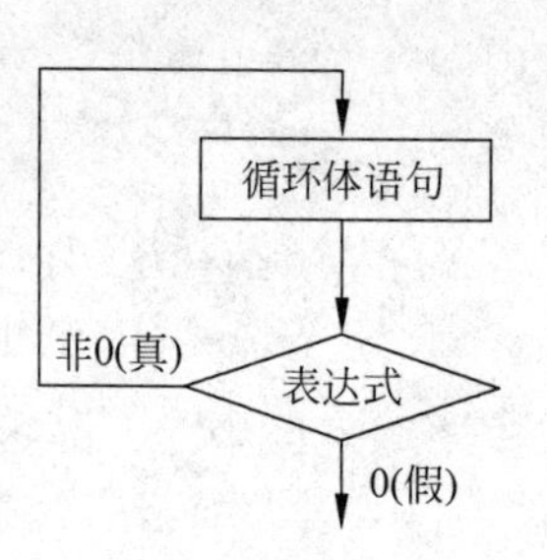

图6-3 do…while循环流程图

具体执行过程如下：先执行语句(循环体)，然后计算表达式的值，如果表达式的值为真(即非零值)，则重新执行语句，否则不执行语句，跳出循环，其流程图如图6-3所示。

例如：

```
x = 2;
do
    x++;
while(x < 4);
```

如上代码中，x的初值为2，当代码顺序执行遇到关键字“do”之后，首先执行循环体语句“x++;”，此时x值为3，然后再去判断循环条件“x<4”是否成立。表达式“x<4”即为“3<4”，其值为1(即为真)，程序则跳转到“do”位置，继续执行循环体语句“x++;”，此时x值为4，再次判断循环条件“x<4”，此时表达式“4<4”的值为0(即为假)，则不执行循环体“x++;”，循环结束，继续执行后续语句。

使用do…while语句过程中应注意以下几点。

(1) do是C语言关键字，必须小写。

(2) while后小括号不能省略。

(3) 小括号内表达式的要求同while格式，而该行行尾的分号“;”一定不能省，这是和while格式不同的地方，也是初学者经常出错的地方。

(4) 小括号内运算符“==”和“=”的说明和while格式中相同。

(5) 自加、自减运算符在表达式中的使用说明也与while格式相同。

(6) do和while之间的部分称为循环体，如果循环体语句的条数大于1时，必须将循环体语句用大括号“{}”括起来作为复合语句，以确保do…while的控制范围。

(7) 为方便阅读，也要注意do、while和循环体之间的缩进格式。

6.2 案例二 判定素数

6.2.1 案例描述及分析

【案例描述】

从键盘上输入一个整数n，判定其是否为素数，如果是素数，则在屏幕上输出“yes”，否则在屏幕上输出“no”。

【案例分析】

素数(质数)是指"除了 1 和它本身 n 之外,不能被任何其他数整除的数; 或者说只有 1 和它本身两个因数"。根据素数的定义,要想判定数据 n 是否是素数,就要用 2~n−1 这个闭区间内的所有数去整除 n,如果 n 能被这个范围内的任何一个数整除,则说明 n 不是素数,否则说明 n 是素数。

具体算法: 用变量 i 表示 2~n−1 范围内的自然数,变量 r 表示 n 和 i 的余数,即 r=n%i。根据案例分析,如果循环变量 r 的值为 0,则说明 n 能够被 i 整除,n 一定不是素数,循环结束; 否则,应执行"i++",并重新计算"r=n%i"的值,直到 r=0 时循环结束。最后,再根据变量 i 和 n 的大小关系,在屏幕上输出提示信息。也即当循环结束时,i<n 说明 n 不是素数,当 i>=n 时,说明 n 是素数。毋庸置疑,本案例程序应该用刚刚学过的 while 循环语句来实现,循环条件是"r!=0",循环体是"{i++; r=n%i; }"。然后,根据循环结束时 i 与 n 的关系来判断整数 a 是否是素数。

程序代码如下:

```
#include <stdio.h>
int main()
{
  int n;
  int i = 2;
  int r;
  scanf("%d",&n);
  r = n % i;
  while(r!= 0)
  {
     i++;
     r = n % i;
  }
  if(i >= n)
      printf("yes");
  else
      printf("no");
return 0;
}
```

通过测试运行,上面的程序代码可以完成整数 a 是否是素数的判断,但程序代码并没有直观地体现出 i 的范围是 2~n−1,而 for 循环语句则体现得非常明显,也就是说,当循环条件在一定范围内变化时,采用 for 语句是最合适不过的。

6.2.2 for 语句

C 语言中的 for 语句使用最为灵活,不仅可以用于循环次数已经确定的情况,而且可以用于循环次数不确定而只给出循环结束条件的情况,它完全可以代替 while 语句。其一般语法格式为:

```
for(表达式 1;表达式 2;表达式 3)
  语句
```

其执行过程如下。

(1) 先求解表达式 1。

(2) 求解表达式 2，若其值为真(即非零值)，则执行语句(循环体)，然后执行下面第(3)步。若为假(即零值)，则结束循环，转到第(5)步。

(3) 求解表达式 3。

(4) 转回上面第(2)步继续执行。

(5) 循环结束，执行 for 语句后续语句。

可以用图 6-4 来表示 for 语句的执行过程。

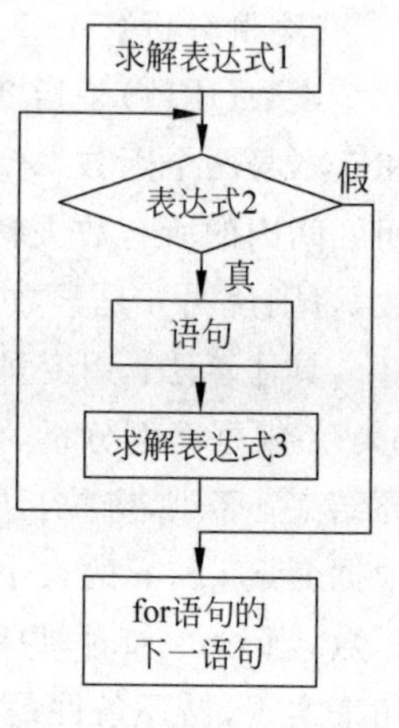

图 6-4 for 循环流程图

for 语句最简单的应用形式也就是最容易理解的形式如下：

```
for(循环变量赋初值;循环条件;循环变量增值)
  语句
```

例如：

```
for(i = 1;i <= 100;i++)
    sum = sum + i;
```

如上 for 语句中，先计算"i=1"(即表达式 1)，然后判断"i<=100"(即表达式 2)的值，其值为 1(即为真)，执行循环体语句"sum=sum+i;"，接着计算"i++"(即表达式 3)；再次判断"i<=100"的值是否为真，如为真则执行循环体语句"sum=sum+i;"，否则跳出 for 循环，此时表达式 3"i++"也不执行。

上述的 for 语句相当于以下语句：

```
i = 1;
while(i <= 100)
{
    sum = sum + i;
    i++;
}
```

显然，用 for 语句简单、方便。对于以上 for 语句的一般形式也可以改写为 while 循环的形式：

```
表达式 1;
while 表达式 2
{
 语句
 表达式 3;
}
```

说明：

(1) for 语句的一般形式中的"表达式 1"可以省略，此时应在 for 语句之前给循环变量赋初值。注意，省略表达式 1 时，其后的分号不能省略。例如：

```
i = 1; for( ; i <= 100; i++) sum = sum + i;
```

执行时,跳过"求解表达式 1"这一步,其他不变。

(2) 如果表达式 2 省略,即不判断循环条件,循环将无终止地进行下去。也即认为表达式 2 始终为真。例如:

```
for(i = 1; ; i++)
{
    if(i <= 100)
        sum = sum + i;
}
```

表达式 1 是一个赋值表达式,表达式 2 空缺。它相当于:

```
i = 1;
while(1)
{
    sum = sum + i;
    i++;
}
```

(3) 表达式 3 也可以省略,但此时程序设计者应另外设法保证循环能正常结束。例如:

```
for(i = 1; i <= 100;)
{
    sum = sum + i;
    i++;
}
```

在上面 for 语句中只有表达式 1 和表达式 2,而没有表达式 3。语句"i++"不放在 for 语句的表达式 3 的位置处,而是作为循环体的一部分,效果是一样的,都能使循环正常结束。

(4) 可以省略表达式 1 和表达式 3,只有表达式 2,即只给出循环条件。例如:

```
for(; i <= 100;)                      while(i <= 100)
{                                     {
   sum = sum + i;        相当于          sum = sum + i;
   i++;                                 i++;
 }                                    }
```

在这种情况下,完全等同于 while 语句。可见 for 语句比 while 语句功能强,除了可以给出循环条件外,还可以赋初值,使得循环变量自动增值等。

(5) 三个表达式都可以省略,例如:

```
for( ;; )语句
```

相当于

```
while(1)语句
```


即不设初值，不判断条件（认为表达式 2 为真值），循环变量不增值。无终止地执行循环体。

（6）表达式 1 可以是设置循环变量初值的赋值表达式，也可以是与循环变量无关的其他表达式。例如：

```
for(sum = 0;i <= 100; i++) sum = sum + i;
```

表达式 3 也可以是与循环控制无关的任意表达式。

表达式 1 和表达式 3 可以是一个简单的表达式，也可以是逗号表达式，即包含一个以上的简单表达式，中间用逗号间隔。例如：

```
for(sum = 0,i = 1;i <= 100; i++) sum = sum + i;
```

或

```
for(i = 0, j = 100; i <= j; i++, j--) k = i + j;
```

表达式 1 和表达式 3 都是逗号表达式，各包含两个赋值表达式，即同时设两个初值，使两个变量增值。

（7）表达式 2 一般是关系表达式（如 i<=100）或逻辑表达式（如 a<b&&x<y），但也可以是数值表达式或字符表达式，只要其值为非零，就执行循环体。

使用 for 语句时应注意以下几点。

① for 是关键字，必须小写。

② for 后面的小括号不能省略。

③ 三个表达式中间的两个间隔符号是分号“;”，而不是逗号“,”。

④ 即使 for 中的三个表达式都省略，小括号里面的两个分号“;”也不能省略。

⑤ 循环体语句如果多于一条，必须用大括号“{}”括起来，且保证其在 for 语句的控制范围内。

⑥ 为充分体现 for 语句的简洁和强调判断条件在一定的范围内，三个表达式尽量都不省略。

⑦ for 语句行的行尾一定不要加分号“;”，否则原有的循环体语句将不受 for 语句的控制。例如：

```
for(sum = 0,i = 1; i <= 100; i++);
    sum = sum + i;
```

由于 for 语句行的行尾多出一个分号，此时 for 语句的循环体是空语句“;”，而原有的循环体语句“sum=sum+i;”却变成 for 语句的后续语句，也即 for 循环结束之后执行的部分。因此上述程序的执行结果是：sum=101，即 0+101 的和。

(8) for 语句中,表达式 2 表示条件范围时,一定要注意临界值的写法,例如表达式 2 中“i<=100”和“i<100”是完全不同的。例如:

求 1～100 之间的所有偶数之和,则 for 语句应为:

```
for(sum = 0,i = 1; i <= 100; i++)
{   if(i % 2 == 0)
        sum = sum + i;
}
printf("1～100 之间偶数之和为: % d\n",sum);
```

上述 for 语句中,如果将表达式 2“i<=100”写成“i<100”,则偶数的求和结果将缺少数值 100 的计算。

6.2.3 程序实现

清楚了 for 语句的格式和执行过程,就可以利用 for 语句编写“判定素数”程序了。

具体算法:首先定义整型变量 a,用来表示从键盘输入的整型数据,然后定义变量 i,用来表示闭区间 2～a-1 中的所有整型数据,定义变量 r,用来表示 a 和 i 的余数,即 r=a%i。根据素数的定义,应重复执行语句“r=a%i; i++;”直到 r 的值为 0。最后根据变量 i 和 a 的大小关系,输出 a 是否是素数的相关信息,即当 i≥a 时,在屏幕上输出“yes”,当 i<a 时,在屏幕上输出“no”。

程序代码如下:

```
#include <stdio.h>
int main()
{
  int a,i,r;
  scanf(" % d",&a);
  for(i = 2,r = a % i; r!= 0&&i < a; i++)
        r = a % i;
  if(i >= a)
      printf(" % d is yes!\n",a);
  else
      printf(" % d is no!\n",a);
  return 0;
}
```

程序的运行结果如图 6-5 所示。

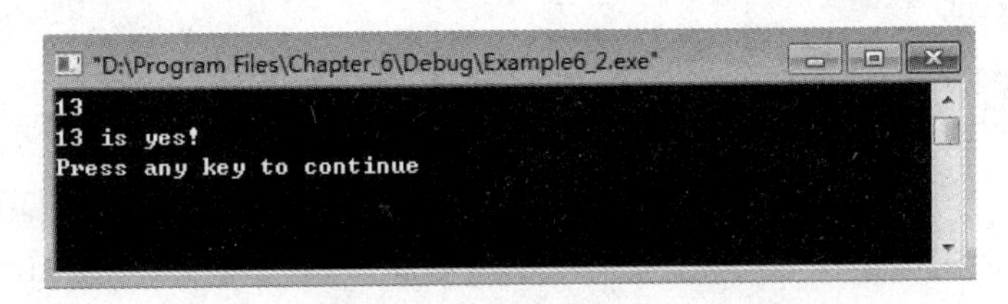

图 6-5 判定素数程序运行结果

程序说明：

(1) 通过语句“scanf("%d",&a);”给变量a赋值,变量a的值即为被判断的数据。

(2) for语句中表达式1是给变量i和r赋初值。

(3) for语句中表达式2是循环条件,“r!=0”说明a没有被整除,继续使变量i的值自增。而i<a则是限定i的范围是闭区间[2,a-1]。

(4) 表达式1中的“r=a%i”用来确定循环变量r的初值,如果r为0,则for语句中表达式2(即循环条件)的值为假,循环结束,循环体一次都不执行。

(5) 循环体语句是“r=a%i;”,通过不断求解变量r的值,以使得循环条件“r!=0”在某一时刻不成立。但如果输入的a是一个奇数,则必须和“i<a”同时限制,例如:a=13(即a的值为一个奇数)时,则i的取值范围应该是[2,12],而此时r=13%12,其值不为0,说明循环没有结束,可按照素数的定义,i的值不可能取值到13,因此,为了保证循环条件的正常结束,必须通过表达式“i<a”来限定。

(6) 在程序运行过程中,要输入一些特殊数据进行测试,比如11、15、22等,同样是奇数,但是11和15的测试结果是不同的,前者是素数,而后者则不是素数,因为15虽不能被2整除,但却能被3整除、被5整除。

读者可以思考,如何求解100~200这个范围内的所有素数?

6.3 案例三 由星组成的倒三角

6.3.1 案例描述及分析

【案例描述】

编写程序,实现下面倒三角形的输出。此三角形由4行字符组成,第1行由0个“□”和7个“*”字符组成,第2行由1个“□”加5个“*”组成,第3行由两个“□”加3个“*”组成,第4行由3个“□”加1个“*”组成,且各行中“*”与“*”之间、“□”与“*”之间都没用间隔,各个字符是挨着输出的。其中,符号“□”表示一个空格,“*”表示一个星号字符,且空格是非打印字符(即输出空格字符时,只有一个空格位置,看不到空格字符)。

具体图形如下所示:

```
*******
□*****
□□***
□□□*
```

【案例分析】

图形中的每一行都是由若干个空格字符和星号字符组成,这样的字符一共有4行。其中,第1行有0个“□”和7个“*”,就用1个for语句循环7次输出7个“*”;第2行有1个“□”和5个“*”,用两个for语句实现,前一个for语句循环1次输出1个“□”,后一个for语句循环5次输出5个“*”;以此类推,第3行中的前一个for语句循环两次输出两个“□”,后一个for语句循环3次输出3个“*”;第四行中的前一个for语句循环3次输出3个“□”,后一个for语句循环1次输出1个“*”。注意,每一行的行尾要输出换行符,否则输出的字符都在同一行上。

程序代码如下：

```
#include <stdio.h>
int main()
{ int i;
  for(i=1;i<1;i++)
    putchar(' ');
  for(i=1;i<8;i++)
     putchar('*');
     putchar('\n');
  for(i=1;i<2;i++)
     putchar(' ');
  for(i=1;i<6;i++)
     putchar('*');
     putchar('\n');
  for(i=1;i<3;i++)
     putchar(' ');
  for(i=1;i<4;i++)
     putchar('*');
     putchar('\n');
  for(i=1;i<4;i++)
     putchar(' ');
  for(i=1;i<2;i++)
     putchar('*');
     putchar('\n');
  return 0;
}
```

如上程序是为了输出由 4 行字符构成的倒三角形，用了 8 个 for 语句，也就是说两个 for 语句用来输出一行字符。如果想要输出 10 行或者更多行同样规律的图形，程序应在原有基础上继续往下写 12 个 for 语句或者更多，显然这样的程序是庞大的、复杂的、不被提倡的。仔细观察上述图形后发现：图形一共有 4 行，而每一行都是由有规律的空格和星号组成。通过 for 语句的学习，可以让输出空格和星号的两个 for 语句作为循环体重复执行 4 次，只不过每一次执行时输出的空格数和星号数不同而已。而总行数 4 行的控制可以用一个 for 语句实现，这种在 for 语句的循环体中又出现 for 语句的情况，C 语言中称之为 for 语句的循环嵌套。

6.3.2 循环的嵌套

一个循环体内又包含另一个完整的循环结构，称为循环的嵌套。内嵌的循环中还可以嵌套循环，这就是多层循环。各种语言中关于循环的嵌套的概念都是一样的。

三种循环(while 循环、do…while 循环和 for 循环)可以互相嵌套。例如，下面几种都是合法的嵌套形式。

(1)
```
while()
{  ...
```

(2)
```
do
{...
```

```
        while()
        {...}
    }
```

```
        do
         {...}
        while();
    }while();
```

(3)
```
for(;;)
{
  for(;;)
     {...}
}
```

(4)
```
while()
{...
    do
    {..}
    while();
    ...
}
```

(5)
```
for(;;)
{...
  while()
    {... }
  ...
  }
```

(6)
```
do
{...
  for(;;)
    {...}
    }
    while();
```

无论上述中的哪一种嵌套格式,其执行过程都是按照“先外后里”的原则,如果外层循环条件不成立,则内层循环没有机会执行;如果外层循环条件成立,则执行内层循环,只有当内层循环结束,才去进行外层循环的第二次判断,如此反复,直到外层循环结束。例如:

```
n = 0;
for(i = 1;i < = 3;i++)
  { for(j = 1;j < = 3;j++)
        n++;
  }
printf(" % d\n",n);
```

上述for循环嵌套的执行过程是,按照“先外后里”的原则,先执行循环变量i所在的for语句,判断表达式2“i<=3”的值是否为真,如果其值为1,则执行大括号“{}”括起来的内层for语句(内层for语句的执行过程还是先计算表达式1(j=1),然后判断表达式2(j<=3),执行完循环体之后,计算表达式3(j++),然后再次判断表达式2,重复刚才的过程,直到表达式2不成立,结束循环),该循环体执行结束后,再去计算外层for循环的表达式3(即i++),然后再次判断表达式2(即i<=3)是否成立,如此反复执行,直到外层for语句执行结束。也就是说,当外层i所在的循环每执行一次的时候,内层j所在的for循环都执行三次循环体。因此输出n的值为9。

实际上,循环嵌套的执行过程类似于地球的自转和公转的过程。当地球围绕太阳公转一圈时,地球自转转了365圈,只有当地球自转转完了,才能说地球围绕太阳公转第二圈。

使用循环嵌套时有以下几点要注意。

(1) 注意不要随便加分号“;”,以免改变程序的结构。例如:

```
for(i = 1;i < = 3;i++);
{
    for(j = 1;j < = 3;j++) n++;
}
```

上述程序段，在外层 for 语句的行尾加上分号之后，两个 for 就不是嵌套关系，而是上下顺序执行的关系了，即空语句“;”变成 i 所在 for 语句的循环体，变量 j 所在的 for 语句成为 i 所在 for 语句的后续语句。

(2) 两层循环的循环变量不能相同，否则，循环体的执行次数会发生改变。例如：

```
n = 0;
for(i = 1;i <= 3;i++)
{
    for(i = 1;i <= 3;i++)  n++;
}
```

此时，n 的值为 3。循环变量 i 在外循环被赋值为 1 后，因内循环中的循环变量也是 i，当在内循环中循环三次后，回到外循环时，i 的值已变成 5，外循环条件不满足，退出整个循环，这时 n 的最终值为 3。

6.3.3 程序实现

清楚了循环嵌套的格式和执行过程，就可以利用 for 循环嵌套编写“由星组成的倒三角形”程序了(两个 for 语句的嵌套相对简洁)。

具体算法：输出图形由 4 行组成，每行又由两部分组成，若干个空格和星号。空格“□”个数分别为 0、1、2、3，星号“ * ”个数分别为 7、5、3、1。而这些数字和行数 4 有一定关系。总结出的规律为：“□”个数和行数是对应的，即第 0 行，输出 0 个空格，第 1 行输出 1 个空格，第 2 行输出两个空格，第 3 行输出 3 个空格。“ * ”的个数满足“2n+1，或者 2n−1”的关系，由于是倒三角图形，也即第 0 行要输出 7 个“ * ”，则输出“ * ”的个数为 6−(2n−1)，其中 n 代表行数。用变量 j 所在的 for 语句控制行数，循环体中的两个并列的 for 语句分别输出每行的空格字符和星号字符。

程序代码如下：

```
#include <stdio.h>
int main()
{   int i;
    int j;
    for(j = 0;j < 4;j++)
   {   for(i = 0;i < j;i++)
            putchar(' ');
        for(i = 0;i < 6 - (2 * j - 1);i++)
            putchar('*');
        putchar('\n');
    }
    return 0;
}
```

程序运行结果如图 6-6 所示。

程序说明：

(1) 外层循环“for(j=0;j<4;j++)”是为了控制输出图形的行数，本案例中是 4 行，如

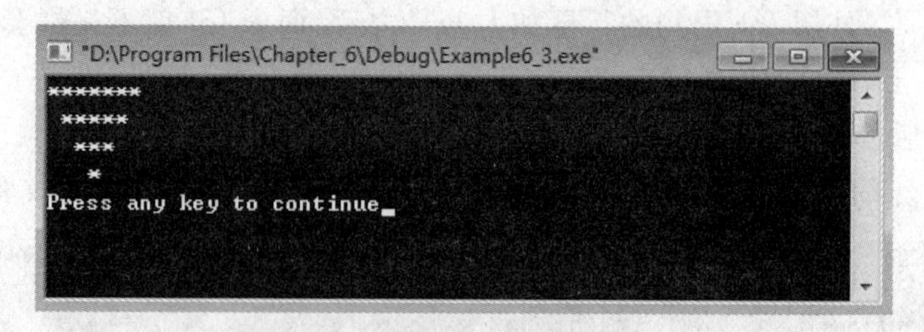

图 6-6　倒三角形程序运行结果

果输出 10 行图形，则将“j<4”改为“j<10”即可。

(2) 内层循环“for(i=0;i<j;i++)”是为了输出 i 个空格字符，其中输出空格字符的个数随着外层循环变量 j 的变化而变化。

(3) 语句“for(i=0;i<6-(2*j-1);i++)”是为了输出 i 个星号字符，星号字符的个数也随着外层循环变量 j 的变化而变化。其中，表达式“6-(2*j-1)”的构造很巧妙，读者需要认真体会。

(4) 注意输出空格字符的 for 语句和输出星号的 for 语句的书写先后顺序，否则输出结果会发生改变。

(5) 内层两个循环变量 i 所在的 for 语句和外层循环变量 j 所在的 for 是嵌套的关系，因此，注意花括号{}的起止和终止位置。

(6) 图形中每行字符是不同的，所以，换行符的位置很重要，如果把语句“putchar('\n');”写在了外层循环变量 j 所在的 for 语句的后面，则将所有行的字符输出在同一行上。

(7) 语句“putchar(' ');”的作用是输出空格字符，和“printf("%c",' ');”以及“putchar(32);”作用相同。

有了上面程序的基础，读者可以试着输出正三角形、平行四边形、菱形、顶角相对的两个三角形等。

6.4　案例四　猜数游戏

6.4.1　案例描述及分析

【案例描述】

编写一个人机互动的猜数字游戏。要求系统随机产生一个 0～10 之间的整型数据，玩家有三次猜的机会。如果猜对了，系统给出提示：“第 n 次，恭喜你，猜对了!”；如果输入的数据大于给定答案的值，系统则提示：“第 n 次，too bigger!”；如果输入的数据小于给定答案的值，系统则提示：“第 n 次，too smaller!”。如果，猜的次数超过了三次，系统则提示：“您猜的次数已经达到了三次，强制退出游戏!”。

【案例分析】

本案例程序显然要用到循环语句，可案例中没有给出循环条件，也没有给出明确的循环的次数，但却给出了猜的次数超过三次并且猜对时，就停止猜数游戏。因此，循环条件应该写成“while(1)”的形式，当猜的次数超过三次并且猜对的时候强制退出循环。

当循环条件无限满足，而进行强制退出时，C 语言中用 break 或 continue 语句实现。

6.4.2 break 语句

在 5.3 节中已经介绍过用 break 语句可以使流程跳出 switch 结构，继续执行 switch 语句下面的一个语句。实际上，break 语句还可以用来从循环体内跳出循环体，即提前结束循环，接着执行循环后续语句。其一般语法格式为：

```
break;
```

在 while 语句、do…while 语句以及 for 语句中，break 语句的具体执行过程如图 6-7 所示。

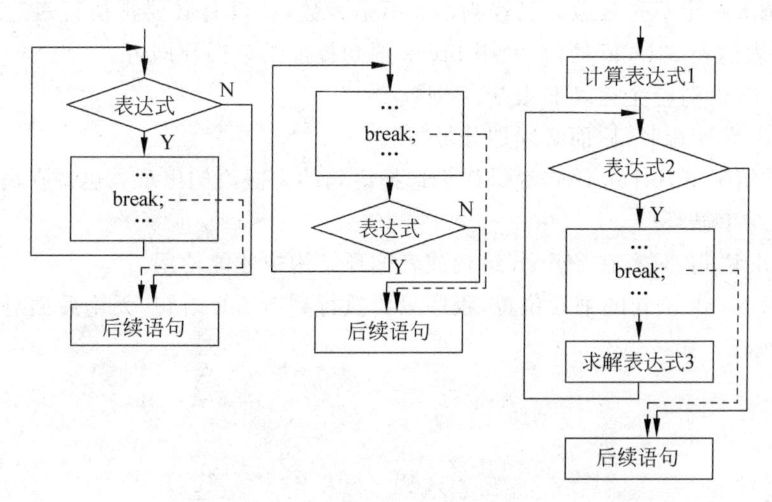

图 6-7 break 语句在 while、do…while、for 循环中的流程图

图 6-7 中由左向右分别给出了 break 语句在 while 语句、do…while 语句以及 for 语句中的流程图，图中的虚线表示当循环体中遇到 break 语句之后，程序的流程走向。

清楚了 break 语句的执行过程，在 6.2 节中的"判断素数"案例可以改写为如下代码形式：

```
#include <stdio.h>
int main()
{
  int a;
  int i;
  scanf("%d",&a);
  for(i=2;i<a;i++)
  {
    if(a%i==0)
       break;
  }
  if(i>=a)
     printf("%d is yes!\n",a);
```

```
    else
        printf(" %d is no!\n",a);
    return 0;
}
```


上述程序中，for 语句的循环体语句“if(a%i==0) break;”的作用是：当 a 能够被 i 整除时，用 break 语句强制结束 for 循环。

程序说明：

在闭区间[2,a-1]范围内，无论 i 的值是什么，只要表达式“a%i==0”的值为 1(即为真)，则说明数据 a 能够被 i 整除，也即数据 a 能够被除了 1 和它本身 a 之外的其他的数据整除，此时，数据 a 一定不是素数。已经判断 a 不是素数，就没有必要再执行表达式 3“i++”了，继续判断表达式 2“i<a”的值，利用 break 语句提前结束循环即可。

使用 break 语句应注意以下几点。

(1) break 在使用时，后面必须加分号“;”。

(2) 通常情况下，break 语句都是作为选择语句的内嵌语句出现。也即在满足某种特定条件下，提前结束循环。

(3) break 语句，只有在 switch 结构或者循环结构中才能使用。

(4) 注意 break 语句的书写位置，程序只要执行到 break 语句，无论后面有什么语句都没有机会被执行。如：

```
while(1)
{
   if(x>y)
    {break;z=x;x=y;y=z;}
      ...
}
```

上述程序段本意是当 x 大于 y 时，交换变量 x 和 y 的值，然后用 break 语句强制结束循环。但是，当把 break 语句写在交换语句“z=x;x=y;y=z;”前面时，程序的执行功能则变成了只要 x 大于 y，就强制结束 while 循环，交换语句根本没有机会执行。

(5) 在循环嵌套中，break 语句只是强制结束它所在的循环，和其他层的循环无关。例如：

```
for(a=100;a<=200;a++)
{
  for(i=2;i<a;i++)
  {
    if(a%i==0)
         break;
  }
  ...
}
```

如上程序段的功能是求 100～200 范围内的所有素数，其中 break 语句只是强制结束循环变量 i 所在的内层 for 语句，而不能结束循环变量 a 所在的外层循环。

那么在本案例程序中，当输入的数据 a 和系统产生的随机数 r 相等时，则表示玩家猜对了，提前结束循环，即

```
if(a == r)
   break;
```

而在本案例程序中，当玩家没有猜对数字，并且猜的次数还没有超过三次时，该玩家还是可以根据提示继续猜的。要想实现这样的游戏效果，程序后台在实现时就必须要用到 continue 语句。

6.4.3 continue 语句

一般语法格式为：

```
continue;
```

其作用为结束本次循环，即跳过循环体中下面尚未执行的语句，接着进行下一次是否执行循环的判定。

continue 语句和 break 语句的区别是：continue 语句只结束本次循环，而不是终止整个循环的执行。而 break 语句则是结束整个循环过程，不再判断执行循环的条件是否成立。在 while 语句、do…while 语句以及 for 语句中 continue 语句的具体执行过程如图 6-8 所示。

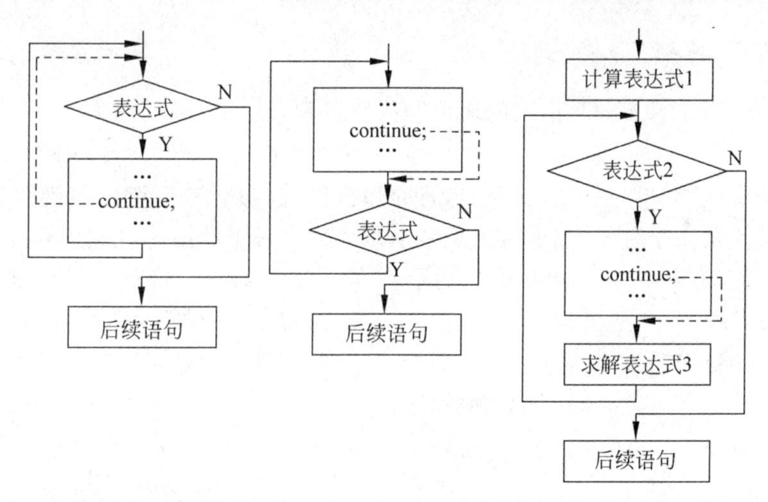

图 6-8 continue 语句在 while、do…while、for 循环中的流程图

图 6-8 中由左向右分别给出了 continue 语句在 while 语句、do…while 语句以及 for 语句中的流程图，图中的虚线表示当循环体中遇到 continue 语句之后，程序的流程走向。

例如，输出 1～5 之间的所有奇数。

```
for(i = 1;i <= 5;i++)
{
```

```
    if(i%2==0)
        continue;
    printf("%d ",i);
  }
```


上面程序段的输出结果是：1　3　5。当 i=2 和 4 时，表达式"i%2==0"的值为 1（即 if 条件成立）时，程序执行内嵌语句 continue;，此时跳过后续语句"printf("%d　",i);"继续执行表达式 3"i++"，再次进行表达式 2"i<=5"的判断。本程序段中，当 i=1、3 和 5 时（即 i 为奇数时）将 i 的值输出。

而在本案例程序中，当猜的次数 n≤3 次时，要执行 continue 语句，即

```
if(n<=3)
    continue;
```

使用 continue 语句要注意以下几点。

（1）continue 语句在使用时，后面的分号";"不能省。

（2）continue 语句只能出现在循环体中。

（3）通常情况下，continue 语句都是和 if 等选择语句配合使用的。

（4）注意 continue 语句的书写位置，程序只要执行到 continue 语句，无论后面语句是什么都没有机会被执行。正如上面输出 1～5 范围内的所有奇数程序中所提到的，只有 i 是奇数，也即条件"i%2==0"不成立时，输出语句"printf("%d　",i);"才有机会被执行。

6.4.4　具体实现

清楚了 continue 和 break 语句的用法和执行过程，就可以利用它们编写"猜数游戏"的程序了。

具体算法：首先，产生一个 0～10 之间的随机整数，为了避免产生随机数的重复，程序采用系统时间生成一个种子，然后玩家反复从键盘输入一个数据 a，比较 a 和随机数 r 的值，如果"r==a"，则说明猜对了，系统给出提示："第 n 次，恭喜你，猜对了！"，并强制退出猜数游戏；如果"a<r"，系统给出提示："第 n 次，too smaller!"；如果"a>r"，系统给出提示："第 n 次，too bigger!"；如果猜的次数 n 小于等于 3，则继续猜数，否则，系统给出提示："您猜的次数已经到达了三次，强行结束游戏！"。

程序代码如下：

```
#include <stdio.h>
#include <time.h>
int main()
{
  int a,r;
  int n=1;
  srand(time(NULL));
  r=rand()%10;
  printf("请输入一个 0～10 范围内是整数,你只有三次机会!\n");
```

```
    while(1)
{
scanf(" %d",&a);
if(a==r)
{
printf("第%d次,恭喜你,猜对了!\n",n);
     break;
}
else if(a<r)
{
     printf("第%d次,too smaller!\n",n);
     n++;
}
else if(a>r)
{
     printf("第%d次,too bigger!\n",n);
     n++;
}
   if(n<=3)
        continue;
   printf("您猜的次数已经达到了三次!\n");
   break;
}
return 0;
}
```

程序运行的结果如图 6-9 所示。

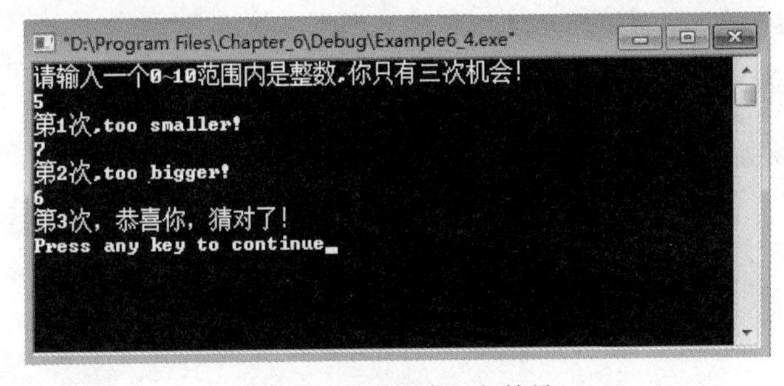

图 6-9　猜数程序运行结果

程序说明：

(1) 函数“srand(time(NULL))”的作用是用系统时钟产生一个种子，避免产生的随机数重复。

(2) 语句“r=rand()%10;”的作用是产生 0～10 之间的随机整数。

(3) 使用时间函数 time 时，必须加头文件 #include <time.h>。

(4) 本程序循环执行次数不确定，只知道循环结束条件，因此用 while 循环非常合适。

(5) 第一个 break 语句，表示猜对时，强制退出 while 循环。

(6) 其中，“n++”表示猜的次数，初值从 1 开始。

(7) 当 n<=3 时，执行 continue 语句，不执行输出语句；当 n=3 时，也不执行第二个 break 语句；只有当 n>3 时，才强制退出 while 循环。

此案例用到了循环结构、选择结构，还有 break、continue 语句等，可以说，用到的知识点比较丰富。但是，案例缺乏一定的深度。读者可以在学习了数组、链表等知识点后，再来完善本案例程序。例如，可以添加游戏的难度控制，游戏的分数以及名人榜等。

习　题　6

一、填空题

1. 在 C 语言中，循环结构又分为________和________。其中，条件循环包括当型的 while 结构，以及________。计数循环则是知道循环次数的________。

2. while 语句中，对条件表达式求值，值为 0 时为假，值为________时为真。

3. 当执行以下程序段后，i 的值是________、j 的值是________、k 的值是________。

```
int a,b,c,d,i,j,k;
a = 10; b = c = d = 5; i = j = k = 0;
for(;a > b;++b) i++;
while(a >++c) j++;
do k++; while (a > d++);
```

4. 以下程序段的输出结果是________。

```
int k,n,m;
n = 10;m = 1;k = 1;
while(k++<= n) m * = 2;
printf(" % d\n",m);
```

5. 以下程序的输出结果是________。

```
#include "stdio.h"
main()
{
int x = 2;
while(x -- );
printf(" % d\n",x);
}
```

二、选择题

1. C 语言用(　　)表示逻辑“真”值。

A. 0　　B. true　　C. t 或 y　　D. 1

2. 语句 while(!e);中的条件!e 等价于(　　)。

A. e==0　　B. e!=1　　C. e!=0　　D. ~e

3. 以下 for 循环是(　　)。

```
for(x = 0,y = 0;(y!= 123) && (x < 4);x++)
```

A. 执行三次　　B. 无限循环　　C. 循环次数不定　　D. 执行 4 次

4. 对于for(表达式1;;表达式3)可理解为(　　)。

A. for(表达式1;1;表达式3)　　B. for(表达式1;0;表达式3)

C. for(表达式1;表达式1;表达式3)　　D. for(表达式1;表达式3;表达式3)

5. C语言中while和do…while循环的主要区别是(　　)。

A. do…while允许从外部转到循环体内

B. while的循环控制条件比do…while的循环控制条件严格

C. do…while的循环体至少无条件执行一次

D. do…while的循环体不能是复合语句

6. 下面关于for循环的正确描述是(　　)。

A. for循环的循环体不能是一个空语句

B. for循环只能用于循环次数已经确定的情况

C. 在for循环中,不能用break语句跳出循环体

D. for循环的循环体可以是一个复合语句

7. 若i为整型变量,则以下循环语句的循环次数是(　　)。

```
for(i = 2;i == 0;)
printf("%d",i--);
```

A. 0次　　B. 无限次　　C. 1次　　D. 2次

8. 以下叙述正确的是(　　)。

A. 只能在循环体内和switch语句体内使用break语句

B. continue语句的作用是结束整个循环的执行

C. 在循环体内使用break语句或continue语句的作用相同

D. 从多层循环嵌套中退出时,只能使用goto语句

9. 对下面程序段,描述正确的是(　　)。

```
for(t = 1;t <= 100;t++)
{ scanf("%d",&x);
 if (x < 0) continue;
 printf("%d\n",t);
}
```

A. 当x<0时,整个循环结束　　B. printf函数永远也不执行

C. 当x>=0时,什么也不输出　　D. 最多允许输出100个非负整数

10. 对下面程序段叙述正确的是(　　)。

```
int k = 0;
while (k = 0) k = k - 1;
```

A. 循环体被执行一次　　B. 循环体一次也不被执行

C. while循环执行10次　　D. 无限循环

11. 若i,j已定义成int型,则以下程序段中内循环体的总执行次数是(　　)。

```
for(i = 3;i;i--)
for(j = 0;j < 2;j++)
```

```
for(k = 0;k <= 2;k++)
{ … }
```

A. 18　　B. 27　　C. 36　　D. 30

12. 设有如下程序段：

```
int i = 0, sum = 1;
do
{ sum + = i++;}
 while(i < 6);
 printf(" % d\n", sum);
```

上述程序段的输出结果是(　　)。

A. 22　　B. 11　　C. 16　　D. 15

13. 执行下面程序后 sum 的值是(　　)。

```
main()
{ int i,sum = 0;
 for(i = 1;i < 6;i++)
sum + = i;
printf(" % d\n",sum);
}
```

A. 14　　B. 15　　C. 不确定　　D. 0

14. 以下程序的输出结果是(　　)。

```
# include < stdio. h >
main()
{ int count, i = 0;
 for(count = 1; count <= 4; count++)
 {i += 2; printf(" % d",i);}
}
```

A. 2222　　B. 20　　C. 246　　D. 2468

15. 下面程序的输出结果是(　　)。

```
main()
{ unsigned int num,k;
  num = 26;k = 1;
 do {
    k * = num % 10;
    num/ = 10;
   } while(num);
  printf(" % d\n", k);
}
```

A. 12　　B. 2　　C. 60　　D. 18

16. 运行下面的程序，如果从键盘上分别输入 6 和 4，则输出结果是(　　)。

```
main()
{ int i,x;
 for(i = 0;i < 2;i++)
```

```
 { scanf("%d",&x);
  if (x++>5) printf("%d",x);
  else printf("%d\n",x--);
 }
}
```

A. 6 和 3　　　　B. 7 和 5　　　　C. 7 和 4　　　　D. 6 和 4

17. 在 C 语言中,下列说明正确的是(　　)。

A. do…while 构成的循环,当 while 中的表达式值为非零时结束循环

B. do…while 构成的循环,当 while 中的表达式值为零时结束循环

C. do…while 构成的循环必须用 break 才能退出

D. 不能使用 do…while 构成循环

18. 以下叙述正确的是(　　)。

A. 用 do…while 语句构成的循环,至少执行一次

B. 用 do…while 语句构成的循环,可能一次也不执行

C. do…while 语句构成的循环只能用 break 语句退出

D. do…while 语句构成的循环不能用其他语句构成的循环来代替

19. 若 i,j 已定义为 int 类型,则以下程序段中内循环体的总的执行次数是(　　)。

```
for (i = 5;i;i -- )
for (j = 0;j < 4;j++){ … }
```

A. 24　　　　B. 25　　　　C. 20　　　　D. 30

20. 设 i,j,k 均为 int 型变量,则执行完下面的 for 循环后,k 的值为(　　)。

```
for(i = 0,j = 10;i <= j;i++,j -- ) k = i + j;
```

A. 12　　　　B. 9　　　　C. 11　　　　D. 10

三、程序设计题

1. 编写程序,求 1－3＋5－7＋…－99＋101 的值。

2. 编写程序,求 e 的值,e≈1＋1/1!＋1/2!＋1/3!＋1/4!＋…。

3. 编写程序,输出从公元 2000 年至 3000 年所有闰年的年号,每输出 10 个年号换一行。

4. 编写程序,打印图形。

```
   *
  ***
 *****
*******
 *****
  ***
   *
```

5. 求 s＝a＋aa＋aaa＋aaaa＋aa…a 的值,其中 a 是一个数字。例如 2＋22＋222＋2222＋22222(此时共有 5 个数相加),几个数相加由键盘控制。

6. 一球从 100 米高度自由落下,每次落地后反跳回原高度的一半;再落下,求它在第 10 次落地时共经过多少米?第 10 次反弹多高?

第7章　模块化函数

正如不分段的长篇文章会使读者感到头痛一样，大型软件如果没有好的结构，没有合理的功能模块结构划分，不仅可读性差，可靠性也难以保证。因此，在解决大的程序设计问题时，模块化设计是一个很好的解决办法。所谓模块化设计就是将一个大的程序分解成若干个具有独立功能的模块来实现，这些具有独立功能的模块被称为函数，这些函数虽然功能独立，但可以通过相互调用进行关联。本章主要通过案例讲解函数的定义、调用、参数传递以及变量的作用域等知识点。

7.1　案例一　简单计算器

7.1.1　案例描述及分析

【案例描述】

编写程序，实现任意两个整数的四则运算。要求：从键盘输入一个字符型数据，用来表示四则运算的运算符。如果输入的字符是“＋”，则进行两数的加法运算，如果输入的字符是“－”，则进行两数的减法运算，如果输入的字符是“＊”，则进行两数的乘法运算，如果输入的字符是“/”，则进行两数的除法运算；否则，系统给出提示“输入的运算符非法”。

【案例分析】

用变量 operator 表示输入的字符，根据 operator 的值是“＋”、“－”、“＊”、“/”中的哪一个，然后按照指定的格式输出对应的表达式 a＋b、a－b、a＊b、a/b 的值。

程序代码如下：

```
#include <stdio.h>
int main()
{
  int x,y,t;
  char operator;
  printf("请按照 a+b 的形式\n输入要计算的两个整型数据:\n");
  scanf("%d%c%d",&x,&operator,&y);
  if(operator!='+'&&operator!='-'&&operator!='*'&&operator!='/')
     printf("输入的运算符非法!");
  else
  {
    switch(operator)
```

```
    {
      case '+':t = x + y;break;
      case '-':t = x - y;break;
      case '*':t = x * y;break;
      case '/':t = x/y;break;
    }
      printf("输出结果为：\n%d%c%d= %d\n",x,operator,y,t);
  }
  return 0;
}
```

经过测试运行，上面的程序段可以实现任意两个整型数据的四则运算。但是，如果另一个程序员也想求任意两个整型数据的四则运算，那么，上述的程序段将被重新书写一遍。显然，这个已经编写好的四则运算的程序没有被重复利用，也即代码的重复利用率不高，而函数却能解决这样的问题。

7.1.2 函数概述

一个较大的程序一般应分为若干个程序模块(即函数)，每一个模块用来实现一个特定的功能。C 语言中，一个 C 程序可由一个主函数和若干个其他函数构成。由主函数调用其他函数，其他函数之间也可以互相调用。同一个函数可以被一个或多个函数调用任意多次。图 7-1 是一个程序中函数调用的示意图。

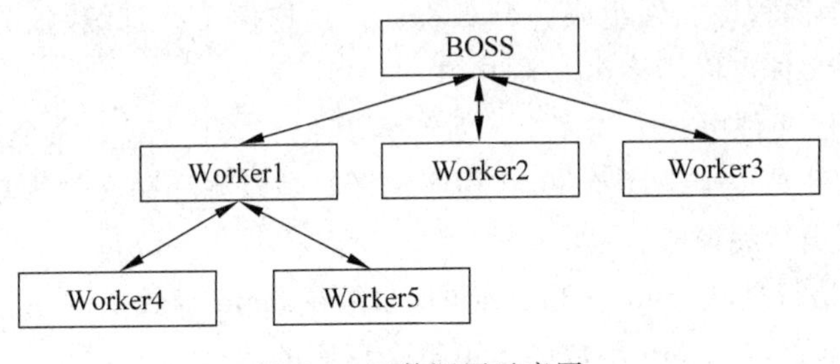

图 7-1 函数调用示意图

图 7-1 表示"老板"函数以一种层次结构来与若干个"工人"函数进行通信。请注意：图中的 Worker1 对于 Worker4 和 Worker5 而言，就相当于一个"部门经理"。这个图例说明函数之间的关系会随其在层次结构中的相对位置的变化而改变。

在程序开发中，常将一些常用的功能模块编写成函数，放在公共函数库中供大家选用。程序设计人员要善于利用函数，以减少重复编写程序段的工作量。

先举一个函数调用的简单例子。

【例 7-1】 函数调用的简单例子。

```
#include <stdio.h>
int main()
{
  void printstar();
```

```
    void print_message();
    printstar();
    print_message();
    printstar();
    return 0;
  }

  void printstar()
  {
    printf(" ******************************* \n");
  }
  void print_message()
  {
    printf("C program is fun!\n");
  }
```

printstar 和 print_message 都是用户定义的函数名，分别用来输出一行“*”号和一行信息。在定义这两个函数时指定函数的类型为 void，意为函数无类型，即无函数返回值，也就是说，执行这两个函数后不会把任何值返回给 main 函数。

说明：

(1) 一个C程序由一个或多个程序模块组成，每一个程序模块作为一个源程序文件。对较大的程序，一般不希望把所有的内容全放在一个文件中，而是将它们分别放在若干个源文件中，再由若干个源程序文件组成一个C程序。这样便于分别编写、分别编译、提高调试效率。一个源程序文件可以为多个C程序共用。

(2) 一个源程序文件由一个或多个函数以及其他有关内容(如命令行、数据定义等)组成。一个源程序文件是一个编译单位，在程序编译时是以源程序文件为单位进行编译的，而不是以函数为单位进行编译的。

(3) C程序的执行是从 main 函数开始的，如果在 main 函数中调用其他函数，在调用后流程返回到 main 函数，在 main 函数中结束整个程序的运行。

(4) 所有函数都是平行的，即在定义函数时是分别进行的，是互相独立的。一个函数并不从属于另一个函数，即函数不能嵌套定义。函数间可以互相调用，但不能调用 main 函数。main 函数是系统调用的。

(5) 从用户的使用角度看，函数有两种。

① 标准函数。标准函数即库函数，它是由系统提供的，用户不必自己定义而直接使用它们，如 printf、scanf、sqrt 等。应该说明，不同的C语言编译系统提供的库函数的数量和功能会有一些不同，当然许多基本的函数是共同的。

② 用户自定义的函数。它是用以解决用户专门需要的函数。

(6) 从函数的形式看，函数分为两类。

① 无参函数。如例7-1中的 printstar 和 print_message 就是无参函数。在调用无参函数时，主调函数不向被调用函数传递数据。无参函数一般用来执行指定的一组操作。例如，例7-1中的 printstar 函数就是用来输出31个星号。无参函数可以带回或不带回函数值，但一般以不带回函数值的居多。

② 有参函数。在调用函数时，主调函数在调用被调用函数时，通过参数向被调用函数传递数据，一般情况下，执行被调用函数时会得到一个函数值，供主调函数使用。

7.1.3 函数的定义

正如变量在使用之前先定义一样，用户自定义函数在使用之前也必须进行定义，其一般形式如下。

1. 无参函数的定义

```
函数类型标识符 函数名()
{
    声明部分
    语句部分
}
```

例 7-1 中的 printstar 和 print_message 函数都是无参函数。

说明：

(1) 在定义函数时要用“函数类型标识符”指定函数值的类型，即函数带回来的值的类型。例 7-1 中的 printstar 和 print_message 函数为 void 类型，表示不需要带回函数值。

(2) 在新标准中，当函数没有参数时，函数名后小括号里面的内容也不能省略，必须要写上 void，表示该函数没有参数。

2. 有参函数的定义

```
函数类型标识符   函数名(数据类型参数 1[,数据类型参数 2… ])
{
    声明部分
    语句部分
}
```

例如：

```
int max(int x,int y)
{
 int z;                                    /*函数体中的声明部分*/
 z=x>y?x:y;
 return (z);
}
```

这是一个求 x 和 y 二者中较大值的函数，第一行第一个关键字 int 表示函数值是整型的，max 为函数名，括号中有两个形式参数 x 和 y，它们都是整型的。在调用此函数时，主调函数把实际参数的值传递给被调用函数中的形式参数 x 和 y。大括号内部分是函数体，它包括声明部分和语句部分。声明部分包括对函数中用到的变量进行定义以及对要调用的函数进行声明(见 7.1.5 节)等内容。在函数体的语句中求出 z 的值(为 x 与 y 中较大者)，return(z)的作用是将 z 的值作为函数值带回到主调函数中。return 后面的括号中的值(z)作为函数带回的值(称函数返回值)。在函数定义时已指定 max 函数为整型，在函数体中定义 z 为整型或能够与 int 类型赋值兼容的类型，将 z 作为函数 max 的值带回调用函数(见例 7-2)。

如果在定义函数时不指定函数类型,系统会隐含指定函数类型为int型。因此上面定义的max函数左端的int可以省略不写。

说明:

(1) 相对于无参函数而言,有参函数比无参函数多了一些参数列表(此时的参数称为形式参数,简称形参),如果参数的个数多于一个,则各参数之间用逗号间隔。在进行函数调用时,实际参数的个数和类型要和定义时的形参的个数和类型保持一致。

(2) 函数的功能和函数的名字无关。函数要实现的功能是由函数体决定的。

(3) 无论是有参函数,还是无参函数,函数类型和数据类型可以是C语言中的任何基本数据类型,当函数类型省略时,默认的类型为int,如果函数没有返回值时,则定义的类型是void。

(4) 无论是有参函数,还是无参函数,函数名和形参的命名规则和变量的命名规则相同。函数类型和函数名之间要留有一个空格。函数名后面的小括号"()"不能省,即使是无参函数也不能省。

(5) 函数的返回值都是通过return语句带回的。

(6) 无论是有参函数,还是无参函数,通常情况下,说明语句写在所有执行语句的前面。

(7) 函数的定义是不允许嵌套定义的。即在定义的函数体内部不能再定义一个新的函数。

本案例程序中,可以这样来定义函数:

```
int add(int a,int b)                          //执行加法运算
{
  return a + b;
}
int subtract(int a,int b)                     //执行减法运算
{
  return a - b;
}
int multiply(int a,int b)                     //执行乘法运算
{
  return a * b;
}
int division(int a,int b)                     //执行除法运算
{
  return a/b;
}
```

7.1.4 函数的参数和函数的值

1. 形式参数和实在参数

函数调用的过程实际上就是主调函数向被调用函数进行参数传递的过程。这就是前面提到的有参函数。在定义函数时函数名后面括号中的变量名称为"形式参数"(简称"形参"),在主调函数中调用一个函数时,函数名后面括号中的参数(可以是一个表达式)称为"实在参数"(简称"实参")。

【例 7-2】 参数传递举例。

```
#include <stdio.h>
int main()
{
  int max(int m,int n);                         //对 max 函数的声明
  int a,b,c;
  scanf("%d,%d",&a,&b);
  c = max(a,b);
  printf("Max is %d\n",c);
  return 0;
}
int max(int m,int n)                            //定义有参函数 max
{
 int p;
 p = m > n?m:n;
 return (p);
}
```

运行情况如下：

```
11 ,8↙
Max is 11
```

上述程序中定义了带参数函数 max。该函数的返回值类型为 int，函数名称为 max，两个形参 m、n 的类型均为 int。在 main 函数体中第一行完成了对 max 函数的声明，“c＝max(a,b);”为函数调用语句，max 后面括号中的 a、b 是实参。a 和 b 是在 main 函数中定义的变量，m 和 n 是函数 max 中的形式参数。通过函数调用，使 main 和 max 两个函数中的数据发生联系。即将实参 a 和 b 的值传递给形参 m 和 n，然后将 z 的值返回主调函数并赋值给变量 c，如图 7-2 所示。

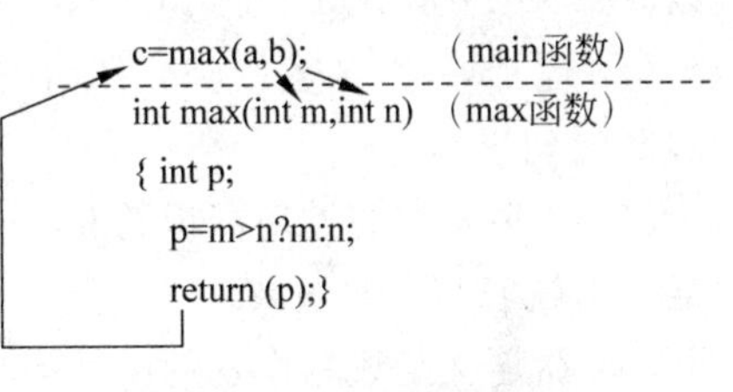

图 7-2 函数调用参数传递

关于形参和实参有以下几点说明。

(1) 在函数定义中指定的形参，在未被调用之前，它们并不占用存储单元。只有在函数调用时，函数 max 中的形参才被分配内存单元。在调用结束后，形参所占用的存储单元将被释放。

(2) 实参可以是常量、变量或表达式，例如：

```
max(3,a + b);
```

但要求它们必须有确定的值。在函数调用时将实参单向传给形参。

(3) 在定义函数时，形参必须指定类型(见例 7-2 中的第 11 行)。

(4) 实参与形参的类型应相同或赋值兼容。当形参和实参的类型不同时，按照不同类型数值的赋值规则进行转换。例如实参值 a 为 4.5，而形参 x 为整型，则将实数 4.5 转换成整数 4，然后再传递给形参 b。字符型与整型可以互相通用。

(5) 在C语言中,实参向形参的数据传递是单向的“值传递”,只是由实参传给形参,而不能由形参传回来给实参。在内存中,实参和形参占用不同的存储单元。

2. 函数的返回值

通常,希望通过函数调用使主调函数能得到一个确定的值,这就是函数的返回值。例如,例7-2中,如将max(a,b)替换成max(23,45),则max函数的值是45;如将其改成max(−1,0),则max函数的值是0。这个返回值可以作为表达式赋值给整型变量。而这个返回值是通过return语句带回去的。

return语句的具体格式:

```
return 表达式;
```

或者

```
return(表达式);
```

说明:

(1) return语句后面的括号也可以不写,如“return p;”与“return (p);”等价。

(2) return后面的值可以是一个常量、变量,还可以是一个比较复杂的表达式。

例如:

```
p = m > n?m:n;
return p;
```

可以改写为“return(m>n? m:n);”。

(3) 通常,一个函数的函数体内,只能出现一个return语句,如果有多个,则必须写在相应的if语句里面。

(4) 如果函数的类型标识符是“void”,则函数体内一定不能出现return语句以试图带回某个函数值给主调函数。

(5) 在定义函数时指定的函数类型一般应该与return语句中的表达式类型一致。如果不一致,则应以函数类型为准。对数值型数据,可以自动进行类型转换。即函数类型决定返回值的类型。

7.1.5 函数的调用

如果把编程比作是组装一台计算机,那么编程中用到的各个功能模块,就好比是组装计算机用到的零部件。计算机工作的前提是这些零散的部件必须组装起来,而这些零部件就相当于编程过程中用到的各个函数(包含自定义函数和标准库函数)。零部件组装的过程,在编程中则被称为函数调用。

1. 函数调用需要具备的条件

在一个函数中调用另外一个函数需要具备如下条件。

(1) 被调用的函数必须是已经定义的函数。

(2) 如果使用标准库函数,应该在程序的开始部分添加#include编译预处理指令,该命令能够将含有有关库函数声明的头文件包含进来,例如:

```
#include <stdio.h>
```

其中 stdio.h 是一个头文件，其中包含基本输入输出库函数的声明。如果在程序中没有使用#include<stdio.h>指令，就无法使用基本输入输出库函数，例如 printf 函数和 scanf 函数等。同样，如果程序中要使用数学库中的函数，应该使用如下预处理命令。

```
#include <math.h>
```

头文件(扩展名为.h 的文件)的主要作用是调用库功能，对各个被调用函数给出一个声明，其本身不包含程序的逻辑实现代码，只起到描述性的作用，告诉应用程序如何去寻找函数对应功能的真正逻辑代码，且编译器会自动提取相应的代码。

(3) 如果使用用户自定义函数，而该函数的定义位于主调函数的后面，则应该在主调函数前或主调函数中声明被调用函数。函数声明的作用就是把函数原型的信息告知给编译系统，以便在遇到该函数的调用时，编译系统能够准确地识别该函数并检测调用的合法性。

2. 函数原型及函数声明

函数原型由函数类型、函数名、形参个数、形参类型组成，函数声明则是在函数原型的尾部加上一个分号构成。函数声明的一般格式如下：

```
函数类型  函数名(形式参数列表);
```

如例 7-2 中的"int max(int m,int n);"。

函数声明是指对所用到的函数的特征进行必要的声明。编译系统根据函数声明所提供的信息，对函数调用的合法性进行检查，要求函数名、函数类型、形参个数和形参类型都要与函数声明一致，实参类型必须与函数声明时形参类型相同或赋值兼容，否则将按错误处理，函数声明能够保证函数的正确调用。

在声明函数时，形参列表只要包含完整的类型信息即可，形参名可以省略，但并不推荐这种用法，因为形参名可以起到提示每个参数的含义的作用。

3. 函数调用的一般形式

函数能否被有效调用，受函数声明语句位置的影响。如果在所有函数之前声明了函数原型，那么该函数原型在整个程序文件中的任何地方都有效。也就是说在程序文件的任何位置都可以依据该函数原型调用相应的函数。如果在某个主调函数内部声明了被调用函数的原型，那么该函数原型只有在该函数内部有效。

声明了函数原型之后，便可以按照如下形式调用函数：

```
函数名(实参表列);
```

如果调用的是无参函数，则参数表列不用写，但括号不能省略，见例 7-1 中的 printstar 函数调用。如果实参表列中包含多个实参，则各参数之间要用逗号隔开。实参与形参的个数要相同，类型要匹配。实参向形参按照顺序一一进行单向的值传递。

调用函数时，首先计算函数的实参列表中各个表达式的值，然后主调函数暂停执行，转向被调用函数执行，被调用函数中形参的值就是主调函数中实参表达式的计算结果。当被调用函数遇到 return 语句或函数末尾时，被调用函数执行完毕，流程返回到主调函数，继续往下执行，直到主调函数结束。

4. 函数调用的方式

根据函数定义的不同,函数调用的形式大体可以分为如下三种。

(1) 函数表达式;

(2) 函数参数;

(3) 函数语句。

如例7-2中函数调用方式"c=max(a,b);"则是以表达式的形式调用;将其修改为"c=max(c,max(a,b))",则是以函数参数的方式调用max函数,实现求a、b、c三者最大值的问题;若改为"max(a,b);"则是以单独的一条语句的形式调用max函数,虽没有语法问题,但结果却不能将a、b两者中的最大值返回给主调函数,也没有将这个最大值输出。总之,函数调用采用哪一种形式,和函数的定义形式密切相关。

7.1.6 程序实现

清楚了函数定义及函数调用的知识点,接下来,利用函数实现本案例程序。

具体算法:首先定义4个函数add、substract、multiply、division,分别用来实现两个整型数据的加法、减法、乘法和除法运算。然后在主函数(main)中,定义字符型变量operator,用来接收四则运算符,当输入的字符是"+"时,调用函数add(x,y);当输入的字符是"-"时,调用函数substract(x,y);当输入的字符是"*"时,调用函数multiply(x,y);当输入的字符是"/"时,调用函数division(x,y)。运算结果保存在变量t中,则变量t即为所求。

程序代码如下:

```
#include <stdio.h>
int add(int a,int b);
int substract(int a,int b);
int multiply(int a,int b);
int division(int a,int b);
int main()
{
  int x,y,t;
  char operator;
  printf("请按照a+b的形式\n输入要计算的两个整型数据:\n");
  scanf("%d%c%d",&x,&operator,&y);
  if(operator!='+'&&operator!='-'&&operator!='*'&&operator!='/')
     printf("请输入合法的四则运算符\n");
  else
  {
    switch(operator)
    {
      case '+':t=add(x,y);break;                    //以表达式的方式调用求和函数add
      case '-':t=substract(x,y);break;
      case '*':t=multiply(x,y);break;
      case '/':t=division(x,y);break;
    }
    printf("x%cy=%d\n",operator,t);
  }
```

```
    return 0;
}

int add(int a,int b)
{
    return a + b;
}
int substract(int a,int b)
{
    return a - b;
}
int multiply(int a,int b)
{
    return a * b;
}
int division(int a,int b)
{
    return a/b;
}
```

当输入的运算符是“+”,且 a=3、b=4 时,运行的结果为:

```
请按照 a + b 的形式
输入要计算的两个整型数据:
3 + 4
x + y = 7
```

当输入的运算符是“#”,且 a=3、b=4 时,运行的结果为:

```
请输入合法的四则运算符
```

程序说明:

(1) 自定义函数在调用之前,要先声明。如在 main()函数前的 4 行完成函数声明。

(2) 函数声明语句,可以写在主函数里面,也可以写在主函数前面,但是两者的作用范围不同,前者只能在主函数中调用被声明的函数,后者则可以在整个源文件中调用被声明的函数。

(3) 函数声明语句中,可以将形参名去掉,只写形参的声明类型。即

```
int add(int ,int);
int substract(int ,int);
int multiply(int ,int);
int division(int ,int);
```

但不推荐这种用法。

(4) 用双分支语句判断输入的运算符是否合法,只有合法时才进行相应函数的调用。

(5) 通过 switch 语句中的不同 case 条件,来调用相应的函数。

(6) 变量 t 的作用是为了使语句“printf("x%cy=%d\n",operator,t);”作为各个分支

的共同后续语句，使代码简洁。

(7) add、substract、multiply、division是自定义函数，4个函数都是有参函数，且都具有返回值。

(8) 除法函数division中，a/b的结果为0是因为形参a、b的类型是整型，根据除法运算符"/"的特点，两个整数相除的结果仍然是一个整数。

(9) 要注意4个函数的编写位置，可以写在主函数的前面，也可以写在主函数的后面，但就是不可以写在主函数内部。因为函数不可以嵌套定义。

实际上，本案例程序还可以只定义一个函数，实现简单计算器的编码。下面的代码能够实现任意两个整型数据的无数次四则运算。

具体代码如下：

```
#include<stdio.h>
int calculat(char c,int x,int y);
int main()
{
  char c;
  int t,a,b;
 while(1)
 { printf("请输入+-*/中的某一种运算符:\n您的输入是:\n");
  c=getchar();
  if(c!='+'&&c!='-'&&c!='*'&&c!='/')
  {
    printf("请输入合法的四则运算符\n");
    getchar();
  }
  else
  { printf("请输入要进行运算的两个整型数据.\n");
    scanf("%d%d",&a,&b);
    getchar();
    t=calculat(c,a,b);
    printf("%d%c%d=%d\n",a,c,b,t);
  }

 }
  return 0;
}
int calculat(char c,int x,int y)
{
   int z;
   switch(c)
   {
   case '+':z=x+y;break;
   case '-':z=x-y;break;
   case '*':z=x*y;break;
   case '/':z=x/y;break;
   }
   return z;
}
```

通过上面的程序代码得知，在定义一个函数时，形参的个数和类型是根据实际问题来决定的，只要保证在调用的时候，实参的个数和类型与形参保持一致即可。也就是说，如果自定义的函数相对复杂时，则在主调函数中调用该函数时，主调函数中调用函数语句相对较简单，反之则相对复杂。

7.2 案例二 数值交换的"赝品"

7.2.1 案例描述及分析

【案例描述】

编写一个自定义函数 swap，实现两个整型数据之间值的交换。

【案例分析】

实现两个数据之间值的交换，就好比让两个容器里面装的东西交换一下。比如说，一个杯子里面装的是咖啡，另一个杯子里面装的是绿茶，如果想要将装咖啡的杯子装绿茶，装绿茶的杯子装咖啡，试想一下该如何操作呢？现实中，肯定会利用等大的第三个杯子，先把咖啡放在第三个杯子里，然后再把绿茶放到盛咖啡的杯子里，接下来，再把第三个杯子里面的咖啡放到盛绿茶的杯子里，反之亦然。这样，问题就解决了。

根据已学的函数定义知识，可以自定义一个 swap 函数，用来实现两个变量值的交换。具体代码如下：

```
void swap(int a,int b)
{ int t;
  printf("交换之前结果为:a = %d b = %d\n",a,b);
  t = a;
  a = b;
  b = t;
  printf("交换之后结果为: a = %d b = %d\n",a,b);
}
```

上述 swap 函数中，形参 a、b 的值确实进行了交换，那么这次的交换是否会影响到主调函数中实际参数的值呢？如果可以，那么这些变量到底是如何实现实参向形参传递数据，又是如何改变实际参数的值的呢？如果不能，原因又是什么？要想回答这些问题，必须了解函数调用过程、参数传递以及变量的作用域。

7.2.2 函数间的参数传递

一个函数的函数体只有在该函数被调用时才会执行。对于有参函数而言，函数调用的过程实际上就是参数传递的过程。就是实际参数向形式参数传递数据的过程。

C 语言中，参数传递方式有两种，传数值和传地址。无论哪一种方式，参数传递都是单向的值传递，即只能从实参传递给形参，不能由形参传回来给实参，但形参值的改变会影响到实际参数的值(传地址方式时)。

例如，在例 7-2 中定义了 max 函数，函数原型如下：

```
int max(int m, int n)
```


当在 main 函数中使用语句“c=max(a,b);”调用 max 函数时，指定实参 a、b，实参的值从控制台获取，假设分别赋值为 12 和 18。在调用 max 函数时，实参 a 把 12 赋值给 m，实参 b 把 18 赋值给 n。其虚实结合传值调用过程如图 7-3 所示。

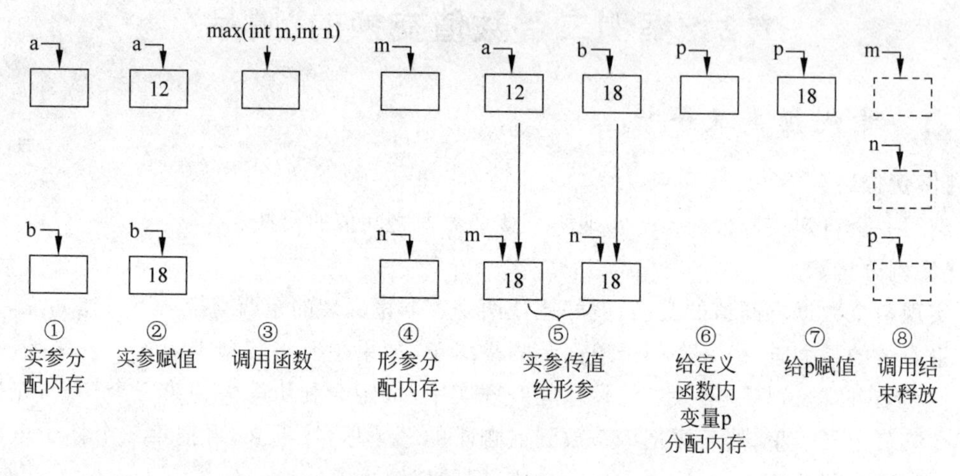

图 7-3　函数调用时参数的虚实结合传值过程

C 程序都是从 main 函数开始调用的，例 7-2 中，主调函数是 main 函数，函数体内先给实际参数 a、b 分配内存，然后通过 scanf 函数接收数据 12、18。当遇到函数调用语句“c=max(a,b);”时，程序流程转向函数的自定义，此时才给形参 m、n 分配存储空间，然后将再把实参 a、b 的值按顺序传给形参 m、n。在执行 max 函数时，函数体内语句再按顺序执行，先给变量 p 分配内存，然后把求得的 m 和 n 的最大值赋值给变量 p。当 max 函数调用结束时，函数内变量 p、形参 m、n 的存储单元被释放。

在自定义函数中出现的形参和变量，它们的作用范围只限于在本函数内部，当函数调用结束，它们的生命周期也就结束了。即使实参和形参的名称相同，它们也是占有自己独立的存储单元，这一点需要读者特别注意。

7.2.3　变量的作用域

变量的作用域是指一个变量在什么范围内有效，可见。变量定义的位置不同，作用域也不同。根据变量定义的位置不同，可以将变量分为内部变量和外部变量。

定义一个变量的位置有以下三种情况。

(1) 在函数的开头定义。

(2) 在函数内的复合语句中定义。

(3) 在函数的外部定义。

1. 局部变量

在 C 语言中，凡是声明在函数内部的变量都是局部变量，包括形式参数。在一个函数内部定义的局部变量只在本函数内部有效，也就是说，只有在本函数内才能引用它们，在此函数以外是不能使用这些变量的。

在函数内复合语句中定义的变量只在本复合语句范围内有效，只有在本复合语句中才能引用它们，也即在该复合语句以外是不能使用这些变量的。

【例 7-3】 演示局部变量作用域。

```
float f1(int a)                          //定义函数 f1
{
   int b,c;        a,b,c 有效            //在函数 f1 中定义变量 b,c
   …
}
char f2(int x,int y)                     //定义函数 f2
{
   int i,j;        x,y,i,j 有效
   …
}
int main()                               //主函数
{
   int m,n;
   …               m,n 有效
   return 0;
}
```

程序说明：

(1) 在主函数中定义的变量(如 m、n)也只是在主函数中有效，并不因为在主函数中定义而具有更大的作用范围(在整个文件或程序中有效)。主函数也不能使用其他函数定义的变量。

(2) 不同函数中可以使用同名的变量，它们代表不同的对象，互不干扰。例如，上面在 f1 函数中定义了变量 b 和 c，倘若在 f2 函数中也定义了变量 b 和 c，它们在内存中占不同的单元，互不混淆。

(3) 形参也是局部变量。例如上面 f1 函数中的形参 a，也只在 f1 函数中有效。其他函数可以调用函数 f1，但不能直接引用 f1 函数的形参 a(例如，在其他函数中直接输出 a 的值是不行的)。

(4) 在一个函数内部，可以在复合语句中定义变量，这些变量只在本复合语句中有效，这种复合语句也称为“分程序”或“程序块”。

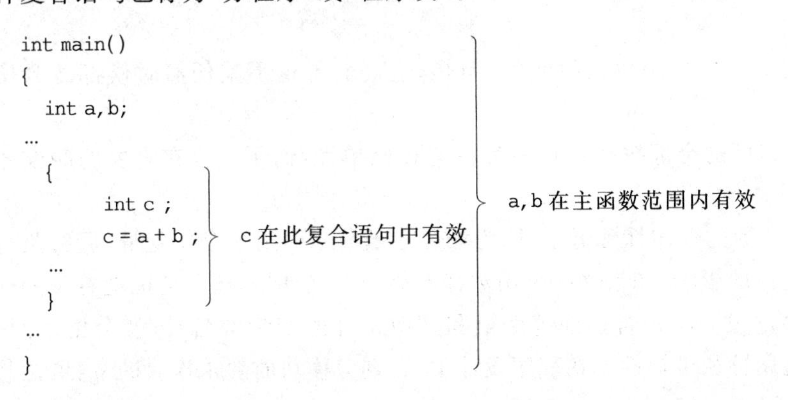

2. 全局变量

程序的编译单位是源程序文件，一个源文件可以包含一个或若干个函数。如果一个变

量想要在多个函数或多个文件中使用,此时就要用到全局变量。全局变量定义在函数外部,属于外部变量,它不属于任何语句块,它的有效范围从定义变量的位置开始到文件的结束。

【例 7-4】 演示全局变量作用域。

```
int p = 1,q = 5; //定义外部变量
float f1(int a) //定义函数 f1
{
int b,c; //定义局部变量
…
}
char c1,c2; //定义外部变量
char f2(int x,int y) //定义函数 f2
{
  int i ,j;
  …
}
int main() //主函数
{
int m,n;
…
return 0;
}
```

全局变量 c1,c2 的作用范围

全局变量 p,q 的作用范围

程序说明:

p,q,c1,c2 都是全局变量,但它们的作用范围不同,在 main 函数和 f2 函数中可以使用全局变量 p,q,c1,c2,但在函数 f1 中只能使用全局变量 p,q,而不能使用 c1 和 c2。

全局变量补充说明:

(1) 在一个函数中既可以使用本函数中的局部变量,也可以使用有效的全局变量。但是,在一个函数内部,当局部变量和全局变量同名时,局部变量起作用,全局变量被屏蔽掉。

(2) 全局变量的使用给各个函数提供了数据联系的通道。由于同一文件中的所有函数都能引用全局变量的值,因此如果在一个函数中改变了全局变量的值,就能够影响到其他函数中该全局变量的值。

(3) 在行业习惯中,为了将局部变量和全局变量区别开来,通常将全局变量的首字母用大写表示。

即使全局变量能够在多个函数之间使用,但是,全局变量也不是任何时候都适合使用的,原因如下。

(1) 全局变量在程序的全部执行过程中都占有存储单元,而不是仅在需要的时候才开辟单元。

(2) 全局变量使函数的通用性降低了,因为如果在函数中引用了全局变量,那么执行情况会受到有关外部变量的影响,如果将一个函数移到另一个文件中,还要考虑把有关的外部的变量及其值一起移过去。但是若该外部变量和其他文件的变量同名时,就会出现问题。这就降低了程序的通用性和可靠性。在程序设计中,在划分模块时要求模块的"内聚性"强、与其他模块的"耦合性"弱。即模块的功能要单一(不要把许多互不相干的功能放到一个模块中),与其他模块的相互影响要尽量少,而用全局变量是不符合这个原则的。一般要求把

C 程序中的函数构成一个相对的闭合体,除了可以通过“实参—形参”的渠道与外界发生联系外,没有其他渠道。这样的程序移植性好,可读性强。

(3) 使用全局变量过多,会降低程序的清晰性,人们往往难以清楚地判断出每个瞬间各个外部变量的值。由于在各个函数执行时都可能改变外部变量的值,程序容易出错。因此,要限制使用全局变量。

7.2.4 程序实现

清楚了函数的调用过程、参数传递以及变量的作用域,现在就利用这些知识点实现本案例程序。

具体算法:通过案例分析,要实现两个变量之间值的交换,必须要借助第三个变量。主要交换算法为“t=a;a=b;b=t;”。

程序代码如下:

```
#include<stdio.h>
void swap(int a,int b);
int main()
{
 int a,b;
 scanf("%d,%d",&a,&b);
 printf("交换之前的a、b的结果为:\na=%d b=%d\n",a,b);
 swap(a,b);
 printf("交换之后的主函数中的a、b的结果为:\na=%d b=%d\n",a,b);
 return 0;
}
void swap(int a,int b)
{
  int t;
  t=a; a=b; b=t;
  printf("swap函数中的a、b的结果为:\na=%d b=%d\n",a,b);
}
```

程序的运行结果如图 7-4 所示。

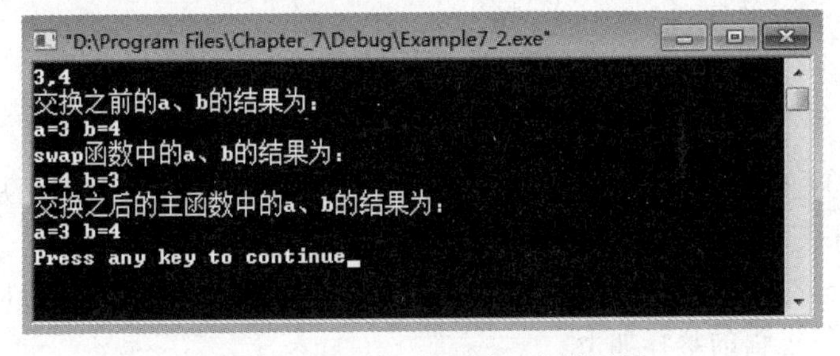

图 7-4 “数据交换”程序运行结果图

程序说明:

(1) 本案例程序中,实参和形参同名,但它们在内存中占用不同的存储单元,swap 函数中的 a、b 只有在进行调用“swap(a,b);”之后,才被分配存储单元。

（2）主函数中，第一个 printf 语句是为了输出没有调用 swap 函数之前 a 和 b 的值。

（3）主函数中，第二个 printf 语句是为了在调用 swap 函数之后，输出 a 和 b 的值，目的是检验 swap 函数是否真正地实现了实际参数值的交换。

（4）swap 函数中的 printf 语句，是为了检验 swap 函数是否能实现形参 a 和 b 之间值的交换。

通过运行结果知道，swap 函数中实现变量 a 和 b 值的交换，而主调函数中，调用 swap 函数之后实际参数 a、b 的值并没有实现变量值的交换。也就是说，这个程序实际上是数值交换的赝品。

接下来，将通过图的方式解释一下为什么这样的值传递方式没有真正实现实参的值的交换，如图 7-5 所示。

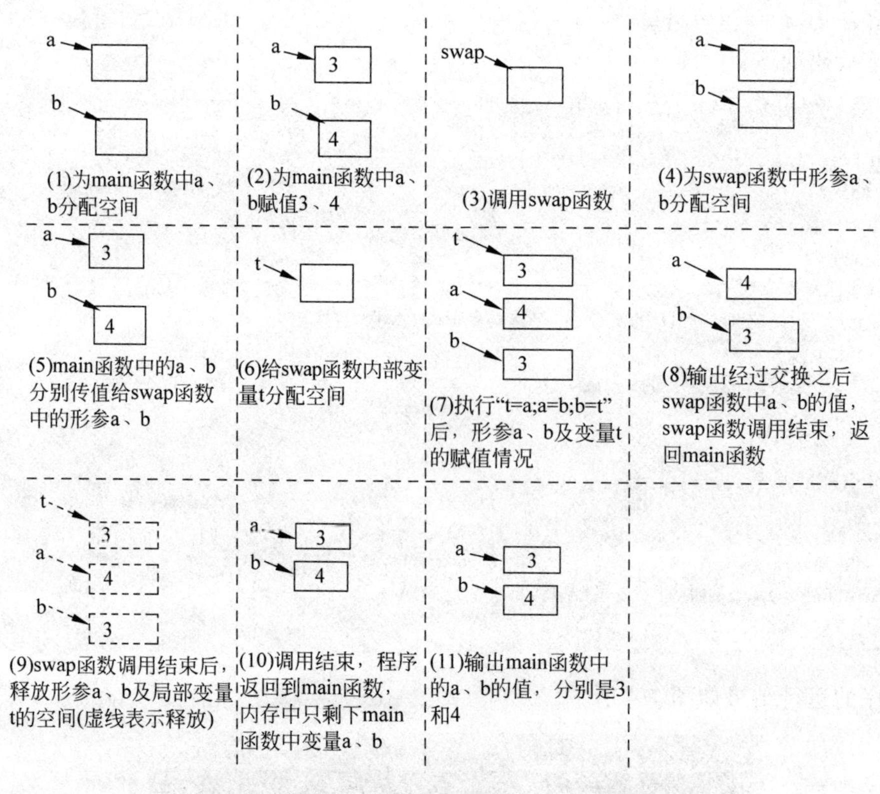

图 7-5　调用 swap 函数时各变量的空间分配过程

在 C 语言程序里，无论主函数 main()写在什么位置，程序的执行都是从 main()函数开始，并且最终程序又结束于主函数的。

(1)→(2)→(3)→(4)→(5)→(6)→(7)→(8)→(9)→(10)→(11)

上述程序执行过程的解释如下。

Step1 中描述的是变量的定义，实际上就是系统给变量分配存储单元。

Step2 中通过 scanf 语句给变量 a 赋值 3，b 赋值 4。

Step3 是调用 swap 函数，实际运行时，函数名也被分配存储单元，用函数名 swap 标识。

Step4 中形参 a 和 b 与主调函数中的变量 a 和 b，虽然名称相同，但代表着内存中不同的存储单元。只有当函数 swap 被调用时，形参 a 和 b 才被分配存储单元。

Step5 中进行实参 a、b 向形参 a、b 传递值，此时形参 a、b 的值分别为 3、4。

Step6 当 swap 函数参数传递结束之后，才给变量 t 分配存储单元，但此时变量 t 中没有值。

Step7 执行交换语句“t=a;a=b;b=t;”后，形参变量 a 值为 4，b 值为 3，实现变量值的交换，此时变量 t 被赋值为 3。

Step8 通过 printf 输出交换之后变量 a、b 的值。

Step9 当遇到 swap 函数的花括号的右边的“}”时，表示函数 swap 调用结束，此时，形参 a、b 以及局部变量 t 的存储空间都将被释放掉。而程序流程将返回到主函数，继续往下执行相关语句。

Step10 回到主调函数时，此时内存中只有最初定义的变量 a 和 b，并且赋值情况还是原来的 3 和 4。

Step11 此时用 printf 输出的 a、b 的值还是主函数中原来的 a、b 的值。

通过上面程序执行过程的解释说明，读者应该明白了函数调用时参数的传递、变量的作用域以及本案例为何称为“变量交换的赝品”。实际上，参数传递中的传地址方法可以真正实现主调函数中实参的值的交换，此时应借助指针的知识点。

7.3 案例三 求阶乘

在求解 6.1 节中的“猴子吃桃”案例时，问题是这样分析的：

由第十天剩下的桃子个数推出第九天的桃子个数，然后再由第九天剩下的桃子个数推出第八天，以此类推……直到计算出第一天剩下的桃子的个数，总结出来的公式是 n=2(n+1)。如果函数 sum(n)能计算出第十天的桃子的个数，此时 n 的值是 10，那么 2(sum(n)+1)则能计算出第九天剩下桃子的个数，此时 n 的值是 9，这样依次计算下去，直到 n 的值是 1。因此，计算猴子吃桃问题的函数，可以归纳为：

$$y(n)=\begin{cases}1 & (n=10)\\ 2(y(n+1)+1) & (1\leqslant n\leqslant 9)\end{cases}$$

按照上面求桃子数量的思路，来分析一个数学上的求阶乘问题。

7.3.1 案例描述及分析

【案例描述】

编写一个求阶乘的函数 jc(n)，能够根据 n 的值求得 n!。例如，0!=1、1!=1、2!=2、3!=6、4!=24、5!=120 等。

【案例分析】

数学中，n!=n*(n-1)!，即 5!=5*(5-1)!。也就是说要想知道 n!，就必须知道(n-1)!，如果说函数 jc(n)能求 n!，那么函数 jc(n-1)就能求(n-1)!。函数 jc(n)与函数 jc(n-1)函数名相同，只是传递过来的实际参数不同。

根据前面学过的函数定义知识，能够快速地写出 jc 函数，例如：

```
int jc(int n)
{
    return n * jc(n-1);
}
```


观察上面的函数定义形式，函数名是 jc，而函数体中又出现了 jc，这种形式可不是函数的嵌套定义，而是在函数体中又调用了函数本身，这种特殊的调用形式被称为函数的递归调用，是嵌套调用中的特殊情况。

7.3.2　函数的嵌套调用

函数的嵌套调用是指当主调函数调用 a 函数时，a 函数的函数体中又调用了 b 函数，这样的函数调用方式被称为函数的嵌套调用。

函数嵌套调用的具体过程如图 7-6 所示。

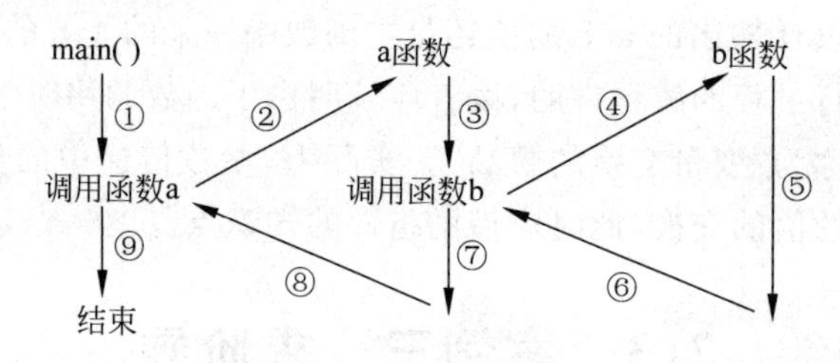

图 7-6　函数嵌套调用过程

图 7-5 中的序号①～⑨给出了函数执行的流程，当函数调用结束时，返回主调函数，然后继续往下执行，如步骤⑨。上述 a 函数表示函数 a 的定义，b 函数表示函数 b 的定义。在 a 函数的函数体中出现了调用函数 b 语句，而主函数中出现了调用 a 函数的语句。也就是说，主函数调用函数 a 的时候，也调用了函数 b。

函数嵌套调用应注意如下几点。

(1) 函数嵌套调用，要保证被调用的所有函数都已经定义存在，并进行了函数声明。

(2) 能够区分所写代码是函数嵌套定义，还是函数嵌套调用。

(3) 函数不允许嵌套定义，但允许嵌套调用。

7.3.3　函数的递归调用

函数递归调用是函数嵌套调用的特殊情况，例如将图 7-6 中 a 函数调用的 b 函数换成 a 函数，也就是说，主调函数在调用 a 函数的同时又调用了 a 函数。像这种在调用一个函数的过程中，如果出现直接或间接地调用该函数本身，称为函数的递归调用。

递归调用又可以分为直接递归(如图 7-7 所示)和间接递归(如图 7-8 所示)。

通过图 7-7 和图 7-8 所示，这样的嵌套调用过程貌似形成了一个回路，程序没有了出口。这种情况类似于循环结构中的“死循环”，而在解决无限循环问题时，程序中使用了 break 语句强制结束循环。在函数的递归调用中，不使用 break 语句，而是需要设定一个递归结束条件。在“猴子吃桃”案例程序中，递归的结束条件就是第 10 天剩下桃子的个数 1，如果不知道这个条件，是无法求解的。同样，求某个人年龄的问题，也必须要知道最后一个人的年龄，然后递推回来。也就是说，并不是所有的实际问题都可以用递归来解决，只有具备了递归结束条件时，才可以用递归调用函数来实现。

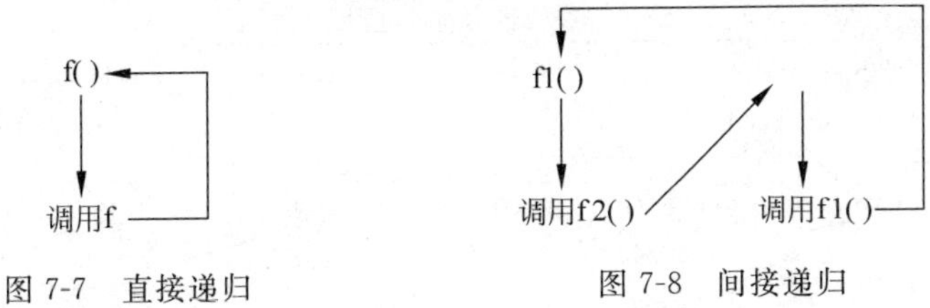

图 7-7　直接递归　　　　图 7-8　间接递归

那么，在求阶乘案例程序中，要想求出 n!，必须要知道 0!和 1!的值。也即，"求阶乘"案例的递归结束条件是"n==0 和 n==1"。

7.3.4　程序实现

清楚了函数嵌套调用过程以及递归调用的特点，本案例程序的实现就显得尤为简单。

具体算法：经过分析得知：$n!=n\times(n-1)!$，而$(n-1)!=(n-1)\times(n-2)!$，这样一直递归下去，直到 n 的值为 1 或者 0。

因此，可以归纳出求 n! 的公式：

$$n!=\begin{cases}1 & (n=0,1)\\ n\times(n-1)! & (2\leqslant n)\end{cases}$$

如果用 jc(n)表示求阶乘的函数，那么总结出的公式为：

$$jc(n)=\begin{cases}1 & (n=0,n=1)\\ n\times jc(n-1) & (2\leqslant n)\end{cases}$$

程序代码如下：

```
#include<stdio.h>
double jc(double n);
int main()
{   double n;
    printf("请输入 n!中的 n 的值：\n");
    scanf("%lf",&n);
    printf("%d!为%.0f\n",(int)n,jc(n));
}
double jc(double n)
{
    if(n==1||n==0)
      return 1;
    else
      return n*jc(n-1);
}
```

仔细观察上面的代码，这种函数递归调用的方式，非常直观，更接近程序员的思维，代码实现起来也非常简单。但是，相比较用循环嵌套实现求阶乘的方法而言，递归调用实现的程序的执行效率是比较低的，因为递归程序有个回归的过程。

以求 4!，即 jc(4)为例，演示一下递归函数执行过程，具体过程如图 7-9 所示。

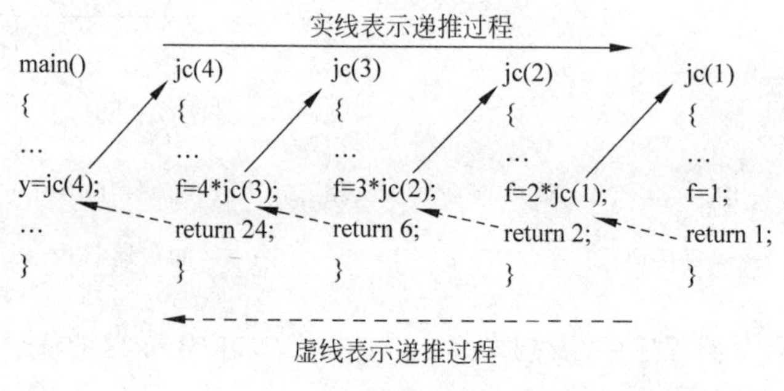

图 7-9 递归演示过程

程序的运行结果如图 7-10 所示。

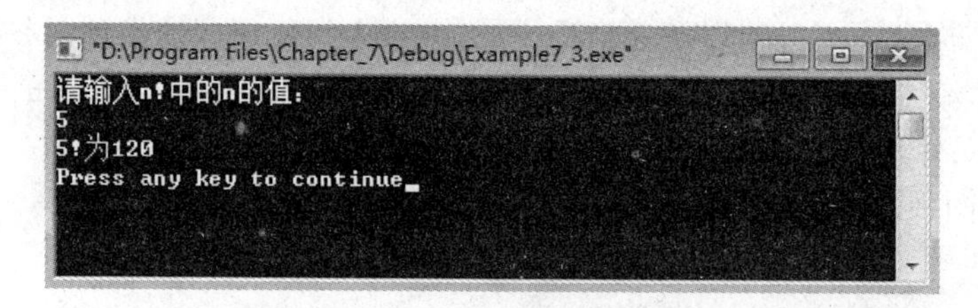

图 7-10 “求阶乘”程序运行结果图

程序说明：

(1) 为了保证求得的阶乘值能在正确的范围内表示出来，变量 n 和函数返回值都声明为 double 类型。因为当 n 的值是 10 时，阶乘的值就已经超出了整型数据的表示范围。

(2) %.0f 表示求得的阶乘的结果保留 0 位小数，也即对整数部分进行四舍五入，因为自然数的阶乘值不可能是小数。

(3) 表达式“(int)n”表示对 double 类型的 n 进行强制类型转换，为了能够用格式说明符“%d”输出 n 的值。

用循环的形式实现本案例程序代码如下。

```
double jc(double n)
{     double p;
      int i;
      p = 1.0;
     for(i = 1;i <= n;i++)
         p * = i;
     return p;
}
```

读者可以比较一下，以便更好地掌握递归函数的用法以及递归函数解决此类问题的优势。

习　题　7

一、填空题

1. ________就是将一个大的程序分解成若干个具有独立功能的模块来实现。这些具有独立功能的模块称为________。

2. 任何函数(包括 main()函数)都是由函数说明和________两部分构成的。根据函数是否需要参数,可以将函数分为________和________。

3. 函数的返回值是通过________来实现的。

4. 根据函数定义的不同,函数调用的形式大体可以分为如下三种________、________和函数参数。

5. 参数的传递有两种方式________和________。

二、选择题

1. 一个 C 语言程序总是从(　　)开始执行的。

A. 主函数　　B. 主过程　　C. 主程序　　D. 子程序

2. 下面的函数调用语句中 func 函数的实参个数是(　　)。

```
func(f2(v1,v2),(v3,v4,v5));
```

A. 4　　B. 3　　C. 2　　D. 5

3. (　　)是构成 C 语言程序的基本单位。

A. 过程　　B. 函数　　C. 0　　D. 1

4. 函数 double sqrt(x)的功能是(　　)。

A. 求 x 的对数　　B. 求 x 的平方

C. 求 x 的平方根　　D. 求 x 的绝对值

5. 以下叙述中不正确的是(　　)。

A. 函数名的存储类别为外部

B. 调用函数时,只能把实参的值传送给形参,形参的值不能传送给实参

C. 形参只是局限于所在函数

D. 在 C 程序的函数中,最好使用全局变量

6. C 语言程序从 main()函数开始执行,所以这个函数要写在(　　)。

A. 程序文件的任何位置　　B. 程序文件的开始

C. 它所调用的函数的前面　　D. 程序文件的最后

7. 表达式 sizeof(double)是(　　)。

A. double 型表达式　　B. 函数调用

C. int 型表达式　　D. 非法表达式

8. 若用数组名作为函数调用时的实参,则实际上传递给形参的是(　　)。

A. 数组的第一个元素值　　B. 数组首地址

C. 数组中全部元素的值　　D. 数组元素的个数

9. 对函数形参的说明有错误的是(　　)。

A. int a(float x[10],int n)　　B. int a(float x[],int n)

C. int a(float *x,int n)　　D. int a(float x,int n)

10. 在C语言中,函数的数据类型是指(　　)。

A. 函数形参的数据类型　　B. 函数返回值的数据类型

C. 调用该函数时的实参的数据类型　　D. 任意指定的数据类型

11. 已知如下定义的函数:

```
fun1(a)
{ printf("\n%d",a);
 }
```

则该函数的数据类型是(　　)。

A. 没有返回值　　B. void 型

C. 与参数 a 的类型相同　　D. 无法确定

12. 一个函数内有数据类型说明语句如下:

```
double x,y,z(10);
```

关于此语句的解释,下面说法正确的是(　　)。

A. 语句中有错误

B. z 是一个函数,小括号内的 10 是它的实参的值

C. z 是一个变量,小括号内的 10 是它的初值

D. z 是一个数组,它有 10 个元素

13. 已知函数定义如下:

```
float fun1(int x,int y)
{ float z;
 z = (float)x/y;
 return(z);
}
```

主调函数中有 int a=1,b=0;,可以正确调用此函数的语句是(　　)。

A. 调用时发生错误　　B. printf("%f",fun1(a,b));

C. printf("%f",fun1(&a,&b));　　D. printf("%f",fun1(*a,*b));

14. 下面函数的功能是(　　)。

```
a(s1,s2)
char s1[],s2[];
{ while(s2++ = s1++);
 }
```

A. 字符串连接　　B. 字符串比较　　C. 字符串复制　　D. 字符串反向

15. 在下列结论中,只有一个是错误的,它是(　　)。

A. 有些递归程序是不能用非递归算法实现的

B. C语言允许函数的递归调用

C. C 语言中的 continue 语句,可以通过改变程序的结构而省略

D. C 语言中不允许在函数中再定义函数

16. 已知:int a, *y=&a;,则下列函数调用中错误的是(　　)。

A. printf("%d", a);　　　　B. scanf("%d", y);

C. printf("%d", y);　　　　D. scanf("%d", &a);

17. 函数的功能是交换变量 x 和 y 中的值,且通过正确调用返回交换的结果。能正确执行此功能的函数是(　　)。

A. funa(int *x, int *y) { int *p;p=x; *x= *y; *y= *p;}

B. funb(int x, int y) { int t; t=x;x=y;y=t;}

C. func(int *x, int *y) { *x= *y; *y= *x;}

D. func(int *x, int *y) { *x= *x+ *y; *y= *x- *y; *x= *x- *y;}

18. 一个完整的 C 源程序是(　　)。

A. 要由一个主函数或一个以上的非主函数构成

B. 由一个且仅由一个主函数和零个以上的非主函数构成

C. 要由一个主函数和一个以上的非主函数构成

D. 由一个且只有一个主函数或多个非主函数构成

19. 以下关于函数的叙述中正确的是(　　)。

A. C 语言规定必须用 main 作为主函数名,程序将从此开始执行,在此结束

B. 可以在程序中由用户指定任意一个函数作为主函数,程序将从此开始执行

C. C 语言程序将从源程序中第一个函数开始执行

D. main 可作为用户标识符,用以定义任意一个函数

20. 以下关于函数的叙述中不正确的是(　　)。

A. C 程序是函数的集合,包括标准库函数和用户自定义函数

B. 在 C 语言程序中,被调用的函数必须在 main 函数中定义

C. 在 C 语言程序中,函数的定义不能嵌套

D. 在 C 语言程序中,函数的调用可以嵌套

三、程序设计题

1. 编写函数求 x 的 y 次方。

说明: x 和 y 均为基本整型数。

2. 编写函数 int mymod(int a,int b)用以求 a 被 b 除之后的余数。

3. 有 5 个人坐在一起,问第 5 个人多少岁?他说比第 4 个人大 2 岁。问第 4 个人岁数,他说比第 3 个人大两岁。问第 3 个人,又说比第 2 人大两岁。问第 2 个人,说比第一个人大两岁。最后问第一个人,他说是 10 岁。请问第 5 个人多大?

4. 输入正方体的长宽高 l,w,h。求体积及三个面的面积。

5. 求 1~5 的阶乘。

数据操作篇

学到这，读者可以通过编写程序来解决一些简单问题了。但在实际应用中，经常存在一些比较复杂的问题，相应地就需要计算机处理较复杂的数据。为了能快速简捷地处理复杂数据，编程语言中提出了数组、指针、字符串、结构体等相关概念。本篇主要讲解了对复杂数据的操作技巧和方法，学好本篇内容能够提高编程技能和处理复杂问题的能力。

第8章 数组的妙用

到现在为止，可以用C语言来解决很多问题了。但是所使用的变量都有一个共同特点，就是每个变量一次只能存放一个数值。若想存储多个数据就必须定义多个变量。这样，造成编写的程序代码冗余量非常大，可读性也差了很多。比如，编写一个要求“输入并排序10名学生的成绩，然后将排序结果输出”的程序，那就需要定义10个变量用来存储成绩，这样写的程序显然比较烦琐。为了提高工作效率，增强程序的可读性，C语言提供了数组的概念，本章主要介绍在程序设计过程中如何妙用C语言提供的一维数组和二维数组。

在学习之前，先弄清楚以下两个概念。

(1) 数组是指由相同数据类型的若干变量组成的有序集合。

(2) 数组元素是指组成数组的各个变量。

8.1 案例一 找最大

8.1.1 案例描述及分析

【案例描述】

任意输入10个整数，要求在输入的整数中找出最大值，并输出这个最大值以及所输入的10个整数。

【案例分析】

当然，通过前面所学的知识可以解决这类问题。题目要求最后输出所输入的10个整数，因此，必须先定义10个变量用来存储输入的数据，例如，为了方便记忆，可以用a1，a2，a3，…，a10作为变量名来存储这10个数据。除此之外，还要定义一个用来存放最大值的变量max。

具体算法是：首先输入10个整数分别存入变量a1，a2，a3，…，a10中；再将变量a1的值赋给变量max；然后，将变量max依次和9个变量a2，a3，…，a10进行比较，每次比较使变量max得到较大的值，最后变量max得到这10个数据的最大值。

程序代码如下：

```
#include<stdio.h>
void main()
{
    int a1,a2,a3,a4,a5,a6,a7,a8,a9,a10,max;
```

```
    printf("please input 10 integer: ");
    scanf("%d%d%d%d%d%d%d%d%d%d",
       &a1,&a2,&a3,&a4,&a5,&a6,&a7,&a8,&a9,&a10);
     max = a1;
     if(max < a2) max = a2;
     if(max < a3) max = a3;
     …
     if(max < a10) max = a10;
     printf("the inputed 10 integer:
         %d, %d, %d, %d, %d, %d, %d, %d, %d, %d\n",a1,a2,a3,a4,a5,a6,a7,a8,a9,a10);
     printf("Max is: %d\n",max);
}
```

从以上程序可以看出，代码编写的重复性大，也无法使用循环结构，造成程序非常容易出错。本案例中仅处理10个数据的程序代码就已显得比较烦琐了，要是处理更多数据，那这样编写的程序是无法想象的。因此，C语言提供了一种简单的构造数据类型——数组。通过使用数组，不仅可以用非常短的语句定义出多个变量，并且可以利用循环结构来处理这些变量，为编写代码提供了方便。

8.1.2 一维数组的定义

程序中需要使用数组存放数据，同样必须先清楚数组的定义形式。

最简单的数组类型是一维数组，所谓一维数组是指仅用一个下标编号就可以确定出指定数组元素的数组。前面提到，使用数组的方便在于一次可以定义出多个相同类型的变量，因此定义数组，必须清楚地说明需要变量的类型和数量。故一维数组的定义形式如下：

数据类型　数组名[整型常量表达式];

说明：

(1) 数据类型可以是前面学到的int、char等数据类型，也可以是后面章节中要学到的结构体等构造类型。

(2) 数组名的命名规则和变量名相同，必须是C语言中一个合法的用户标识符。

(3) 整型常量表达式是用来确定数组中数组元素的个数，也称为数组的长度，因此，在整型常量表达式中只能有整型常量或字符型常量，不能包含实型常量和变量。例如：

```
int a[5 + 3],b['A'];                    /* 都是合法的定义形式 */
int n = 10,a[5,3],b[n];                 /* 都是不合法定义形式 */
```

(4) 数组名后面的“[]”是数组的标志，不能由“()”、“{}”等代替。

在本案例中，需要存放10个整数，则定义一个包含10个数组元素的整型数组，定义语句可以写成：

```
int a[10];
```

表示定义了一个数组长度为10的整型数组a，相当于定义了10个整型变量，系统会根据数据类型和数组长度为数组a分配一定的内存单元用来存放数据，如图8-1所示。

a[0]	
a[1]	
a[2]	
	⋮
a[9]	

图8-1　数组在内存中的形式

其中，数组 a 的第一个数组元素是用“a[0]”来表示，以此类推，最后一个数组元素是用“a[9]”来表示。各个数组元素在内存中所占的存储单元必须是连续的。

8.1.3 一维数组的初始化

在定义时，虽然系统为数组在内存中开辟了存储单元，但是数组所占的存储单元并没有确定的值。因此，为了避免无值变量参与运算而引发程序运行异常，一般要在定义数组的同时，给数组中的每个数组元素进行赋值操作，也称为对数组的初始化。

对数组初始化时，可以将数组元素的初值依次放在一对花括号内且用逗号进行分隔，如以下定义形式：

```
char c[3] = {'A','B','C'};
float f[2] = {1.5,2.5};
```

其中，大括号内的数值类型必须与所定义数组的数据类型一致。

在一维数组的初始化中，根据花括号内数据的个数和数组长度的不同可以分为以下 4 种情况。

(1) 若花括号内的数据个数等于数组长度，则实现对数组中全部的数组元素依次赋初值。例如：

```
int a[5] = {1,2,3,4,5};
```

这样 a 数组中第一个数组元素 a[0]的值是 1，第二个数组元素 a[1]的值是 2，a[2]的值是 3，a[3]的值是 4，最后一个数组元素 a[4]的值是 5。

(2) 若花括号内的数据个数小于数组长度，则实现对数组中的部分数组元素依次赋初值。例如：

```
int a[5] = {1,2};
```

这样 a 数组中的第一个数组元素 a[0]的值是 1，第二个数组元素 a[1]的值是 2，系统会为其他三个数组元素 a[2]、a[3]、a[4]自动赋予 0 值。

(3) 若花括号内的数据个数大于数组长度，则编译时将产生语法错误。例如：

```
int a[5] = {1,2,3,4,5,6};
```

因数组 a 的长度为 5，在内存中开辟了能存放 5 个数据的存储空间，而初值的数据个数为 6 个，产生溢出，系统会报错。

(4) 若对数组进行初始化，可以省略该数组的长度，系统会根据花括号内的数据个数自动设置数组长度。例如：

```
int a[] = {1,2,3,4,5};
```

该数组定义形式是合法的。编译时,系统会根据大括号内初值的数据个数,将数组长度自动设置为5。在这里需要注意,虽然可以省略数组长度,但方括号不能省略。

在本案例中,因为需要从键盘输入数据,可以先为数组a的各个数组元素都赋值为0。因此,可有如下初始化数组语句:

```
int a[10] = {0,0,0,0,0,0,0,0,0,0};
```

当然,为减少重复性,也可以写成如下形式:

```
int a[10] = {0};
```

两者实现的功能完全一样。

8.1.4 数组元素的引用

前面提到,数组是由数组元素组成的序列。在C语言中是不能对数组整体进行存取操作的,只能通过引用数组中的数组元素来完成对数组的数据存取。

引用数组元素的形式如下:

数组名[下标]

其中,为了引用指定的数组元素,在数组名后加上一个用方括号括起来的整数值,称为数组下标。该下标是用来标识数组中某一个数组元素。在C语言中,数组中的数组元素下标都是从0开始的,即第一个数组元素下标为0,若有一个数组长度为N的数组,则最后一个数组元素的下标为N−1。例如:

a[0]表示数组a的第一个数组元素;a[1]表示数组a的第二个数组元素。

关于引用数组元素,有两点需要特别注意:一是下标可以是整型常量或整型表达式,也可以是具有一定值的整型变量;二是在定义数组时方括号内数组长度和在引用时方括号内下标之间的区别。

例如,有以下合法定义语句:

```
int i = 1,a[10];  //表示定义了一个整型变量 i 和一个具有 10 个整型数组元素的数组
```

那么,以下合法引用数组元素语句:

```
a[0] = a[i] + a[5 + 4];
```

表示将数组a中第2个(i=1)数组元素a[i]的值与第10个数组元素a[5+4]的值相加,并将计算的结果放入第一个数组元素a[0]中。

在本案例中,要对数组的各个数组元素依次输入数值,可以采用循环结构和输入语句“scanf("%d",&a[i]);”完成对数组的数据输入操作。其中,用变量i作为数组的下标,通过循环使i的值从0变到9,表示出数组中的各个数组元素。因对每个数组元素的引用就相当于引用一个变量,所以在scanf函数中需要取址运算符“&”。

8.1.5 程序实现

掌握了一维数组的定义及引用，就可以利用数组来解决“找最大”问题了。

具体算法：首先，利用 for 循环和 scanf 输入函数为数组的各个数组元素输入数值；其次，让存放最大值的变量 max 先获得数组中第一个数组元素的值；然后，使用 for 循环让变量 max 的值依次与数组中其他数组元素进行比较，每次比较使 max 获得较大数值；最后，再利用 for 循环和 printf 输出函数输出数组中所有数组元素的数值及找出的最大值 max。

程序代码如下：

```
#include<stdio.h>
void main()
{
    int a[10] = {0},max,i;
    printf("please input ten integer:");
    for(i = 0;i<10;i++)
       scanf("%d",&a[i]);
    max = a[0];
    for(i = 1;i<10;i++)
          if(max<a[i])
                max = a[i];
    printf("the inputed ten integer is:\n");
    for(i = 0;i<10;i++)
       printf("%5d",a[i]);
    printf("\nMax is:%d\n",max);
}
```

程序运行结果如图 8-2 所示。

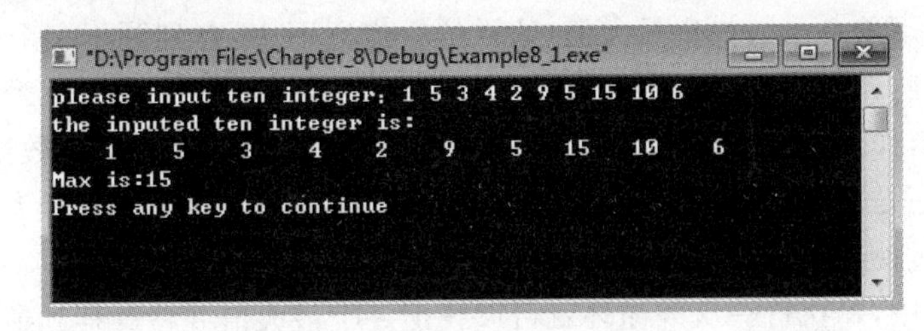

图 8-2 “找最大”程序运行结果

程序说明：

(1) 定义语句“int a[10]={0},max,i;”表示程序定义了一个数组长度为 10 且每个数组元素都初始化为 0 的数组 a，以及定义了用来存储最大值的变量 max 和作数组下标的变量 i。因数组 a 和两个变量 max、i 的类型都为整型，三者可以用一条语句定义。

(2) 程序中的第一个 for 循环完成了对数组 a 中数组元素的数据输入操作。因从数组中第一个数组元素进行输入，所以 for 循环中使用的变量 i 是从 0 开始直至 9(数组的最后一个数组元素下标)。

(3) 语句“max=a[0];”是让存放最大值的变量max先获得数组中第一个数组元素的值。

(4) 程序中的第二个for循环完成了变量max依次对数组中各数组元素的比较。因为,变量max先获得了a[0]的值,所以,for循环中的变量i是从1开始直至9来实现对各个数组元素的比较。在每次循环中,如果变量max的值小于某数组元素a[i]的值,则变量max获得数组元素a[i]的值,即实现了每次比较后变量max都能获得较大数值。

(5) 程序中的第三个for循环完成了对数组中各个数组元素的输出。

最后,请读者考虑:在该程序中,如果把if语句中的小于号改为大于号,则程序解决了什么问题?

8.2 案例二 排序

8.2.1 案例描述及分析

【案例描述】

输入N个整数,要求对这N个整数按从小到大进行排序并输出。

【案例分析】

对数据进行排序是编程中经常碰到的问题。所用的排序方法也比较多,比如有冒泡法、选择法、堆排序、插入排序、希尔排序等。每种排序方法都有其特点,在后续的数据结构课程中会做详细介绍。在这里,主要学习如何用C语言实现冒泡法和选择法这两种排序方法,希望读者要熟记这两个算法,领会数组在这两个算法中的运用。

为了便于讨论,先假设N的值为10,即对10个数进行从小到大排序。在“找最大”的案例中可以看出,利用循环结构和数组能很方便地找出数组元素的最大值。可能有人会想到,能不能分别利用“找最大”的程序先对10个数找出最大值后,再对剩下的9个数找出最大值,然后,再对剩下的8个数找出最大值,这样依次进行下去,直到剩下一个数据为止,不就解决排序问题了吗?但是,这里需要考虑两个问题:一是找出一个最大值后,因剩下数据的存储位置不连续,如何再进行比较?二是每次找出一个最大值,待处理的数据个数不停地减少,“找最大”程序是对处理数据个数固定的情况下进行的,如何利用“找最大”程序解决这两个问题,只能通过使用循环的嵌套来实现数组中数据的排序。

在循环嵌套中,每执行一次外循环就可以找出一个最大值并将其移到最后位置,使剩下的数据保持连续,再通过内循环进行比较寻找下一个最大值。内循环的循环次数可以根据待处理数据个数的变化而发生改变。

8.2.2 冒泡法排序

冒泡法的基本思想是:在数组中,将相邻的两个数组元素的值进行比较,值小的放到位置相对靠前的数组元素中。也就是说,首先从数组的第一个位置开始,依次将相邻的两个数比较,若前者大于后者,则进行交换,即数小的值放到数大的值前面,直到比较到最后一个数,这样,数组中的最大值放到了最后位置,称这一趟比较结束;然后再从数组的第一个位置开始,做同样的操作,直到数组的倒数第二个位置,数组中的次大的数放到了倒数第二位置，这样一趟又比较结束；接着再从数组的第一个位置开始，进行第三趟比较，依次进行下去，直到最后一趟剩下最前面的两个数比较后结束整个排序。每趟排序结束时，都有较大的值在“沉底”，小的数值像一个一个气泡上升一样，因此称此方法为冒泡法排序。

现在以一个例子进一步说明冒泡法的基本思想。假设有{8,5,9,4,3,6,0,7,2,1}10 个数已分别存入到 a 数组中，如图 8-3 所示。

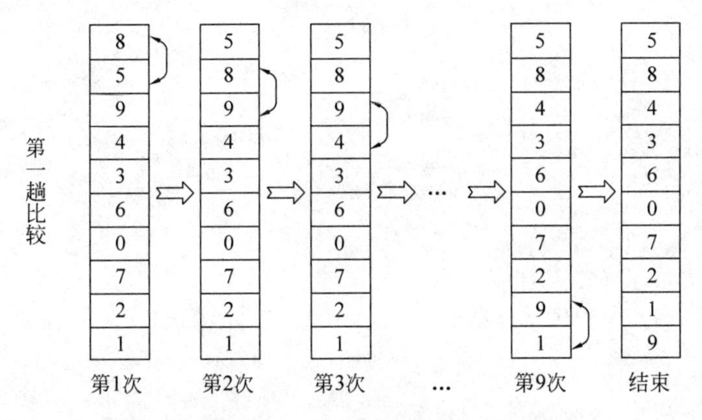

图 8-3　冒泡法的第一趟比较

第一趟：第一次让 8 和 5 比较，8 大于 5，发生交换；第二次让 8 和 9 比较，8 小于 9，不发生交换；第三次让 9 和 4 比较，9 大于 4，发生交换；第四次、第五次、……、直到第九次让 9 和 1 比较，9 大于 1，发生交换，第一趟比较结束，如图 8-3 所示。

第二趟：第一次让 5 和 8 比较，5 小于 8，不发生交换；第二次让 8 和 4 比较，8 大于 4，发生交换；第三次让 8 和 3 比较，8 大于 3，发生交换；第四次、第五次、……、直到第八次让 8 和 1 比较，8 大于 1，发生交换，第二趟比较结束，如图 8-4 所示。

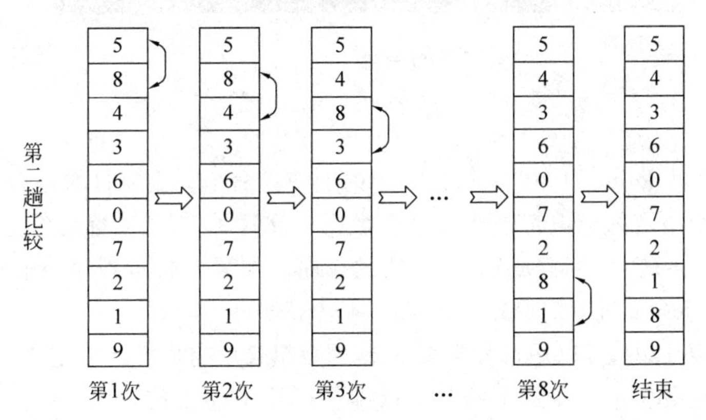

图 8-4　冒泡法的第二趟比较

第三趟、第四趟、……、直到第九趟只比较一次，得到最终结果，结束整个排序过程。

从以上例子中可以推知，若要对 N 个整数进行排序，则整个排序过程共进行 N－1 趟。对第 1 趟的比较次数为 N－1 次，第 2 趟的比较次数为 N－2 次，以此类推，第 i 趟的比较次数为 N－i 次。因此，采用循环的嵌套可以实现对 N 个整数进行若干趟的排序，每一趟要进行若干次比较。可以用外循环来确定出N个整数的比较趟数，内循环确定出每一趟的比较次数。

程序代码如下：

```
#include<stdio.h>
#define N 10
void main()
{
      int a[N],i,j,t;
      printf("please input ten integer:");
      for(i=0;i<N;i++)
         scanf("%d",&a[i]);
      for(i=0;i<N-1;i++)
         for(j=0;j<N-1-i;j++)
            if(a[j]<a[j+1])
               {t=a[j];a[j]=a[j+1];a[j+1]=t;}
      printf("The sorted data is:\n");
      for(i=0;i<N;i++)
         printf("%5d",a[i]);
      printf("\n");
}
```

程序运行结果如图8-5所示。

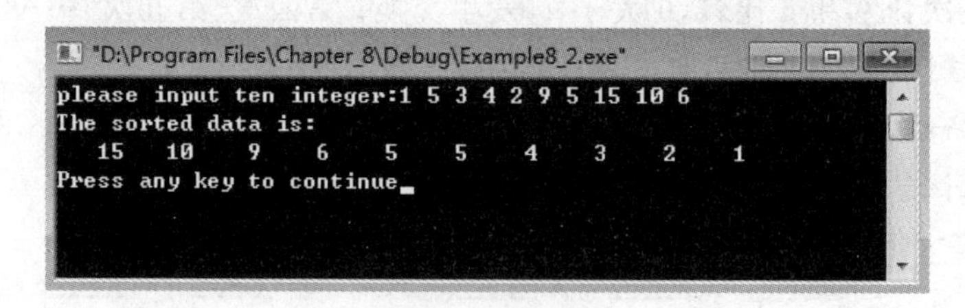

图8-5　冒泡排序程序运行结果

程序说明：

(1) 程序中"#define N 10"是C语言中的宏替换命令。主要目的是为了后期方便于程序的修改，用一个指定的标识符来代表某个数据。在这里，"N"被称为符号常量，在本程序中N的值自始至终是10，即完成对10个数的排序。如果要将本程序改成对100个数进行排序，只需将"#define N 10"改成"#define N 100"即可。

(2) 在定义语句中，可以用符号常量N作为数组长度完成数组的定义。除此以外，还定义了i、j、t三个整型变量。变量i用来记录排序过程中的比较趟数，即作为外循环的增量值；变量j用来记录每一趟的比较次数，即作为内循环的增量值；变量t是中间变量，实现对两个数据的交换。

(3) 程序中的第一个for循环和最后一个for循环分别完成对数组的输入和输出操作。

(4) 整个排序的过程是由程序中for循环嵌套来完成。外循环"for(i=0;i<N−1;i++)"表示数据比较的趟数，每执行完一趟，i增1，对N个数，要执行N−1趟，即外循环需执行N−1次；内循环"for(j=0;j<N−1−i;j++)"表示数据每一趟的比较次数，对第i趟，要

比较 N－i 次，因数组的下标是从 0 开始，所以 i 和 j 都是从 0 开始计数，对第 i 趟，内循环需执行N－1－i 次。在进行每次比较中，使用 a[j]和 a[j＋1]表示数组中相邻的两个数组元素，若 a[j]大于 a[j＋1]，即前者大于后者，则通过中间变量 t 实现 a[j]和 a[j＋1]的交换。

8.2.3 选择法排序

学习选择法排序，要通过与冒泡法的区别来加以学习。

选择法排序的基本思想是：在待比较的各个数组元素中，将最前面的数组元素值分别与后面数组元素的值进行比较，值小的放到前面数组元素中。也就是说，首先让数组的第一个数组元素依次和后面的数组元素进行比较，若前者大于后者，则进行交换，否则不交换，直到和最后一个数组元素比较结束后，数组中的最小值就放到了第一个数组元素中，这时，称第一趟比较结束；然后再让数组的第二个数组元素依次和后面的数组元素做同样的操作，直到和最后一个数组元素比较结束后，数组中的次小值就放到了第二个数组元素中，这时，称第二趟比较结束；接着再从数组的第三个数组元素开始，进行第三趟比较，依次进行直到最后一趟中剩下两个数组元素完成比较后，结束整个排序。每趟排序结束时，都选出较小的值放在相对位置的最前面，因此称此方法为选择法排序。

同样，以对 10 个数{8，5，9，4，3，6，0，7，2，1}为例来进一步说明选择法的基本思想，如图 8-6 所示。

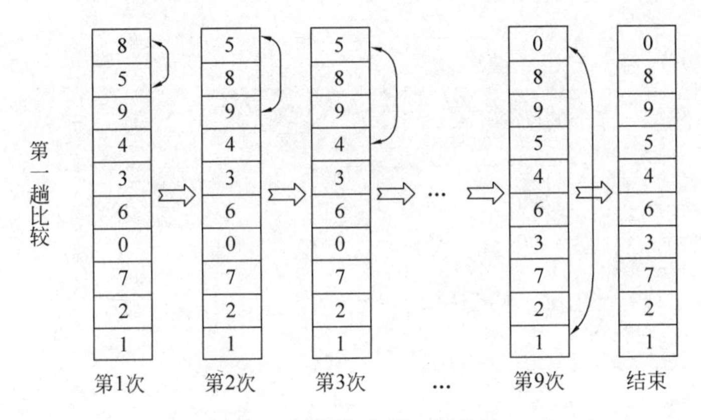

图 8-6　选择法的第一趟比较

第一趟：第一次让 8 和 5 比较，8 大于 5，发生交换；第二次让 5 和 9 比较，5 小于 9，不发生交换；第三次让 5 和 4 比较，5 大于 4，发生交换；第四次、第五次、……、直到第九次让 0 和 1 比较，0 小于 1，不发生交换，第一趟比较结束，如图 8-6 所示。

第二趟：第一次让 8 和 9 比较，8 小于 9，不发生交换；第二次让 8 和 4 比较，8 大于 4，发生交换；第三次让 4 和 3 比较，4 大于 3，发生交换；第四次、第五次、……、直到第八次让 2 和 1 比较，2 大于 1，发生交换，第二趟比较结束，如图 8-7 所示。

第三趟、第四趟、……、直到第九趟只比较一次，得到最终结果，结束整个排序过程。

从上例中可以知道，在选择法排序中，对 N 个整数进行排序，整个排序过程同样共进行了 N－1 趟，对第 1 趟的比较次数也为 N－1 次，第 2 趟的比较次数也为 N－2 次，以此类推，第 i 趟的比较次数为 N－i 次。因此，选择法排序也可采用循环嵌套来实现。

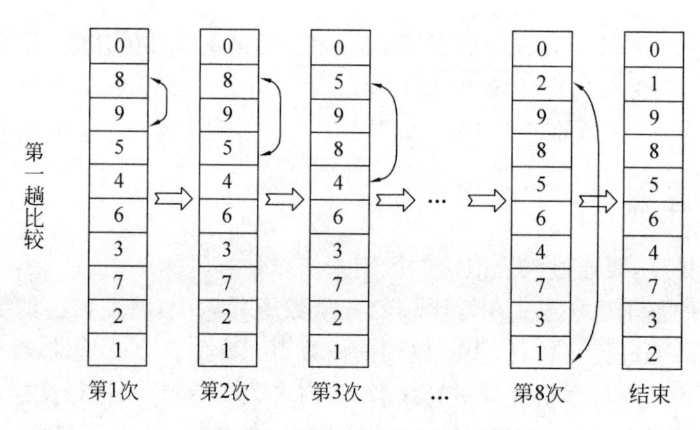

图 8-7 冒泡法的第二趟比较

与冒泡法不同的是，冒泡法是相邻两个数进行比较，每趟比较出最大值放在最后位置，而选择法是将最前面的数组元素分别与后面的数组元素的值进行比较，每趟比较出最小值放在最前面位置。因此，虽然也可以用循环嵌套来实现，但实现过程是不同的。

程序代码如下：

```
#include<stdio.h>
#define N 10
void main()
{
      int a[N],i,j,t;
      printf("please input ten integer:");
      for(i = 0;i < N;i++)
         scanf(" %d",&a[i]);
      for(i = 0;i < N - 1;i++)
         for(j = i + 1;j < N;j++)
            if(a[i]< a[j])
               {t = a[i];a[i] = a[j];a[j] = t;}
      for(i = 0;i < N;i++)
         printf(" %d",a[i]);
}
```

本程序的运行结果与冒泡法排序的运行结果相同。

程序说明：

(1) 关于数组定义和采用循环对数组的输入和输出操作与冒泡法程序相同。

(2) 选择法排序的整个过程也是由 for 循环嵌套来完成。外循环“for(i=0;i<N-1;i++)”表示数据比较的趟数，每执行完一趟，i 增 1，对 N 个数而言，要执行 N-1 趟完成排序，所以外循环需执行 N-1 次；内循环“for(j=i+1;j<N;j++)”表示数据每一趟的比较次数，因为在每一趟的比较中，都是用最前面的数组元素分别与其后面的数组元素进行比较，所以“a[i]”可以表示每一趟最前面的数组元素，变量 j 作为后续数组元素的下标，从 i+1 至 N-1(最后一个数组元素下标)进行比较，也就是通过 a[i]和 a[j]完成每次的比较。

最后，读者请考虑：在冒泡法和选择法排序的程序中，若把 if 语句中的小于号改为大于号，则程序完成了什么功能？

8.3 案例三　魔方阵

8.3.1 案例描述及分析

【案例描述】

对于一个大于1的奇数N，输出一个由整数1～N^2 排成的N×N方阵，要求该方阵中每一行、每一列、正对角、副对角上的元素之和都相等，此方阵称为魔方阵。

例如，对于奇数3，输出一个由整数1～9组成的3×3方阵，如：

6　1　8

7　5　3

2　9　4

该方阵中的每一行、列、对角线上的数据和都为15。

【案例分析】

关于魔方阵的求解有一个算法，其步骤如下。

(1) 先将数字1放在第一行最中间的一列。

(2) 再从数字2开始直到数字N×N为止，依次按下列规则存放：每个数存放位置的行值和列值是前一个数存放位置的行减1，列减1。例如，三阶魔方阵中，5在4的上一行前一列。

(3) 如果一个数的行值为1，则存放下一个数的行值为N(即最后一行)，列值减去1。例如，三阶魔方阵中，1在第一行第二列，则2放在了最后一行第一列。

(4) 如果一个数的列值为1，则存放下一个数的列值为N(即最后一列)，行值减去1。例如，三阶魔方阵中，2在第三行第一列，则3应放在第二行最后一列。

(5) 如果一个数的行值和列值都为1，则存放下一个数的行值和列值都为N。

(6) 如果按上面的存放规则出现要存放数据的位置上已有数据，则把该数放在前一个数的下面。例如，三阶魔方阵中，4应放在第一行第二列，但该位置已经放入1，所以4就放在3的下面，即第三行第三列。

魔方阵是一个有行有列的二维数据，用前面学习的一维数组来表示二维数据就显得力不从心了。但C语言不仅提供了一维数组，而且还有二维、三维等多维数组的使用。所谓多维数组是指用两个以上的下标编号可以确定出指定数组元素的数组。因此，对魔方阵的输出可以使用C语言中的二维数组来实现。为了便于讨论，假设N的值为5，输出一个5×5的魔方阵。

8.3.2 二维数组的定义

同样，要想使用二维数组，必须先对二维数组进行定义。

二维数组的定义形式如下：

```
数据类型 数组名[整型常量表达式1][整型常量表达式2]
```

说明：

(1) 定义中的数据类型、数组名和整型常量表达式的用法要求和一维数组相同。

(2) 二维数组名后面必须有且仅有两个方括号，用来括起两个整型常量表达式。其中，整型常量表达式1表示二维数组的行长度，整型常量表达式2表示二维数组的列长度。行、列长度值不能写在一个方括号内。

例如，在本案例中需要定义5行5列的二维整型数组，则定义语句是：

```
int magic[5][5];
```

该语句定义了一个5×5(5行5列)的二维数组a，内存中为数组magic开辟了能存放25个整数的内存空间。注意，不能写成：

```
int magic[5,5];
```

现在已经知道，计算机中的内存是一维性的，那么，如何将二维数组的数据存储到计算机内存呢？实际上，在C语言中，二维数组可以按照行优先顺序进行存储，也就是说，内存中先存储第一行的数组元素，再存储第二行的数组元素，依次下去，直到存储最后一行的数组元素，如图8-8所示。

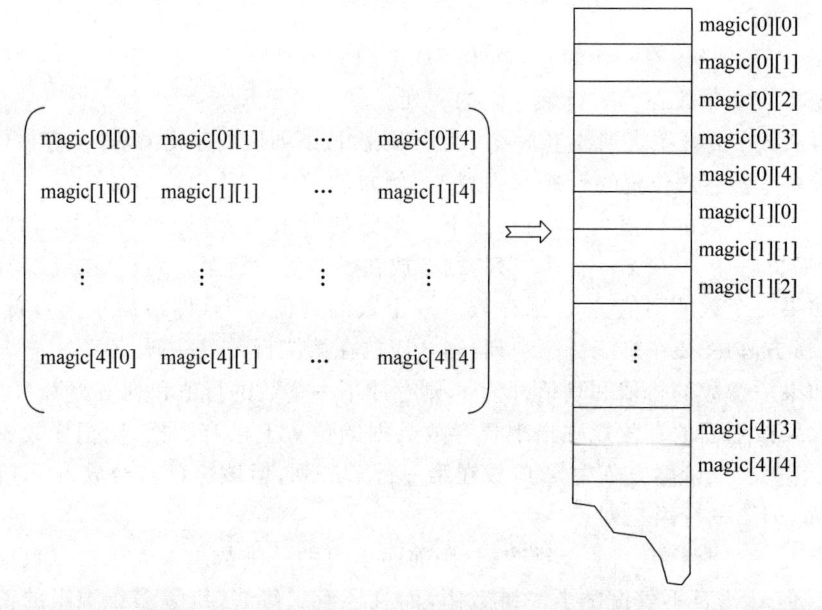

图8-8　二维数组magic[5][5]在内存中的存储顺序

从图8-8可以看出，如果把二维数组的每一行看成一个数组元素，则二维数组可看作是一个特殊的一维数组，如二维数组magic[5][5]包含magic[0]、magic[1]、magic[2]、magic[3]、magic[4] 5个数组元素，每个数组元素又是分别包含5个元素的一维数组。

二维数组magic的第一个数组元素用magic[0][0]表示，最后一个数组元素用magic[4][4]表示，各个数组元素在内存中所开辟的存储单元也一定是连续的。

清楚了二维数组，对于多维数组的定义及存储的理解也就容易了。例如，下面定义了一个三维数组：

```
float f[4][3][2];
```

多维数组元素在内存中的排列顺序是：第一维的下标变化量最慢，最右边的下标变化最快。上面定义的三维数组 f 在内存中的存放顺序是：

f[0][0][0]－>f[0][0][1]－>f[0][1][0]－>f[0][1][1]－>…－>f[3][2][0]－>f[3][2][1]。共 4×3×2＝24 个数组元素。

8.3.3 二维数组的初始化

二维数组的初始化要比一维数组初始化复杂些，可以通过嵌套一维数组初始化的方法进行二维数组的初始化。一般分为以下几种形式。

(1) 分行给二维数组元素赋初值。例如：

```
int a[2][3] = {{1,2,3},{4,5,6}};
```

初始值通过花括号进行分组，将第一个花括号内的三个数据分别赋给数组第一行的各数组元素；将第二个花括号内的三个数据分别赋给数组第二行的各数组元素。

(2) 将所有数据写在一个花括号内，按数组排列的顺序对各数组元素赋初值，这种方式也是最常用的使用方式。例如：

```
int a[2][3] = {1,2,3,4,5,6};
```

赋值结果和第一种方式相同，虽然这种方式方便，但相对第一种方式来说，不直观，而且数据量大了容易遗漏，不易检查。

(3) 对二维数组部分元素进行赋值。例如：

```
int a[2][3] = {{1},{2,3}};
```

采用这种赋值方式，系统会将数组第一行的后两个数组元素和第二行的最后一个数组元素自动赋予 0 值。赋值结果为：

```
1 0 0
2 3 0
```

(4) 将部分数据写在一个花括号内，按数组排列的顺序对各数组元素赋初值，没有初值的数组元素自动赋予 0 值。例如：

```
int a[2][3] = {1,2,3,4};
```

该赋值方式完成对数组第一行的三个数组元素分别赋予 1、2、3 值；第二行第一个数组元素赋 4 值，剩下两个数组元素自动赋予 0 值。赋值结果为：

```
1 2 3
4 0 0
```

(5) 如果对全部元素都赋初值，则定义数组时对行的长度可以省略不写，但列的长度不能省略。例如：

```
int a[][3] = {1,2,3,4,5,6};
```

等价于

```
int a[2][3] = {1,2,3,4,5,6};
```


系统会根据提供数据的总个数和列的长度值计算出该数组的行长度。如例子中，为数组 a 提供了 6 个数据，数组 a 的列数为 3，则行的长度为 6/3=2。若所提供的数据总个数除以列的长度值有余数，则行的长度值为商值加 1。同样这种方式是按数组排列的顺序对各元素赋初值，未得到值的数组元素自动赋予 0 值。例如，若为数组 a 提供了 5 个数据，则行的长度为 5/3+1=1+1=2，系统为数组 a 的最后一个数组元素自动赋值为 0。

在对二维数组初始化时，与一维数组的要求一样，其提供的数据不能超过数组的行、列长度值，会出现溢出现象，产生编译错误。

在本案例中，需要在 magic 数组里每存放一个数据之前判断该位置是否已有数据，因此，可以先为二维数组 magic 初始化为 0。通过判断数组元素中是否为 0 值，清楚该位置是否已存放数据。对二维数组 magic 的初始化语句可以写成：

```
int magic[5][5] = {0};
```

8.3.4 二维数组的引用

前面已经讲过，一维数组的引用是通过下标来实现的，二维数组也可以通过下标来完成对数组元素的引用。二维数组的引用形式为：

```
数组名[行下标][列下标]
```

对二维数组引用的下标与对一维数组引用的下标用法要求基本相同，唯一不同的是，二维数组有两个下标值，第一个是行下标，用来标识第几行；第二个是列下标，用来标识第几列。其行下标和列下标值都是从 0 开始到该数组的行长度和列长度减 1。例如，二维数组 magic[5][5]的第一个数组元素引用方式为“magic[0][0]”；最后一个数组元素（第 5 行第 5 列）引用方式为“magic[4][4]”。可以看出，该二维数组 magic 不存在“magic[5][5]”数组元素。

本案例中，求解魔方阵的第一步就是将数字 1 赋给二维数组第一行中间列的数组元素，对该数组元素的引用是“magic[0][5/2]”即为“magic[0][2]”。因此，可采用如下赋值语句：

```
magic[0][2] = 1;
```

8.3.5 程序实现

本案例可以根据给出的算法利用二维数组来实现。在这里，读者要特别注意二维数组的使用方法。

程序代码如下：

```
#include <stdio.h>
#define N 5
```

```
void main()
{
    int magic[N][N] = {0},i,j,i1,j1,x;
    i = 0;j = N/2;
    x = 1;
    while(x <= N * N)
    {
        magic[i][j] = x;
        i1 = i; j1 = j;
        x++;
        i--; j--;
        if(i < 0) i = N - 1;
        if(j < 0) j = N - 1;
        if(magic[i][j]!= 0)
        {
            i = i1 + 1;j = j1;
        }
    }
    for(i = 0;i < N;i++)
    {
        for(j = 0;j < N;j++)
            printf(" %5d", magic[i][j]);
        printf("\n");
    }
}
```

程序运行结果如图 8-9 所示。

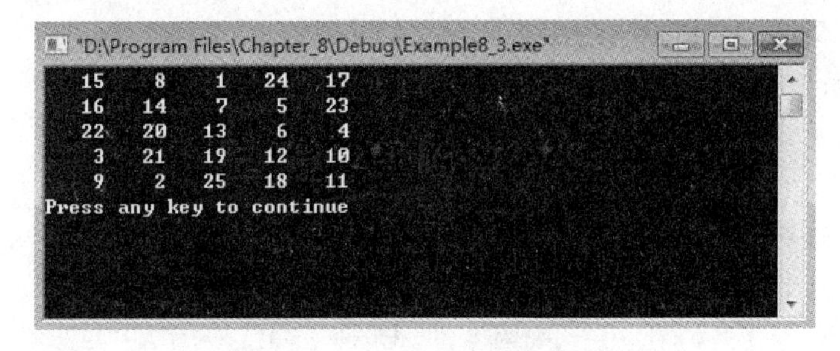

图 8-9　魔方阵程序运行结果

程序说明：

(1) 在定义语句中，变量 i、j 分别用来标识二维数组 magic 的行下标和列下标；变量 i1、j1 用来保存前一个数存放位置的行下标与列下标值；变量 x 是从 1 至 N×N 的增量值，分别存放到 magic 数组中。

(2) 根据算法，首先要将数字 1 存放到第一行最中间的位置。因此，在 N×N 的方阵中，先将变量 i 赋为 0 值(表示第一行数组元素的行下标值)；变量 j 赋为 N/2 值(表示中间一列数组元素的列下标值)；变量 x 赋值为 1，开始进行循环操作。

(3) 在程序中，对各数组元素的赋值操作是通过 while 循环来完成的。每循环一次放入一个数值 x(1～N×N)，当 x 大于 N×N 时，程序赋值结束。因此，while 循环的判断条件是变量 x 是否小于等于 N×N。

(4) 在 while 循环体中，首先将 x 放入数组 magic 里；然后，在寻找下一个数的存放位置之前，先将当前存放位置的行下标、列下标分别保存在变量 i1 和变量 j1 中。

(5) 循环体中使用了三个并列的 if 语句。前两个 if 语句主要用来判断下一个数据存放位置的行下标、列下标是否越界，若越界，则对应的行下标值、列下标值改为最后一行或最后一列；第三个 if 语句是用来判断下一个数据的存放位置中是否已放入过数据，若该位置已被放入过数据，则将行下标 i 改为 i1+1，列下标 j 改为 j1，即表示数据的存放位置应为前一个数据的下一行、同一列。

(6) 完成赋值操作后，输出二维数组的各数组元素的值，一般采用循环嵌套来实现。用外循环表示行，用内循环表示列。也就是说，外循环每循环一次，输出完二维数组中一行数组元素；内循环每循环一次，输出该行中某列的一个数组元素。因为输出的是一个矩阵，所以要每输出完一行后输出一个换行符，请读者不要忘记。

8.4 案例四　链对计数器

有些时候，二维数组不仅可用于处理具有二维性的数据，对看似一维数组就能解决的问题，利用二维数组解决会变得非常容易。读者在此要体会二维数组的妙用。

8.4.1 案例分析及描述

【案例描述】

输入由若干个 0～9 的整数组成的数字序列，输入－1 表示结束输入。统计出现的链对次数并输出。所谓链对是指输入的相邻数据对的逆序对也在序列中出现。

例如，输入数据链：

```
2 3 7 3 4 7 3 2 4 3 5 7 4 3 -1
```

则输出：

```
链对 1:<3,7>=1  <7,3>=2        链对 2:<3,4>=1  <4,3>=2
链对 3:<4,7>=1  <7,4>=1        链对 4:<2,3>=1  <3,2>=1
```

【案例分析】

本案例是处理数字序列的问题，如果将数字序列先依次存放在一维数组中；接着以相邻两个数组元素组成数据对并统计其出现的次数；然后，再判断每对数据是否构成链对数据；最后输出构成链对出现的次数。此算法需要每出现一个数据对就要判断该数据对在前面是否出现，因此，用一维数组实现本案例比较复杂，执行效率也低。如果根据本案例要求的特点，利用二维数组解决此问题就变得容易多了。

数字序列是由 0～9 的数字组成，所以定义一个 10×10 的二维数组 a。每个数组元素的行下标值和列下标值表示一个数字对，用数组元素的值统计以该行下标和列下标组成数字对出现的次数。例如，数组元素 a[i][j]用来统计数字对＜i,j＞出现的次数。

8.4.2 程序实现

通过分析题目要处理数据的特点，利用二维数组本身自有的特征，很容易解决“链对计数器”问题了。

程序运行代码如下：

```
#include<stdio.h>
void main()
{
    int a[10][10] = {0},k1,k2;
    printf("please input numbers of 0~9 number ( - 1 ended):");
    scanf(" %d",&k1);
    while(1)
    {
        scanf(" %d",&k2);
        if(k2 == - 1) break;
        a[k1][k2]++;
        k1 = k2;
    }
    printf("Statistical results is: \n");
    for(k1 = 0;k1 < 10;k1++)
      for(k2 = 0;k2 <= k1;k2++)
            if(a[k1][k2]!= 0&&a[k2][k1]!= 0)
                printf("chain is <%d, %d >= %d, <%d, %d >= %d\n",
                        k1,k2,a[k1][k2],k2,k1,a[k2][k1]);
}
```

程序运行结果如图 8-10 所示。

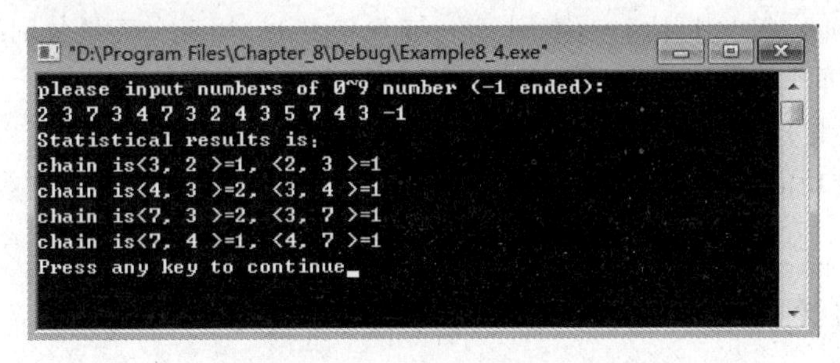

图 8-10 链对计数程序运行结果

程序说明：

(1) 在程序中定义了一个 10 行 10 列的二维数组 a，用数组 a 的各个数组元素统计数字对出现的次数，所以，需要为各个数组元素初始化为 0。定义变量 k1、k2 用来读取数字序列中的数值。

(2) 循环中的语句“a[k1][k2]++；”表示变量 k1 与 k2 得到数字序列中相邻数字后，分别作为行下标和列下标使对应的数组元素值增 1。

(3) 因为对数字序列中的数字个数不确定，所以在程序中使用 while 循环结构。在进入循环之前，先读入第一个数字给变量 k1；进入循环后，再读入第二个数字给变量 k2；然后，k1 作行下标，k2 作列下标，使对应的数组元素值增 1。完成一次统计后，为保证 k2 中的数字作为下一个数据对的首个数字，将 k2 的值保存在 k1 中，再读入下一个数字给 k2，统计下一个数字对。依次循环，直到序列上的所有数字读入完毕。

(4) 程序中 while(1)表示无限循环，该循环的终止条件设在循环体的 if 语句中，是对读入数字的变量 k2 进行判断，若为－1，则统计完毕退出 while 循环。

(5) 对二维数组输出时，同样可以采用循环嵌套进行输出操作。但是，程序中并没有输出二维数组的各个数组元素，而是只输出那些构成链对且不为 0 值的数组元素进行输出，判断条件是“a[k1][k2]!=0&&a[k2][k1]!=0”。

8.5 案例五　赛马

8.5.1　案例描述及分析

【案例描述】

甲乙两人各有 10 匹马并分别从 0～9 进行了编号，同时让 20 匹马跑 10km 并记录了每匹马所用的时间。现在比较甲乙两人的马速，比较规则是：用甲乙两人的相同编号的马进行比较(即甲的 0 号马与乙的 0 号马比，甲的 1 号马与乙的 1 号马比，…，直到甲的 9 号马与乙的 9 号马比)。在所用时间上，若甲的马低于对应编号乙的马，则甲的马匹数目增 1，反之，乙的马匹数目增 1。最后，如果甲的马匹数目多于乙的马匹数目，则称甲赢。

【案例分析】

关于本案例，可以用两个数组长度都为 10 的一维数组 a 和 b 来解决。a、b 数组的各个数组元素分别存储甲、乙两人相应编号马所用的时间；然后，将它们对应地逐个比较(即 a[0]与 b[0]比，a[1]与 b[1]比，…，直到 a[9]与 b[9]比)。用三个变量分别统计甲比乙相同编号的马所用时间短、长、相等的马匹数目；最后输出三个变量统计的值。

此算法主要是比较数组元素的大小，为了减少代码的重复编写，可以用函数实现对两个数据的比较功能。那么，在使用函数中，数组元素是如何作函数实参完成数据传递的呢?

8.5.2　数组元素作函数的实参

数组元素作为函数实参与用变量作函数实参一样，都是在函数调用时，发生单向值传递，也就是把作为实参的数组元素的值传递给形参。

这里，有以下两点需要说明。

(1) 用数组元素作实参时，只要数组的类型和函数形参的类型一致即可。

(2) 数组元素作为实参与对应的形参变量在内存中是两个不同的内存单元。在函数调用时发生单向值传送，即把数组元素的值赋给形参变量。

8.5.3　程序实现

程序代码如下：

```
#include <stdio.h>
#define N 10
int large(float x,float y)
{
        int flag;
         if(x>y)        flag=1;
         else if(x<y)   flag=-1;
         else           flag=0;
         return flag;
  }

void main()
{
    float a[N],b[N];
    int i,n=0,m=0,k=0,t;
    printf("Input the first set of data: \n");
    for(i=0;i<N;i++)
         scanf("%f",&a[i]);
    printf("Input the second set of data: \n");
    for(i=0;i<N;i++)
         scanf("%f",&b[i]);
    for(i=0;i<N;i++)
     {
      t= large(a[i],b[i]);
      if(t==1)          n=n+1;
      else if(t==0)     m=m+1;
           else         k=k+1;
     }
     if(n>k)        printf("The second group won \n");
     else if(n<k)   printf("The first group won \n");
     else           printf("Two groups of the same \n");
}
```

程序运行结果如图 8-11 所示。

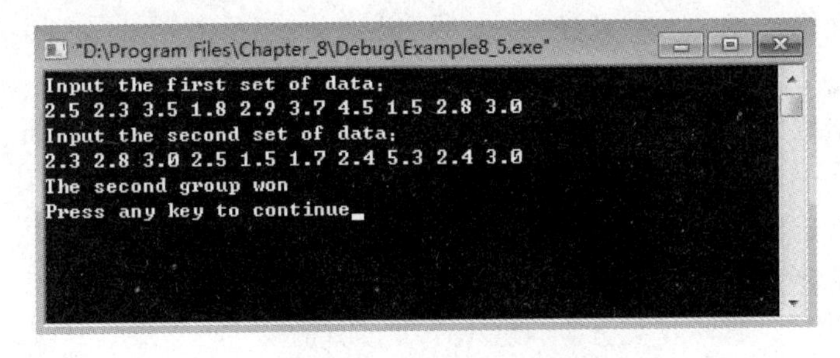

图 8-11　赛马程序运行结果

程序说明：

(1) 程序中，编写了一个子函数 large，用来比较两个实型数据的大小。若第一个参数大于第二个参数，则函数返回 1，小于则返回−1，相等则返回 0。

(2) 主函数中,定义了两个实型数组 a 和 b 分别存放甲、乙两人对应编号马所用的时间;定义了三个变量 n、m、k 分别用来统计甲比乙相同编号下的马所用时间短、长、相等的马匹数目;变量 i 用来作循环的增量;变量 t 用来接收 large 函数的返回值。

(3) 程序的最后一个 for 循环完成 a、b 两数组中对应数组元素的比较功能。在循环中,调用了 large 函数,数组元素作函数实参,分别进行了“单向值”传递。如图 8-12 所示,传递过程是:当 i 为 0 时,进行第一次调用,将 a[0]、b[0]的值分别传递给形参变量 x、y,通过 large 函数比较后返回 flag 的数值−1 赋给变量 t;当 i 为 1 时,进行第二次调用,又将 a[1]、b[1]的值分别传递给形参变量 x、y,通过 large 函数比较后返回 flag 的数值 1 赋给变量 t;依次进行,直到当 i 为 9 时,进行第十次调用,将 a[9]、b[9]的值分别传递给形参变量 x、y,通过 large 函数比较后返回 flag 的数值−1 赋给变量 t。

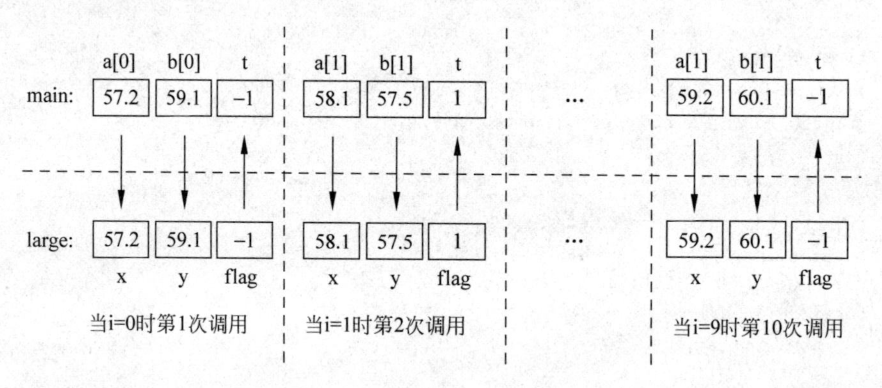

图 8-12　函数参数单项值传递过程

(4) 在每次循环中,利用 if 语句来判断变量 t 的值来分别使用计数变量 n、m、k 统计各对应数组元素的比较情况。

(5) 程序最后,通过比较 n、k 两个变量的值,得出甲、乙的比赛结果。

习　题　8

一、填空题

1. ________是指由相同数据类型的若干变量组成的有序集合。
2. 定义基本整型数组 a,有 10 个元素的语句为________。
3. 存在定义语句“int　a[ ]={1,2,3,4,5};”,数组 a 的大小为________。
4. 通过键盘给数组元素 a[3]赋值,语句为“scanf("%d",________);”。
5. 定义单精度实型 5 行 5 列的二维数组 c,则定义语句是________。

二、选择题

1. 以下关于数组的描述正确的是(　　)。

   A. 数组的大小是固定的,所有数组元素的类型必须相同

   B. 数组的大小是可变的,但所有数组元素的类型必须相同

   C. 数组的大小是固定的,但可以有不同类型的数组元素

   D. 数组的大小是可变的,可以有不同类型的数组元素

2. 以下对一维整型数组 a 的正确说明是(　　)。

A. int n; scanf("%d",&n);　int a[n];

B. int n=10,a[n];

C. #define　SIZE　10　int　a[SIZE];

D. int a(10);

3. 在 C 语言中,引用数组元素时,其数组下标的数据类型允许是(　　)。

A. 整型常量　　B. 整型表达式

C. 整型常量或整型表达式　　D. 任何类型的表达式

4. 以下对一维数组 m 进行正确初始化的是(　　)。

A. int m[10]=(0,0,0,0);　　B. int m[10]={ };

C. int m[10]={0};　　D. int m[10]={10*2};

5. 若有定义: int　bb[8];

则以下表达式中不能代表数组元素 bb[1]的地址的是(　　)。

A. &bb[0]++　　B. &bb[1]

C. &bb[0]+1　　D. bb+1

6. 在 VC++ 6.0 中,假定 int 类型变量占用两个字节,且有定义: int　x[10]={0,2,4};,则数组 x 在内存中所占字节数是(　　)。

A. 10　　B. 30　　C. 20　　D. 40

7. 若有以下说明:

```
int a[12] = {1,2,3,4,5,6,7,8,9,10,11,12};
char c = 'a',d,g;
```

则数值为 4 的表达式是(　　)。

A. a['d'-c]　　B. a[4]　　C. a['d'-'c']　　D. a[g-c]

8. 若说明: int a[2][3];,则对 a 数组元素的正确引用是(　　)。

A. a[1,3]　　B. a[1][2]　　C. a(1,2)　　D. a[2][0]

9. 若有定义: int　b[3][4]={0};,则下述正确的是(　　)。

A. 没有元素可得初值 0

B. 数组 b 中各元素均为 0

C. 此定义语句不正确

D. 数组 b 中各元素可得初值但值不一定为 0

10. 若有以下数组定义,其中不正确的是(　　)。

A. int　d[3][]={{1,2},{1,2,3},{1,2,3,4}};

B. int　b[][3]={0,1,2,3};

C. int　c[100][100]={0};

D. int　a[2][3];

11. 若有以下的定义: int　t[5][4];,能正确引用 t 数组的表达式是(　　)。

A. t[5][0]　　B. t[0][0]　　C. t[2][4]　　D. t[0,0]

12. 在定义int m[ ][3]={1,2,3,4,5,6};后,m[1][0]的值是(　　)。

A. 4　　B. 1　　C. 2　　D. 5

13. 在定义int n[5][6]后第10个元素是(　　)。

A. n[2][5]　　B. n[2][4]　　C. n[1][3]　　D. n[1][4]

14. 若二维数组c有m列,则计算任一元素c[i][j]在数组中的位置的公式为(　　)。(假设c[0][0]位于数组的第一个位置。)

A. j*m+i　　B. i*m+j+1　　C. i*m+j-1　　D. i*m+j

15. 若有以下定义语句,则表达式“x[1][1]*x[2][2]”的值是(　　)。

```
float  x[3][3] = {{1.0,2.0,3.0},{4.0,5.0,6.0}};
```

A. 0.0　　B. 4.0　　C. 5.0　　D. 6.0

16. 若定义如下变量和数组:

```
int i;
int x[3][3] = {1,2,3,4,5,6,7,8,9};
```

则下面语句的输出结果是(　　)。

```
for(i = 0;i<3;i + + ) printf(" %d",x[i][2 - i]);
```

A. 1 5 9　　B. 1 4 7　　C. 3 5 7　　D. 3 6 9

17. 下述对C语言字符数组的描述中错误的是(　　)。

A. 字符数组可以存放字符串

B. 字符数组中的字符串可以整体输入、输出

C. 可以在赋值语句中通过赋值运算符“=”对字符数组整体赋值

D. 不可以用关系运算符对字符数组中的字符串进行比较

18. 下述对C语言字符数组的描述中正确的是(　　)。

A. 任何一维数组的名称都是该数组存储单元的开始地址,且其每个元素按照顺序连续占存储空间

B. 一维数组的元素在引用时其下标大小没有限制

C. 任何一个一维数组的元素,可以根据内存的情况按照其先后顺序以连续或非连续的方式占用存储空间

D. 一维数组的第一个元素是其下标为1的元素

19. 不能把字符串Hello!赋给数组b的语句是(　　)。

A. char str[10]="Hello!";

B. char str[10]= {'H', 'e', 'l', 'l', 'o', '! '};

C. char str[10];strcpy(str,"Hello!");

D. char str[10];str="Hello!";

20. 合法的数组定义是(　　)。

A. char a[]={0,1,2,3,4,5};　　B. int a[5]={0,1,2,3,4,5};

C. int s="string";　　D. int a[]="string";

三、程序设计题

1. 输入一行数字字符，请用数组元素作为计数器来统计每个数字字符的个数。用下标为 0 的元素统计字符'0'的个数，下标为 1 的元素统计字符'1'的个数。

2. 编写函数，对具有 10 个整数的数组进行如下操作：从下标为 n 的元素开始直到最后一个元素，依次向前移动一个位置。输出移动后的结果。

3. 编写函数，把数组中所有奇数放在另一个数组中返回。

4. 编写函数，对字符数组中的字母按由大到小的字母顺序进行排序。

5. 输入若干有序数放在数组中，然后输入一个数，插入到此有序数列中，插入后，数组中的数仍然有序。请对插在最前、插在最后、插在中间三种情况运行程序，以便验证程序是否正确。

6. 编写函数，把任意十进制正整数转换成二进制数。

7. 编写函数，调用随机函数产生 0～19 之间的随机数，在数组中存入 15 个互不重复的整数。要求在主函数中进行输出结果。

第9章 指针的灵活运用

现在能够看出,前面所编写的程序基本上都是围绕着内存进行数据的存、取及处理操作。C语言的一个主要优点就是它能够灵活地运用指针(即内存地址)来解决很多复杂问题。比如说:通过运用指针能够动态分配内存;可以表示出各种数据结构;能够获得多个函数返回值等。和汇编语言一样,通过运用指针,可以编写出精练而高效的程序。但是,使用指针也不是一件简单的事情,关于指针的基本概念和使用方法都比较抽象,正确地理解和运用好指针也是掌握C语言的一个重要标志。可以说,不掌握指针就等于没掌握C语言。所以,在学习本章时,除了要正确理解指针的基本概念,还要多思考、多比较、多编程和多上机,在实践中掌握指针的灵活运用。

9.1 案例一 数值交换的"真品"

9.1.1 案例描述及其分析

【案例描述】

在学习函数时,曾经编写过进行数值交换的函数。但实际上数值并没有发生交换,也就是数值交换的"赝品"。在这里,可以通过运用指针真正实现在被调函数中将主调函数的两个变量值发生交换,完成数值交换的"真品"操作。

【案例分析】

在解决此问题之前,先来回顾一下前面章节中数值交换的"赝品"。为什么没有真正地发生数值交换?其主要原因就是对应形参和实参实际上是两个不同的变量,在被调函数中,只是对形参变量的值进行了交换,并未影响主调函数的实参变量。也就是说,实参向形参发生了"单向值"传递,其关键在于"单向"。因此,要想实现"双向",必须让形参和实参表示相同的变量,在被调函数中,对形参变量的值进行交换从而能影响实参变量中的值。如何让被调函数中的形参变量改变主调函数中的实参变量呢?毋庸置疑,需要主调函数把实参变量的地址传递给形参变量。

9.1.2 地址、指针和指针变量

本案例既然需要进行地址传递才能实现数值交换的"真品"。所以,首先需要搞清楚三个基本概念:地址、指针和指针变量。

在第1章中讲解过了关于存储器的相关概念,为了深入地理解内存单元及内存地址之间的关系,可以把内存比作一个教学楼,教学楼中的每一间教室(这里假设每一间教室的大

小都相同)就相当于内存单元,数据和程序都放在内存单元中,每一个教室也都有一个编号,称为该教室的地址,相当于内存单元的地址。

弄清楚了地址的概念,指针的定义就不难理解了。实际上,指针就是一个特殊的内存地址,也就是一个变量在内存中所占存储空间的内存地址。当在程序中定义一个变量时,系统会为变量分配适当的存储空间,用来存储数值。由于内存中的每个存储单元都有自己的地址,所以,变量所占的存储空间也有相应的地址,这个地址就称为变量的指针。

前面知道,定义变量就是给变量分配一定的存储空间,之后,在程序中可以通过变量名对该存储空间进行存取数据,通过这种方式访问内存空间数据的操作称为"直接访问"。除此之外,也可以通过变量的地址对该存储空间进行存取数据,通过这种方式访问内存空间数据的操作称为"间接访问"。为了在程序中方便灵活地使用变量的地址,需要将变量的地址存放在另外一个变量中,这种用来专门存放变量地址的变量称为指针变量。若指针变量存放了一个变量的地址,表示该指针变量指向了这个变量,程序中可以通过该指针变量名间接访问这个变量中的数据了。

为了更进一步理解这些定义,通过图 9-1 来说明内存、存储单元、内存地址、变量、指针、指针变量、存储数据的含义及彼此之间的关系。

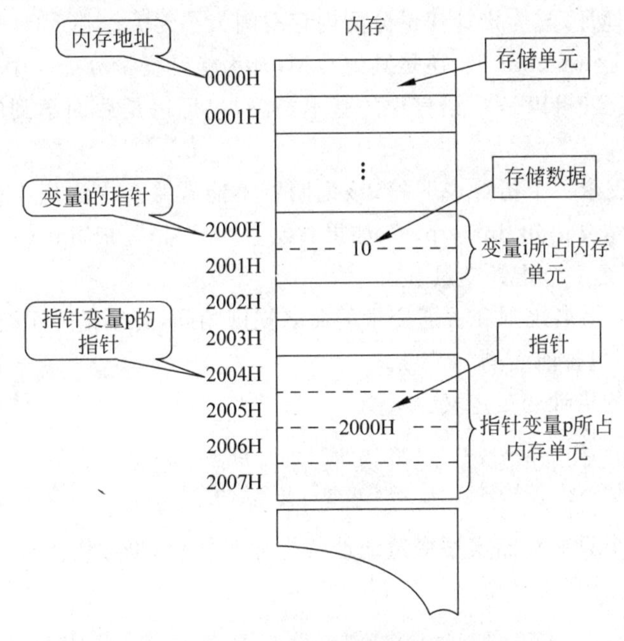

图 9-1 指针的相关概念

在程序中,如果定义了一个短整型变量 i 和一个指针变量 p,并进行了赋值。系统给变量 i 分配了两个字节的存储单元,给指针变量 p 分配了 4 个字节的存储单元,如图 9-1 所示假设变量 i 的起始地址是"2000H",则称"2000H"是变量 i 的指针,同样,将指针变量 p 的起始地址"2004H"称为指针变量 p 的指针。

变量 i 所占存储空间中的数据被称为变量 i 的存储数据,图中变量 i 的存储数据是 10。前面说过,指针变量只能存放另一个变量的地址,因此,指针变量 p 所占的存储空间中只能存放变量地址。指针变量 p 所占存储空间中的数据被称为指针变量 p 的存储数据,图中指针变量 p 的存储数据是“2000H”(变量 i 的地址)。

在这里,请读者特别注意内存单元的地址和内存单元的数据是两个完全不同的概念,理解两者在程序中的不同表示。

9.1.3 指针变量的定义与赋值

1. 指针变量的定义

C 语言规定,所有的变量在使用前必须先定义,指定其类型,并按此分配内存单元。指针变量也不例外,定义指针变量的一般形式是:

指针类型名 *指针变量名;

例如:

```
int *p;
```

说明:

(1) “指针类型名”也称为定义指针变量的基类型。其作用仅说明定义的指针变量只能存放该类型变量的地址,与为指针变量分配内存空间大小无关。在 VC++ 6.0 编译环境下,不管“指针类型名”是 int、char 型,还是其他类型,都为指针变量分配 4 个字节的存储空间。

(2) “指针类型名”可以是 C 语言中的基本类型,也可以是后面学到的结构体类型等构造类型。

(3) 星号“*”表示一个指针说明符,该说明符不能省略。主要用来说明后面的变量是一个指针变量。如定义语句“int *p;”,如果省略了“*”号,写成“int p;”,则等于定义了一个整型变量 p,而不是一个指针变量 p。

(4) 指针变量名命名规则和普通变量的命名规则相同,必须是一个合法的用户标识符。注意,指针变量名不包含前面的“*”号。

下面都是合法的指针变量定义:

```
float  *pf;
```

表示定义了一个只能存储实型变量地址的指针变量 pf,也称作指针变量 pf 的基类型为 float 类型。

```
char *pch1, *pch2;
```

表示定义了两个只能存储字符型变量地址的指针变量 pch1,pch2。

本案例,要想在被调函数中通过形参操作主调函数中变量的值,必须将变量地址赋给形参变量。也就是说,被调函数的形参必须是一个能够接收变量地址的指针变量。因此,数值交换函数的定义应写成如下形式:

```
void swap(int *pi1,int *pi2)
{}
```

可以看到，在 swap 函数的形参中，定义了两个只能存放整型变量地址的指针变量 pi1 和 pi2。注意，在形参中不能写成“int * pi1, * pi2”。考虑一下，为什么？

2. 指针变量的赋值

指针变量是特殊的变量，对变量的要求同样对指针变量也适用。所以，指针变量在使用之前也必须先定义。不仅如此，指针变量在使用之前还要先进行赋值操作，否则会造成系统混乱。

给指针变量进行赋值可以分为以下 4 种情况。

1）通过求地址运算符“&”获得地址值

要进行指针变量的赋值操作，这个值不能是一般的数值，而是另一个变量的地址。那如何获取一个变量的地址呢？在 C 语言中可以通过一个求地址运算符“&”获得某变量的地址。例如：

```
int i = 1, * pi;
pi = &i;
```

例子中的赋值语句“pi=&i;”表示将变量 i 的地址放入 pi 所占的存储空间中。如图 9-2 所示，也称为指针变量 pi 指向了整型变量 i。

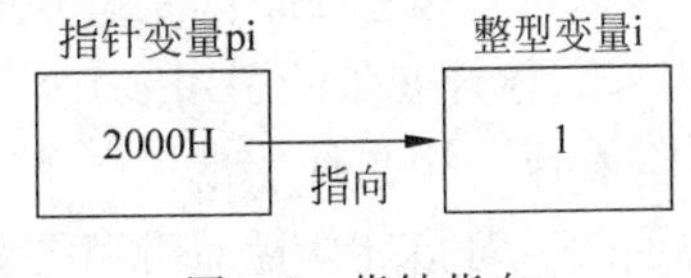

图 9-2 指针指向

在这里，有两点需要注意：一是指针变量 pi 在获得变量 i 的地址时，变量 i 必须已经定义；二是指针变量名和其他变量名一样，都表示它所占存储空间中的数据。因此，若将语句“pi=&i;”改成“* pi=&i;”会出现语法错误。

2）通过指针变量获得地址值

可以把一个已经获得变量地址的指针变量赋给另一个指针变量，从而使这两个指针变量指向同一个变量。例如：

```
int i = 1, * pi, * qi;
pi = &i;
qi = pi;
```

在指针变量 pi 获得变量 i 的地址后，再通过赋值语句“qi=pi;”，使指针变量 qi 也获得了变量 i 的地址。如图 9-3 所示，即两个指针变量 pi、qi 同时指向了变量 i。

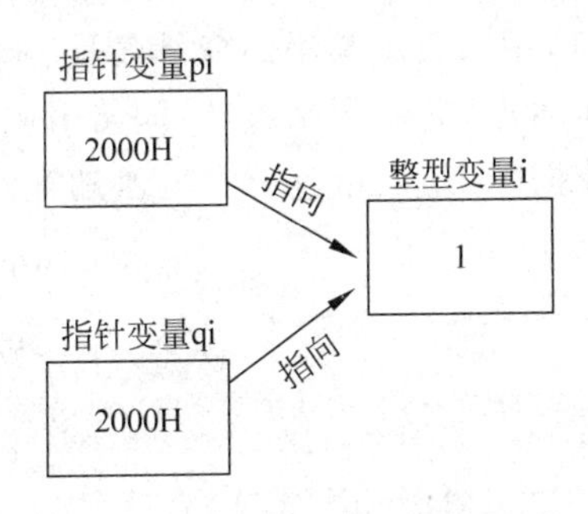

图 9-3 通过指针变量获得地址值

需要注意的是：通过指针变量获得地址值，等号两边的指针变量的基类型必须相同。如 pi 和 qi 的基类型都是整型，可以进行相互赋值操作。

3）通过标准函数获得地址值

在 C 语言中，可以通过指针实现动态分配内存，标准函数库中提供了两个函数 malloc 和 calloc，通过这两个函数能在内存中开辟存储空间，并把开辟存储空间的地址赋给指针变量。例如：

```
int *pi;
pi=(int *)malloc(4);
```


这时，指针变量pi指向了一个4个字节的存储空间，该存储空间只能存放整型数值。有关动态分配内存的使用将在后续章节中进行详细介绍。

4）可以获得“空”值

如果定义一个指针变量之后，暂时不能将指针变量指向另外一个变量时，可以先将该指针变量赋为“空”值，也称该指针变量为空指针。例如：

```
int *pi;
pi=NULL;
```

其中，NULL是一个在stdio.h文件中定义的宏替换，其代表0值。因此，也可以将语句“pi=NULL；”写成“pi=0；”。注意：任何基类型的指针变量都直接可以赋为“空”值。

使用空指针的用途主要表现在两个方面：一是避免指针变量的非法使用；二是在程序中可以进行指针变量的状态判断，如后面要学习链表中对NULL的应用。

3. 指针变量的引用

如果一个指针变量指向了某变量，通过指针变量表示指向变量中的内容称为指针变量的引用。对指针变量的引用需要借助一个指针运算符“*”。指针运算符“*”用来引用后面紧跟地址中的内容，相当于取值操作。也就是说，指针运算符“*”与后面紧跟变量地址组合在一起，其功能相当于这个变量名。例如：

```
int i=1, *pi=&i;
*pi=5;
```

在定义语句中，定义了一个指针变量pi并进行了初始化，使pi指向了变量i。这时“*pi”就相当于变量i，和变量i的作用完全相同。也就是说，赋值语句“*pi=5;”相当于“i=5;”，两者完成的操作一样。只是“*pi=5;”是对变量i的“间接引用”，而“i=5;”是对变量i的“直接引用”。

读者需要正确理解“*”的作用。在C语言中，“*”根据出现的位置不同具有三种功能：一是如果用来定义某变量时，“*”仅是一个类型说明符，用来表示紧跟的变量名是一个指针变量名；二是在非定义语句时，如果其后面紧跟一个地址时，表示用来进行“间接引用”的指针运算符；三是如果“*”的紧靠两边存在非地址值数据时，则表示是一个算术运算符中的乘运算符，完成对两个数据的乘运算。例如：

```
int i=1, *pi=&i;        /*这里的"*"表示类型说明符*/
*pi=5*2;                /*最右边的"*"表示指针说明符,左边的"*"表示乘运算符*/
```

4. 对运算符“*”和“&”的进一步说明

指针运算符“*”和求址运算符“&”都属于单目运算符，它们的优先级和结合方向与“++”、“--”运算符相同。

下面假设指针变量pi指向了变量i，则：

语句“i++;”等价于“(*pi)++;”,而不是“*pi++;”。因为“*”和“++”优先级相同,自右向左结合,所以“*pi++”相当于“*(pi++)”。

“*&i”表示的含义:自右向左结合,先进行“&i”运算,表示i的地址;再对i的地址进行“*”(取值)运算,表示i变量中的存储内容,相当于变量i。也就是说,“*&i”等价于i。

“&*pi”表示的含义:自右向左结合,先进行“*pi”运算,表示变量i的值;再进行“&”(取地址)运算,表示变量i的地址,相当于变量pi。也就是说,“&*pi”等价于pi。

由此看出,“*”和“&”具有互逆性。

本案例中,通过指针变量对主调函数的变量进行数据交换,在被调函数中可以使用如下交换语句:

```
t=*pi1; *pi1=*pi2; *pi2=t;
```

两个指针变量pi1、pi2分别获得从主调函数传过来的变量地址后,通过指针运算符“*”就可以表示出所指向的变量,从而在被调函数中完成对主调函数变量值的交换。

5. 对指针变量的操作

在C语言中,指针变量不仅用来间接引用存储单元,还可以进行移动指针和指针比较的操作。

1) 移动指针

所谓移动指针就是对指针变量加上或减去一个整数,使指针变量指向相邻的存储单元。

实际上,对指针变量进行加、减一个整数时,这个整数的含义并不完全表示只参与算术运算中的整数。例如,假设一个指针变量pi获得的地址是2000H,则表达式“pi+1”表示的地址不一定就是2001H。这里,数字“1”并不完全是意义上的整数1,而是代表1个存储单位,至于1个存储单位具体是多少个字节的存储空间、要依据指针变量的基类型而定:

如果指针变量pi的基类型是整型,则表达式“p+1”表示的地址就是2000+1×4=2004H,数字4表示系统为整数类型分配4个字节的存储空间。

如果指针变量pi的基类型是字符型,则表达式“p+1”表示的地址就是2000+1×1=2001H,数字1表示系统为字符型数据分配1个字节的存储空间。

当指针变量指向一个数组时,对移动指针的操作才具有实际意义。通过移动指针能够方便地引用数组中的数组元素。例如,有一个数组长度为5的整型数组a,用一个指针变量pa指向了数组a的首地址(也就是数组元素a[0]的地址),如图9-4(a)所示。

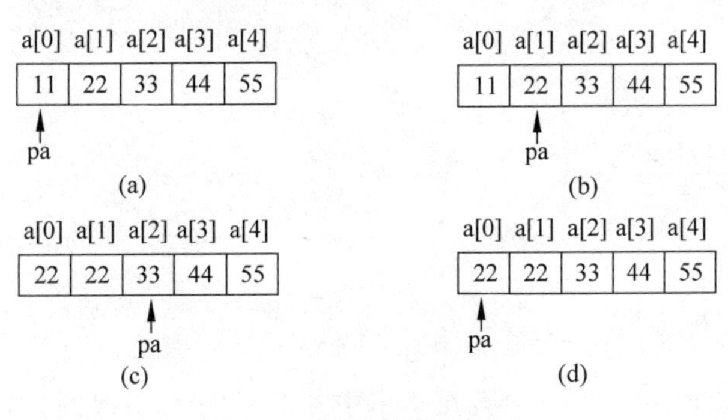

图9-4 指针对数组的操作

下面各语句连续执行后分别做的操作是：

```
pa++;               /* 向后移动指针变量 p,使 pa 指向了 a[1],如图 9-4(b)所示 */
a[0] = *(pa++);    /* 因括号中的"pa++"是对 pa 后置自增运算,相当于语句"a[0] = *pa; pa++;"。
其含义是先将 pa 指向 a[1]中的数值赋给 a[0]; 然后,pa 再指向了 a[2],如图 9-4(c)所示 */
pa = pa - 2;        /* 向前移动指针变量 pa,使 pa 指向了 a[0],如图 9-4(d)所示 */
```

在移动指针时，需要特别注意“pa＋＋”与“pa＋1”之间的区别。

2）指针比较

在关系表达式中，可以对两个指针变量进行比较。

例如，假设有一个数组 a 和两个基类型相同的指针变量 pa、qa。其中，pa 指向了数组的第一个数组元素 a[0]，qa 指向了数组的第五个数组元素 a[4]，下面的程序段可以完成对数组元素 a[0]～a[4]之间的操作。

```
while(pa <= qa)
{
   …
   pa++;
}
```

9.1.4 指针变量作为函数参数

指针变量不仅可以作为函数的形参来接收地址，也可以作为函数的实参来传送地址。不管是作形参还是作实参，主调函数和被调函数之间发生的数据传递都属于“地址传递”。

通过传送地址值，可以在被调函数中引用和操作主调函数的变量。有时也把被调函数中的计算结果利用形参存入到主调函数的相应变量中，利用此形式实现了把两个或两个以上的数据从被调函数返回给主调函数，弥补了用 return 只能返回一个数据的局限性。

在本案例中，需要指针变量作为函数的形参，当调用该函数时，对应的实参必须是基类型相同的变量的地址。例如，假设要对主调函数中的两个变量 i1 和 i2 进行数值交换，用两个指针变量 pi1 和 pi2 作为 swap 交换函数的形参，分别用来接收 i1 和 i2 变量的地址。则对应的必须是变量 i1、i2 的地址来做函数的实参，即调用形式可以是：

```
swap(&i1,&i2);
```

也可以是：

```
int *p = &i1, *q = &i2;
swap(p,q);
```

9.1.5 程序实现

在学习本案例的程序代码时，要与第 7 章中的案例“数据交换的赝品”进行对比学习。

程序代码如下：

```c
#include <stdio.h>
void swap(int *pi1,int *pi2)
{
    int t;
    t = *pi1; *pi1 = *pi2; *pi2 = t;
}
int main()
{
    int  i1 = 10,i2 = 20;
    printf("Before exchanging data: i1 = %d,i2 = %d\n",i1,i2);
    swap(&i1,&i2);
    printf("After exchanging data: i1 = %d,i2 = %d\n",i1,i2);
    return 0;
}
```

程序运行结果如图 9-5 所示。

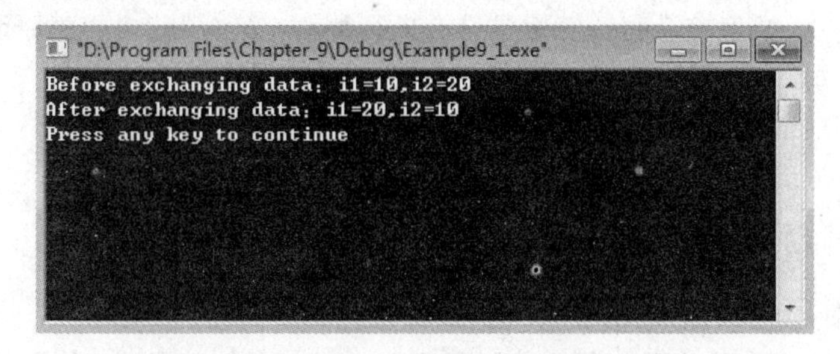

图 9-5　数据交换程序运行结果

程序说明：

(1) swap 函数通过两个指针变量 pi1,pi2 作形参来接收主调函数中变量的地址。

(2) 在 swap 函数体中,利用中间变量 t 和指针变量的引用实现对主调函数中两个变量的数据交换。

(3) 在 main 函数中,定义了两个变量 i1 和 i2,并分别进行了初始化。在调用交换函数 swap 之前,使用 printf 函数将两个变量中的内容输出显示,这时输出变量 i1 中的值为 10,变量 i2 中的值为 20。

(4) 调用 swap 函数,用变量 i1 和 i2 的地址分别作为 swap 函数的实参,发生地址传递,将 i1 和 i2 的地址传送给 swap 函数的形参 pi1 和 pi2;使 pi1 指向了 i1,pi2 指向了 i2,如图 9-6(a)所示。

(5) 在执行 swap 函数的函数体中,通过 *pi1 和 *pi2 分别间接引用主函数中的两个变量 i1 和 i2,使 i1 和 i2 的值进行了互换,互换后的情况如图 9-6(b)所示。

(6) 函数调用结束后,形参 pi1、pi2 和中间变量 t 被释放,情况如图 9-6(c)所示,返回到 main 函数中的调用位置继续执行,再通过 printf 函数对两个变量中的内容输出显示,这时输出变量 i1 中的值为 20,变量 i2 中的值为 10,实现了数值交换。

在本程序中,如果将 swap 函数改写如下:

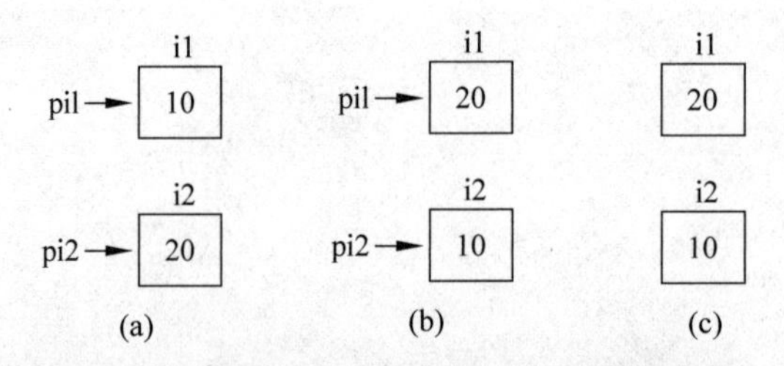

图 9-6　函数参数进行“地址传递”的数据交换

```
void swap(int * pi1, int &pi2)
{
    int * t;
    t = pi1;pi1 = pi2;pi2 = t;
}
```

虽然用指针变量作为函数形参，发生地址传递，经调用 swap 函数后，主调函数中的变量 i1 和 i2 是否发生数值交换呢？答案是没有进行数值交换，请读者想想原因。

9.2　案例二　猴子选大王

9.2.1　案例描述及分析

【案例描述】

有 m 个猴子，并分别对每个猴子进行了 1，2，3，…，m 的编号，m 个猴子按照编号顺序围坐一圈，从编号为 1 的猴子开始数，数到 3 的猴子退出此圈；再从下一个猴开始数，每数到 3 的猴子就退出此圈；依次进行，最后圈中只剩下一只猴子，则该猴子就是大王，要求输出成为大王的猴子编号。

【案例分析】

解决这个问题的算法很多，最直观和最好理解的算法就是将 m 个猴子的编号依次存放到一维数组中，通过一个指向该数组的指针变量，来回循环地引用数组的值进行判断。如果指向数组元素的值是非零值并且满足“退出圈”的条件，将该数组元素赋为零值表示猴子退出此圈，直到数组中只剩下一个非零数组元素时结束，最后剩下的唯一非零值就是猴子大王的编号。

从算法中可以看出，需要一个指向数组的指针变量来间接引用数组元素的值。下面就详细讲述如何运用指针变量对一维数组进行灵活处理。

9.2.2　指针变量与一维数组

要理解指针变量对数组的操作，首先需要弄清楚数组的地址。现在已经知道，一维数组是由若干个相同数据类型的数组元素组成，并且在内存中所占的存储空间是连续的。这就表明，数组本身也具有一定的地址。C 语言规定，整个数组的地址就是数组元素所占连续存储单元的起始地址，也就是数组中第一个数组元素的地址。在程序中，用数组名表示数组的首地址。如有以下定义语句：

```
int a[10];
```

用数组名"a"表示该数组的首地址，也称为数组的指针。实际上，"a"的值就是"&a[0]"。

如果将数组的指针赋给一个指针变量，通过对指针变量的运算就可以方便地引用该数组中的每一个数组元素了。如有以下语句：

```
int *p,a[10];
p=a;
```

其中，语句"p=a;"与"p=&a[0];"等价，表示 p 指向了数组 a，如图 9-7 所示。

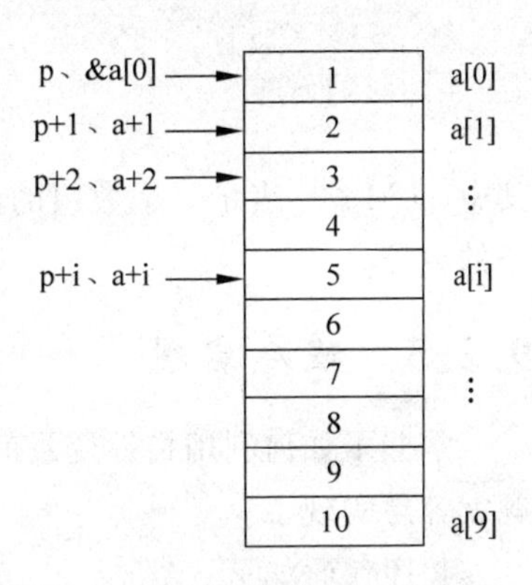

图 9-7　指针指向数组的引用方式

在这里，需要注意以下两点。

(1) 数组的类型要与指针变量的基类型相同。如数组 a 是整型，则只有基类型为整型的指针变量才能指向数组 a。

(2) 虽然执行了"p=a;"语句后，指针变量 p 的值与 a 的值相同，但两者的含义却不同。指针变量 p 是一个地址变量，而数组名 a 是一个地址常量。可以执行"p++;"语句，却不能执行"a++;"语句。

在 C 语言中，当一个指针变量指向一维数组时，对数组元素的引用可以采用如下几种方式。

(1) 指针变量或数组名加上或减去一个整数来引用数组元素，这种形式称为指针法。

如在图 9-7 中，p+i 和 a+i 都表示数组元素 a[i]的地址，*(p+i)和*(a+i)就表示数组元素 a[i]，比如*(p+5)或*(a+5)相当于 a[5]。

(2) 指向数组的指针变量也可以通过下标来引用数组元素，这种形式称为下标法。

在图 9-7 中，指针变量 p 指向数组 a 的首地址，也可以使用 p[i]表示数组 a 的数组元素，其等价于 a[i]。

根据以上所述，引用一个数组元素有如下两种方式。

(1) 下标法，如 a[i]，p[i]。

(2) 指针法，如*(a+i)，*(p+i)。

注意，如果 p 不是指向数组 a 的首地址，则 a[i]与 p[i]，*(a+i)与*(p+i)表示不同的数组元素。例如，p 指向 a[1]，则 p[2]与*(p+2)表示的是数组元素 a[3]。

在本案例中，假设 m 个猴子的编号已存放在数组 a 中，通过指针变量对数组 a 需要做如下操作。

首先，要通过指针变量 p 处理数组 a 中的各个数组元素，可以使用语句"p=a;"让指针变量 p 指向数组 a 的首地址。

其次，利用移动指针变量 p 来循环判断数组 a 中各数组元素的值。当通过"*p"判断一个数组元素后，执行"p++;"语句，p 又指向了下一个数组元素，这时的"*p"表示下一个数组元素。要对数组中非零值的数组元素进行计数，则在循环中使用如下语句：

```
if( * p!= 0)
{
   p++;
   count++;
}
```

其中 count 变量用来计数。当 count 的值达到 3 时,要让一只猴子退出圈。

最后,当指针变量指向最后一个数组元素后,需回到数组的第一个数组元素重新进行操作,因此,让指针变量再重新指向第一个数组元素,可以采用如下语句:

```
if(p > &a[M - 1])
p = &a[0];
```

其中,a[M-1]表示一个数组的最后一个数组元素,该数组的数组长度为 M,存放了 M 个猴子的编号。

9.2.3 程序实现

掌握了如何利用指针变量间接引用数组中各数组元素的值,那么,关于"猴子选大王"问题就容易实现了。

程序代码如下:

```
#include < stdio.h >
#define M 50
void main()
{
    int a[M],n = M , i , * p,count = 0;
    p = a;
    for(i = 0;i < M;i++)
        a[i] = i + 1;                        //编号
    while(n > 1)
    {
        if(p > &a[M - 1])
            p = &a[0];                       //使数组首尾相接
        if( * p!= 0)
        {
            count++;
            if(count == 3)
            {
                * p = 0;
                count = 0;
                n -- ;
            }
        }
        p++;
    }
    for(i = 0,p = a;i < M;i++,p++)
```

```
        if( * p!= 0)
            printf("大王是 %d 号猴子\n", * p);
}
```

程序运行结果如图 9-8 所示。

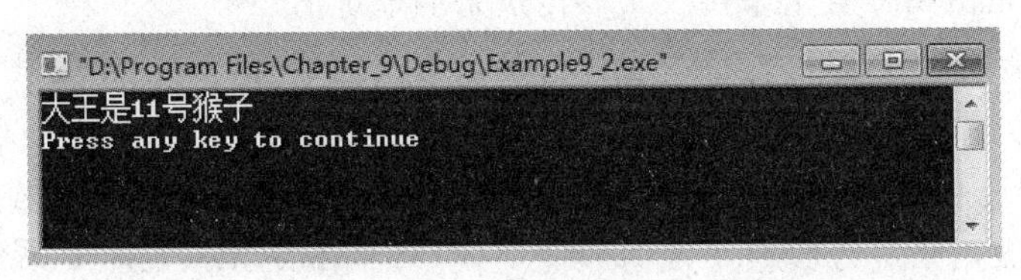

图 9-8 “猴子选大王”程序运行结果

程序说明：

(1) 在定义语句中，数组 a[M]用来存放 M 个猴子的编号；变量 n 用来记录圈内还剩猴子的个数，当有猴子退出圈时，进行减 1 操作，刚开始有 M 个猴子围成一圈，则对 n 初始化为 M；指针变量 p 指向数组 a，通过移动指针 p 来引用各数组元素的值；变量 count 用来对猴子进行 1～3 计数操作，当 count 的值为 3 时表示对圈内的猴子已数到 3，这时，需要一只猴子退出此圈，在未开始数之前，对 count 初始化为 0。

(2) 程序中第一个 for 循环主要将 M 只猴子的编号(1～M)依次存放到数组 a 中。

(3) 对整个数组 a 的操作通过一个 while 循环来完成，循环判断条件是“n＞1”表示退出一个猴子，n 的值减 1，直到 n 的值为 1 时，表示圈中只剩下一只猴子，结束循环。

(4) while 循环体中的第一个 if 语句主要完成数组的首尾相接，当 p 指向最后一个数组元素后，再从第一个数组元素开始移动。

(5) while 循环体中的第二个 if 语句主要完成对非零数组元素进行 count 计数，并且判断如果 count 值为 3，表示当前的猴子已数到 3，需将该数组元素置 0，表示此猴子退出圈。除此之外，当一个猴子退出圈后，需要将 count 置 0 开始重新计数，并用来记录圈中猴子个数的变量 n 减 1。

(6) 在 while 循环体的最后，需要每处理完一个数组元素，执行语句“p＋＋；”实现对指针变量的移动，使 p 指向下一个数组元素。

(7) 当退出循环后，圈中仅剩下一只猴子，也就是数组 a 中只剩下唯一非零值的数组元素。通过 for 循环对数组 a 中每一个数组元素进行判断，找出非零数值的数组元素输出，就是成为猴子大王的编号。

9.3 案例三 一维数组中的“大在前小在后”

9.3.1 案例描述及分析

【案例描述】

有一个存放 N 个整数的数组，通过函数来实现数组中的最大值与第一数组元素进行交换，最小值与最后一个数组元素交换，使数组中的数据“大值在前，小值在后”。

【案例分析】

为了增强主函数的可读性，有时候对主函数中的数组处理操作专门由子函数来完成。在函数定义中，除了数组元素的值作函数实参进行“单向值”传递以外，还可以由数组元素的地址或数组名作函数的实参进行“地址值”传递。同样，如果函数用数组的地址作为实参，对应的形参一般也是由指针变量来接收实参传过来的地址值。

本案例中，要将数组的最大值放在最前，最小值放在最后，首先，需要找出数组中最大值和最小值的位置；然后，按照案例的要求完成数据交换。因此，可以定义两个子函数，分别是 Max_Min_array 函数和 swap 函数。Max_Min_array 函数用来找出数组最大值、最小值的位置，swap 函数用来进行数组元素的数值交换。因 Max_Min_array 函数要对整个数组进行处理，所以需要用主函数中的数组名作为实参。swap 函数主要是对数组元素进行交换，可以用数组元素的地址作为实参。下面分别介绍一下数组元素的地址作实参和数组名作实参两种情况。

9.3.2 数组元素的地址作为函数实参

当用数组元素的地址作为实参时，因为是地址值，所以对应的形参需要是基类型相同的指针变量。当发生地址传递时，指针变量指向了该数组元素的地址，由此，在被调函数中就可以通过指针变量处理该数组元素的值。

本案例中，需要将数组中的最大值与第一个数组元素的值发生交换，数组中的最小值与最后一个数组元素的值发生交换，有关交换函数 swap 的定义与前面所讲的“数值交换的真品”案例相同，只是将对应的 swap 函数调用改为如下形式：

```
swap(&a[max_i],&a[0]);
swap(&a[min_i],&a[N-1]);
```

其中，max_i 是数组中最大值的数组元素下标；min_i 是数组中最小值的数组元素下标；&a[0]表示数组中第一个数组元素的地址；&a[N－1]表示数组中最后一个数组元素的地址。

9.3.3 数组名作为函数参数

前面提到，有时在被调函数中，需要处理主调函数的整个数组，则就需要把整个数组的地址传送给被调函数，即用数组名作为函数实参。因数组名本身是一个地址值，因此，对应的形参也应当是一个指针变量，此指针变量的基类型必须与数组的类型一致。当指针变量接收了实参数组的指针后，指针变量就指向了实参数组的首要元素，因此，在被调函数中，通过指针变量可以引用主调函数中数组的任意一个数组元素，需要明白一点，数组名作为函数实参进行的地址传递，只是在被调函数中有了一个能访问主调函数中数组的指针变量，而不是在被调函数中有了一个此数组的复制品。

本案例中，要找出数组中最大值和最小值的所在位置，函数调用形式如下：

```
Max_Min_array(a);
```

对应的 Max_Min_array 函数的定义形式如下：

```
void Max_Min_array(int * p)
{
    …
}
```

在 Max_Min_array 函数调用中，实参 a 是主调函数需要处理的数组名，表示数组的首地址；在 Max_Min_array 函数定义中，指针变量 p 用来接收数组 a 的首地址，使得在 Max_Min_array 函数中，可以通过指针变量 p 对主调函数的数组 a 进行处理。

有时，在 Max_Min_array 函数定义中，将括号中的形参"int * p"改写为"int p[]"形式，这种形式在 C 语言中也是合法的。两者除了形式上不同以外，其作用和使用方法完全一样。虽然"int p[]"形式与数组定义形式有些类似，p 好像是一个数组名，但是，在这里 p 却是一个地址变量，请读者注意这一点。

9.3.4 程序实现

为了增强主函数的可读性，在本案例的程序实现中，对数组的输入及输出操作也通过定义子函数来完成。在函数 Max_Min_array 的定义中调用了数据交换函数 swap，使得 Max_Min_array 函数不但找出数组中最大值及最小值的所在位置，还通过调用 swap 函数实现了案例要求的数据交换。

程序代码如下：

```
#include <stdio.h>
#define N 10
void swap(int * pi1,int * pi2)
{
    int t;
    t = * pi1; * pi1 = * pi2; * pi2 = t;
}
void input(int * p)
{
    int i;
    printf("please input %d integer:\n",N);
    for(i = 0;i < N;i++)
        scanf("%d",&p[i]);
}
void output(int * p)
{
    int i;
    printf("array is:\n");
    for(i = 0;i < N;i++)
        printf("%5d",p[i]);
    printf("\n");
}
void Max_Min_array (int * p)
```

```
{
        int max,min,max_i,min_i,i;
        max = min = p[0];
        max_i = min_i = 0;
        for(i = 1;i < N;i++)
        {
          if(max < p[i])
          {
              max = p[i];
              max_i = i;
          }
          if(min > p[i])
          {
              min = p[i];
              min_i = i;
          }
        }
        swap(&p[max_i],&p[0]);
        swap(&p[min_i],&p[N - 1]);
}
int main()
{
    int a[N];
    input(a);
    Max_Min_array(a);
    output(a);
    return 0;
}
```

程序运行结果如图 9-9 所示。

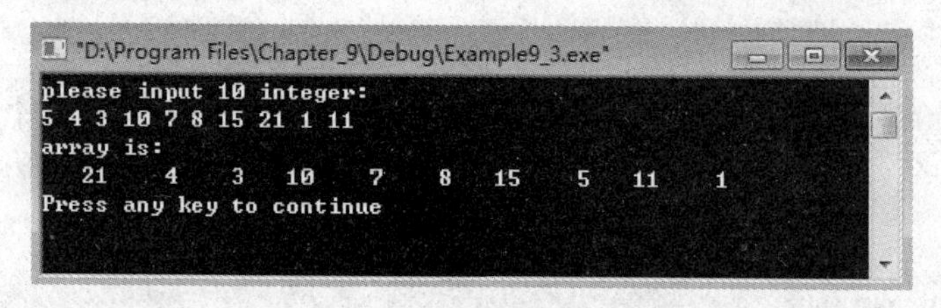

图 9-9 “大在前小在后”程序运行结果

程序说明：

(1) 程序中除了主函数 main 以外，还定义了 input、output、swap、Max_Min_array 4 个函数分别完成对数组进行输入数据、输出数据、数组元素交换、求出最大/小值所在位置。在以上 4 个函数中，有 input、output、Max_Min_array 三个函数需要处理整个数组，因此，这三个函数在调用时都用数组名作函数实参。

(2) 在定义 Max_Min_array 函数中，除了一个指向数组地址的指针变量 p 以外，还定义了 4 个变量 max、min、max_i、min_i，其作用分别是记录数组中的最大值、最小值、最大值的下标和最小值的下标。

(3) 当 Max_Min_array 函数的形参 p 获得主函数中数组 a 的地址时，在 Max_Min_array 函数体中，p[0]就相当于 a[0]，p[i]就相当于 a[i]。因此，语句"max=min=p[0];"是将数组 a 的第一个数组元素值分别赋给变量 max 和 min，与此对应，max_i 和 min_i 赋为 0 值表示记录了数组 a 的第一个数组元素的下标。目的是当 max、min 获得第一个数组元素值后，分别对后面的数组元素进行比较，以得到最大/小值。

(4) 在 Max_Min_array 函数中，主要是利用了 for 循环让 max、min 依次对数组中各个数组元素进行判断。只要 max 小于某数组元素，则将该数组元素赋给变量 max，并记录该数组元素的下标给变量 max_i；同样，只要 min 大于某数组元素，则将该数组元素赋给变量 min，并记录该数组元素的下标给变量 min_i。整个循环完成了对数组找出最大值、最小值数据并记录了对应数组元素下标的功能。

(5) 找出最大值、最小值及所在的位置后，通过两次调用 swap 函数分别进行了最大值和第一个数组元素的数值交换；最小值和最后一个数组元素的交换。其中，"&p[max_i]"表示数组中最大值的数组元素地址，"&p[min_i]"表示数组中最小值的数组元素地址。

(6) 在主函数 main 中，首先定义了一个数组 a，调用了 input 函数完成对数组 a 输入数据的功能，接着调用了 Max_Min_array 函数完成在数组 a 中找最大/小值并按要求进行交换的功能，最后调用了 output 函数完成对数组 a 输出数据的功能。三条语句都是以数组名 a 作函数实参的调用函数语句，这样使主函数显得比较直观，增强了可读性。

9.4 案例四　二维数组中的"大在前小在后"

9.4.1 案例描述及分析

【案例描述】

由−100～100 之间的整数组成一个 M 行 N 列的矩阵，定义一个函数，其功能是在该矩阵的所有行中找出"和值最大"的一行，并与第一行进行交换；找出"和值最小"的一行，并与最后一行进行交换。

【案例分析】

在子函数中处理主调函数中的二维数组，需要二维数组作函数参数。与一维数组相同的是，二维数组作函数参数除了数组元素作函数实参进行"单向值"传递以外，还可以用二维数组元素的地址或二维数组名作函数实参进行"地址值"传递。

前面一章中讲过，可以把二维数组看成特殊的一维数组。在本案例中，如果要对二维数组的两行数据进行交换，实质上可以看成是对两个一维数组进行交换，那么，在调用 swap 交换函数时，需要二维数组中某行数据的首地址作函数实参。

问题的关键在于如何利用指针来表示二维数组中某行数据的首地址呢？如何利用指针对二维数组进行操作呢？本节主要介绍在二维数组中灵活使用指针的方法。

9.4.2 二维数组元素的地址

通过指针变量处理二维数组，首先需要清楚二维数组元素地址的各种表示方法。为了理解二维数组的地址还要从存储的角度来看二维数组。前面讲过，将二维数组看成是特殊的一维数组主要原因就是一个二维数组在计算机中存储时，存储顺序是按照先行后列的顺序依次存储，当把每一行看作一个整体，视为一个大的数组元素时，存储的二维数组也就变成了一个一维数组了，而每个大的数组元素对应二维数组中的一行，称为行数组元素。显然每个行数组元素都是一个一维数组。

为了说明二维数组元素的地址，假设定义了一个二维数组，如下：

```
int a[3][4] = {{0,1,2,3},{4,5,6,7},{8,9,10,11}};
```

a 为二维数组名，包含 3 行 4 列，共 12 个数组元素。如图 9-10 所示，可以认为数组 a 是由三个“行数组元素”组成：a[0],a[1],a[2]。每个“行数组元素”又分别含有 4 个数组元素，例如，a[0]包含的 4 个数组元素分别是：a[0][0],a[0][1],a[0][2],a[0][3]。

```
  ┌a[0]→a[0][0]  a[0][1]  a[0][2]  a[0][3]
a ┤a[1]→a[1][0]  a[1][1]  a[1][2]  a[1][3]
  └a[2]→a[2][0]  a[2][1]  a[2][2]  a[2][3]
```

图 9-10　对二维数组的分解

在一维数组中，用数组名表示该数组的首地址。那么，既然把二维数组看成是特殊的一维数组，数组 a 是由三个“行数组元素”组成，则：

“a”表示二维数组中第 1 行的首地址(即 &a[0])；

“a+1”表示数组中第 2 行的首地址(即 &a[1])；

“a+2”表示数组中第 3 行的首地址(即 &a[2])。

除此之外，既然“行数组元素”a[0]、a[1]、a[2]可以分别看成一维数组，那么，可以认为：

“a[0]”表示第 1 行中第 1 列数组元素的地址(即 &a[0][0])，称为“a[0]数组的首地址”；

“a[1]”表示第 2 行中第 1 列数组元素的地址(即 &a[1][0])，称为“a[1]数组的首地址”；

“a[2]”表示第 3 行中第 1 列数组元素的地址(即 &a[2][0])，称为“a[2]数组的首地址”。

根据地址运算规则，“a[0]+1”表示第 1 行第 2 列元素的地址，即 &a[0][1]。由此得出：

“a[i]+j”表示第(i+1)行第(j+1)列元素的地址，即 &a[i][j]。

在二维数组中，也可以用指针法来表示各数组元素的地址。例如：

因为“a[0]”与“*(a+0)”等价、“a[1]”与“*(a+1)”等价、“a[i]”与“*(a+i)”等价，所以，“a[i]+j”与“*(a+i)+j”等价，表示数组元素 a[i][j]的地址。

由以上可以推出，二维数组元素 a[i][j]有如下表示形式：

```
*(a[i] + j)
*( *(a + i) + j)
( *(a + i))[j]
```

虽然“a”和“a[i]”在二维数组中都表示地址，但二者的含义是不同的。

a 看作是由“行数组元素”组成一维数组的数组名，表示第一行数组元素的首地址，指针的移动单位是“行”，所以，“a+i”表示第(i+1)行数组的首地址，即 a[i]。如果对 a 进行“*”指针运算，得到的是一维数组 a[0]的首地址，即“*a”与“a[0]”是同一个值。

a[i]可以看作是由第(i+1)行数据组成一维数组的数组名，表示第 i 行中第 1 个数组元素的地址，即 &a[i][0]，指针的移动单位是“列”，所以，“a[i]+j”表示第(i+1)行第(j+1)列数据元素的地址。如果对 a[i]进行“*”指针运算，得到的是数组元素 a[i][0]的值。

综上所述，通常把 a 称为行指针，a[i]称为列指针。

在本案例中，需要对二维数组中“和值最大”的行与第一行进行交换，“和值最小”的行与最后一行进行数据交换。因此，swap 交换函数的调用形式是：

```
swap(a[Max_sum],a[0]);
swap(a[Min_sum],a[N-1]);
```

其中，a[Max_sum]表示二维数组中“和值最大”行的首地址，a[Min_sum]是二维数组中“和值最小”行的首地址，a[0]、a[N-1]分别表示二维数组中第一行和最后一行的首地址。

9.4.3 用二维数组名作函数的参数

一维数组名可以作为函数参数传递，同样，二维数组名也可以作函数的参数。但是，在函数调用时，如果用一个二维数组名作为函数的实参，那么对应的形参是否可以用一个指针变量来接收二维数组的首地址？

前面讲到，二维数组名是一个行指针，对行指针进行“*”指针运算，得到的是一个列指针。现假设如下定义语句：

```
int *p,a[3][4];
```

则以下两条赋值语句：

```
p=a[0];             /*正确*/
p=a;                /*错误*/
```

这是因为“*a[0]”表示一个数据值，而“*a”表示的是一个地址。指针变量 p 是指向一个整型数据的指针变量，对 p 进行“*”指针运算，表示其指向的数据值，因此，这里的指针变量 p 可以获得列指针，而不能获得行指针。

那么，如何用指针变量接收二维数组的行指针呢？在 C 语言中，提供了专门用来存放二维数组行指针的指针变量，其定义形式如下：

指针类型(*指针变量名)[常量表达式]

其中，“指针类型”与所指向二维数组的类型相同，“常量表达式”的值与指向二维数组的列长度值相等。例如：

```
int a[5][4],(*p)[4];
p=a;
```

这里 p 是一个指针变量，它指向了包含 4 个数据元素的行地址。注意在定义指向行指针的指针变量时，小括号不能省略，因为方括号的优先级高于“ * ”，若将“int (* p)[4]”写成“int * p[4]”，p 与[4]先结合，是定义了一个数组，不是定义了一个指针变量。

有时，使用二级指针变量来操作和处理行指针。所谓二级指针变量是指只能存放一级指针变量地址的变量。前面所提到的指针变量都称为一级指针变量。

二级指针变量的定义形式和一级指针变量的定义形式基本相同。不同的是，二级指针变量定义时用“ ** ”标识。例如：

```
int ** p;
```

表示定义了一个二级指针变量 p，其只能存放指向整型变量的一级指针变量的地址，不能存放整型变量的地址。若有以下语句：

```
int i = 10, * p = &i, ** q;
```

则以下两条赋值语句：

```
q = &i;        /* 错误 */
q = &p;        /* 正确 */
```

二级指针变量 q 只能存放一级指针变量 p 的地址，不能存放整型变量 i 的地址。如图 9-11 所示，q 指向了 p，p 指向了变量 i。在间接引用中，* q 相当于 p，即表示 &i；而 ** q 相当于 * &i，即表示变量 i。

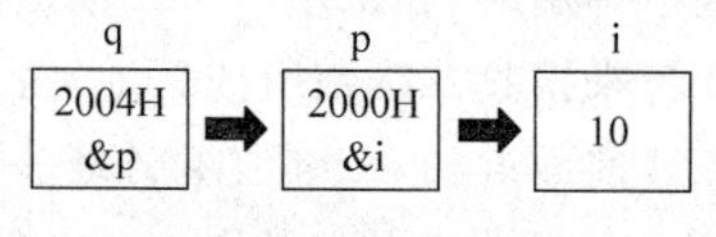

图 9-11　二级指针的指向

本案例中，编写两个分别对二维数组进行输入和输出的函数，如果函数用二维数组名作为实参，那么，对应的形参须是一个指向二维数组行指针的指针变量。例如，输入函数的定义形式如下：

```
void input(int ( * p)[4])
{
    …
}
```

9.4.4 程序实现

为了解决二维数组中的“大在前小在后”的问题，需要定义 4 个函数 input、output、process_array、swap。其中，input 函数用来实现对二维数组进行输入数据；output 函数用来对二维数组进行输出数据；process_array 函数用来求出二维数组中“和值最大”行与“和值最小”行之后，分别与每一行数据和最后一行数据完成数据交换；swap 函数完成两行数据的交换。

程序代码如下：

```
#include<stdio.h>
#define M 5
#define N 4
void input(int (*p)[N])
{
    int i,j;
    printf("please input %d rows, %d columns of matrix(-100~100):\n",M,N);
     for(i=0;i<M;i++)
       for(j=0;j<N;j++)
          scanf("%d",&p[i][j]);
 }

 void output(int (*p)[N])
 {
     int i,j;
     printf("processed %d rows, %d columns of matrix is:\n",M,N);
     for(i=0;i<M;i++)
     {
        for(j=0;j<N;j++)
            printf("%5d",&p[i][j]);
        printf("\n");
     }
}

void swap(int *p,int *q)
{
    int i,t;
    for(i=0;i<N;i++)
    {
        t=p[i];p[i]=q[i];q[i]=t;
    }
 }

 void process_array(int (*p)[N])
 {
     int sum=0,max_sum,min_sum,max_i,min_i,i,j;
     for(j=0;j<N;j++)
       sum+=p[0][j];
     max_sum=min_sum=sum;
     max_i=min_i=0;
     for(i=1;i<M;i++)
     {
         sum=0;
         for(j=0;j<N;j++)
             sum+=p[i][j];
         if(max_sum<sum)
         {
              max_sum=sum;
              max_i=i;
```

```
            }
            if(min_sum > sum)
            {
                min_sum = sum;
                min_i = i;
            }
        }
        swap(p[max_i],p[0]);
        swap(p[min_i],p[N-1]);
}

void main()
{
    int a[M][N];
    input(a);
    process_array(a);
    output(a);
}
```

程序运行结果如图 9-12 所示。

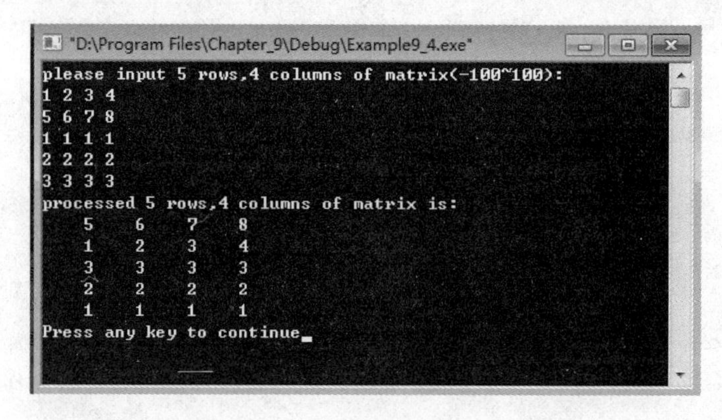

图 9-12 “大在前小在后”程序运行结果

程序说明：

(1) 在 process_array 函数的定义语句中，定义了变量 sum，用来求出每一行的累加和；变量 max_sum 与 min_sum 分别是记录当前所解决的每行数据累加和的最大值和最小值；变量 max_i 与 min_i 分别记录对应的“和值最大”行的行下标值与“和值最小”行的行下标值。

(2) process_array 函数首先用一个 for 循环求出二维数组中第一行数据的累加和，之后，分别赋给两个变量 max_sum、min_sum，主要目的是用来与之后的行数据累加进行比较，对应的变量 max_i 与 min_i 记录了第一行的行下标值。在第二个 for 循环中，分别求出各行数据的累加和并进行比较，将行累加和值较大的赋给 max_sum，对应的行下标值赋给 max_i；将行累加和值较小的赋给 min_sum，对应的行下标值赋给 min_i。退出循环后，max_i 记录了“和值最大”行的行下标，min_i 记录了“和值最小”行的行下标。最后分别通过 swap 进行行数据交换。

(3) 在整个程序中，input、output、process_array 三个函数需要对主函数中的二维数组 a 进行整体处理，因此，用二维数组名 a 作函数的实参，对应的函数形参是一个二级指针变量 p。当二级指针变量 p 获得二维数组的首地址时，引用"p[i][j]"就相当于对主函数中的"a[i][j]"操作，由此，在子函数中完成对二维数组 a 的整体处理。在 process_array 函数中一次完成两行数据的交换，需用二维数组的列指针(如 p[0]表示第一行的首地址)作为函数实参，相对应地，需要一级指针变量作 swap 函数的形参。实际上，把二维数组中待交换的两行数据看成了两个一维数组，swap 函数的两个形参 p、q 完成了对两个一维数组的数据交换。

9.5 案例五 一组数据的累加、累乘计算

9.5.1 案例描述及分析

【案例描述】

在多组数据中，任意选定一组数据，通过调用同一个函数能分别计算出这组数据的累加和累乘的值。

【案例分析】

多组数据是存放在二维数组中，每一行为一组数据。如果在二维数组中寻找任意选定的一组数据，并得到该组数据的首地址，可以编写一个 search 函数，专门用来在二维数组中寻找指定的一组数据，并返回该组数据所在行的首地址。那么，search 函数需要定义成返回一个地址的函数。

案例中要求调用同一个函数分别实现累加和累乘的功能，也就是说，定义一个函数要实现不同的功能。为了增强编程的灵活性和实现功能的复杂性，这种"同一入口完成不同功能"在编程中应用非常频繁。在 C 语言中，通过一个指向函数的指针变量作为参数，利用这个指针变量指向不同的函数，从而实现不同的功能。在本案例中，定义一个 process 函数，用专门指向求和函数与求积函数的指针变量作为形参。

为了实现本案例，先来看看在 C 语言中是如何定义一个返回地址的函数，以及如何定义和使用一个指向函数地址的指针变量。

9.5.2 返回指针的函数

一个函数可以返回一个 int 型、float 型、char 型的数据，也可以返回一个指针类型的数据。

返回指针的函数(简称指针函数)的定义格式如下：

```
函数类型 *函数名(形参表)
{  …  }
```

例如，要比较两个整数的大小，将数值大的变量地址作为函数值返回，则函数的定义形式如下：

```
int * max(int * x,int * y)
{
    if( * x> * y) return x;
    else   return y;
}
```

其中，在 max 函数定义中，函数名 max 前面的“ * ”是一个类型说明符，不是一个进行取值操作的指针运算符，它表示 max 函数是一个返回整型变量地址的函数，而不是返回整型变量值的函数。

因为 max 函数要返回两个变量数值中较大数值的变量的指针，需要将待比较两个变量的指针传给 max 函数。用两个指针变量作 max 函数的形参分别接收主调函数中传过来的变量地址。在 max 函数体中，通过对指针变量 x、y 分别指向变量的数值进行比较，并返回较大数值变量的地址。在这里，注意不要写成“return * x”或“return * y;”，那样，就表示返回一个变量数值而不是返回变量指针了。

在本案例中，要定义一个返回一组数据首地址的函数 search。假设在主函数中定义了一个二维数组 data 存放了 5 组整数，每组有 4 个整数。要将二维数组的首地址传递给 search 函数，通过获得二维数组的首地址，在 search 函数体中，找到选定一组数据的首地址并返回，则 search 函数定义形式如下：

```
int * search(int ( * pointer)[4],int n)
{
    int * pt;
    pt = * (pointer + n);
    return pt;
}
```

其中，形参变量 n 用来接收指定一组数据的序号，形参中的指针变量 pointer 获得主函数中二维数组的首地址(行地址)。在函数体中，通过运算“ * (pointer＋n)”获得指定一组数据的首地址(列地址)并赋给指针变量 pt，最后，返回指针变量 pt 指向的选定一组数据的首地址。

9.5.3　指向函数的指针变量

在 C 语言中，不仅用来存放数值的变量有地址，实际上，由指令组成的函数也是有地址的。因此，一个指针变量不仅可以指向变量的地址，而且也可以指向一个函数的地址。

在定义一个函数之后，编译系统为每个函数确定一个入口地址，当调用该函数的时候，系统会从这个“入口地址”开始执行该函数。这个入口地址也是这个函数中第一条指令的地址，称为该函数的指针。现假设有一个函数 fun，则其内存映射方式如图 9-13 所示，在 C 语言中，用函数名 fun 表示此函数的入口地址，即函数指针。

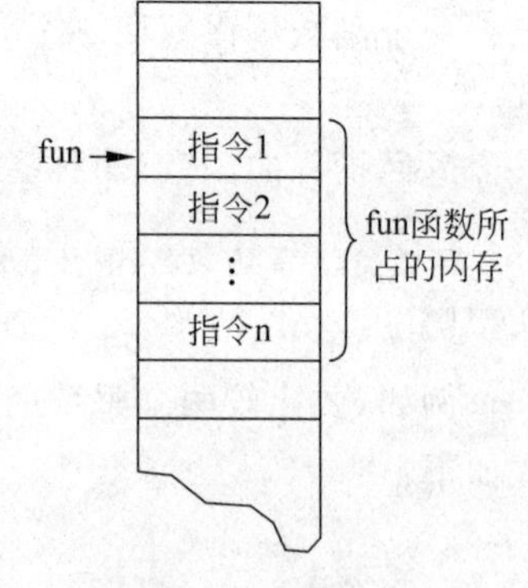

图 9-13　函数地址

在程序中，当对一个函数进行调用时，除了通过函数名完成调用以外，有时，还可以利用一个指向该函数的指针变量来进行函数调用。所谓指向函数的指针变量是指一个专门存放函数地址的指针变量，其定义形式如下：

```
函数类型(*指针变量名)([形参类型1,形参类型2,…,形参类型n]);
```

其中：

(1) 函数类型是指函数返回值的类型。

(2) 指针变量名专门存放函数首地址，可指向返回值类型与形参都相同的不同函数。

(3) "*指针变量名"外的小括号不能省略，否则就变成定义了一个返回地址的函数了。

(4) 形参类型是所指向的函数的形参数据类型，如果函数有形参，则定义时带上形参类型。

例如，有以下定义语句：

```
int (*pf)();
```

表示定义了一个专门指向函数的指针变量pf，可以指向返回值为整型数据的函数。

若定义形式改为：

```
int *pf();
```

表示声明了一个函数pf，该函数的返回值为整型变量的地址。

和指向变量的指针变量一样，指向函数的指针变量也必须赋初值才能使用。由于函数名代表了该函数的入口地址，因此，一个简单的方法是：直接用函数名为函数指针赋值，即：

```
函数指针变量名 = 函数名;
```

例如：

```
double fun();            /*函数的声明*/
double (*pf)();          /*函数指针的声明*/
pf = fun;                /* pf 指向 fun 函数*/
```

指向函数的指针变量经定义和赋值之后，就可以利用该指针变量调用其指向的函数了。利用函数指针来调用函数的格式如下：

```
函数指针变量([实参1,实参2,…,实参n]);
```

例如，当pf指向fun函数后，则调用语句：

```
pf( );
```

等同于调用语句：

```
fun( );
```

由此可见，在程序中若用不同的函数地址对一个指向函数的指针变量进行赋值，则通过指针变量可以调用不同的函数以实现不同的功能。

对于指向函数的指针变量,它只能指向函数的入口处而无法指向函数中某一条具体的指令,因此对于"pf+n"、"pf++"等指针运算对于指向函数的指针是没有意义的。指向函数的指针可以获得函数的入口地址,但它并不能像操作数组一样获得函数中每一条指令的地址。实际上,函数指针最常用的地方是作为参数传递给其他的函数。指向函数的指针也可以作为参数以实现函数地址的传递,也就是将函数名传递给形式参数。例如,假设有函数 fun,在某次执行过程中需要调用函数 func1,而下一次执行需要调用函数 func2,再下一次执行有可能需要调用 func3。如果使用函数指针,则不必对函数 fun 进行修改,只需要让其每次调用函数时通过不同的函数名来作为形参传递即可。这种方法极大地增加了函数使用的灵活性,可以编写一个通用的函数来实现各种专用的功能,这是符合结构化程序设计思想的方法。

在本案例中,要利用同一个函数 process 分别计算出一组数据的累加和的值与累乘的值,则可以用一个指向函数的指针变量作 process 函数的形参。在分别调用 process 函数时,让形参指针变量依次获得求和函数 add 与乘积函数 multi 的地址,以实现不同的功能。对 process 函数的定义形式如下:

```
int process(int x,int y,int ( * funs)(int,int))
{
    return ( * funs)(x,y);
}
```

在 process 函数的形参中定义了一个指向函数的指针变量 funs,当 funs 获得求累和函数 add 的地址时,process 函数中的语句"(* funs)(x,y);"就等同于调用了 add 函数"add(x,y);",即返回 x 与 y 的和;当 funs 获得求乘积函数 multi 的地址时,process 函数中的语句"(* funs)(x,y);"就等同于调用了 multi 函数"multi(x,y);",即返回 x 和 y 的乘积。

9.5.4 程序实现

具体算法:首先,任意输入指定一组数据的序号;然后,通过调用 search 函数获得指定数据的首地址;最后,调用 process 函数分别求出指定一组数据的累加和与累乘值。

程序代码如下:

```
#include<stdio.h>
int add(int x,int y){ return x+y;}
int multi(int x,int y){ return x*y;}
int process(int x,int y,int ( * funs)(int,int))
{
    return ( * funs)(x,y);
}
int * search(int ( * pointer)[4],int n)
{
    int * pt;
    pt= * (pointer+n);
    return pt;
```

```
}
int main()
{
    int data[][4] = {{1,2,3,4},{5,6,7,8},{9,10,11,12},{13,14,15,16},{17,18,19,20}};
    int i,m,sum = 0,prod = 1, * p;
    printf("input the number:");
    scanf(" % d",&m);
    p = search(data,m);
    for(i = 0;i < 4;i++)
    {
      sum = process(sum,p[i],add);
      prod = process(prod,p[i],multi);
    }
    printf("The No. % d result are:sum = % 5d,prod = % 5d\n",m,sum,prod);
    return 0;
}
```

程序运行结果如图 9-14 所示。

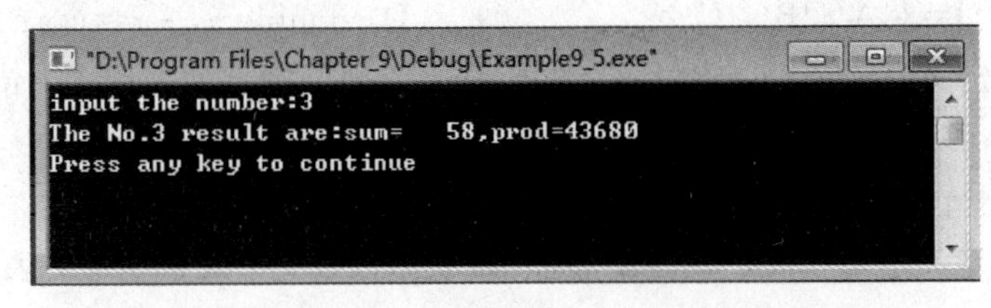

图 9-14　累加累乘程序运行结果

程序说明：

(1) 在 main 函数中，定义了一个二维数组 data 并存放了 5 组数据，每组数据有 4 个整数值；定义了两个变量 sum 和 prod 分别用来获得数据累加和及累乘的值，并分别初始化为 0 和 1；指针变量 p 用来存放选定一组数据的首地址。

(2) 当用户输入了选定一组数据的序号给变量 m 后，利用 search 函数获得选定一组数据在二维数组 data 中的首地址。二维数组名 data 和一组数据序号 m 作实参，相对应地，二级指针变量 pointer 和变量 n 作形参。

(3) 在 for 循环中，语句"sum=process(sum,p[i],add);"是将 sum 和 p[i]的值进行相加，和值存入变量 sum 中。其中，因指针变量 p 通过 search 函数指向了第 m 行第 1 列的数组元素，所以 p[i]表示二维数组中第 m 行第 i+1 列的数组元素值。求两个数之和的函数地址 add 作实参传递给 process 函数的形参 funs，实现对两个数相加的函数调用。同样，语句"prod=process(prod,p[i],multi);"完成 prod 和 p[i]的值相乘，并将乘积存入变量 prod 中。

习　题　9

一、填空题

1. 若有定义：char ch;

(1) 使指针 p 可以指向字符型变量的定义语句是________。

(2) 使指针 p 可以指向变量 ch 的赋值语句是________。

(3) 通过指针 p 给变量 ch 读入字符的 scanf 函数调用语句是________。

(4) 通过指针 p 给变量 ch 赋字符 A 的语句是________。

(5) 通过指针 p 输出 ch 中字符的语句是________。

2. 若有语句：int a[5], * p, * s;p=&a[0];

(1) 通过指针 p 给 s 赋值,使其指向最后一个存储单元 a[4]的语句是________。

(2) s 指向存储单元 a[4],移动指针 s,使之指向中间的存储单元 a[2]的表达式是________。

(3) 指针 s 已经指向存储单元 a[2],不移动指针 s,通过 s 引用存储单元 a[3]的表达式是________。

(4) 指针 s 指向存储单元 a[2],p 指向存储单元 a[0],表达式 s-p 的值是________。

二、选择题

1. 下面的变量定义中,不正确的是(   )。

A. float * q=&b,b; B. char * p="string";

C. int a[ ]={'A','B','C'}; D. double a, * r=&a;

2. 设有变量定义语句"int k=2, * p=&k, * q=&k;",则下列表达式中错误的是(   )。

A. p=q B. k= * P+ * q

C. k=p+q D. * P= * P * (* q)

3. 设有变量定义语句"int a[2][3];",能正确表示数组 a 中元素地址的表达式是(   )。

A. * (a+1) B. * (a+2) C. * (a[1]+2) D. a[1]+3

4. 设有变量定义语句"int b[5];",能正确引用数组 b 中元素的表达式是(   )。

A. * (b+2) B. * &b[5] C. b+2 D. * (* (b+3))

5. 执行下列程序段后,变量 w 和 * p 的值是(   )。

```
int  b[] = {2,3,5,9,11,13}, * p = b;
w = ++( * ++p);
```

A. 4 和 3 B. 3 和 3 C. 4 和 4 D. 3 和 4

6. 设有变量定义语句"double b[5], * pb=b;",能正确表示 b 数组中的元素的地址表达式是(   )。

A. &b B. pb+5 C. &b[5] D. b

7. 设有变量定义

```
char  * lang[] = {"FOR","BAS","JAVA","C"};
```

表达式 * lang[1]> * lang[3]的值是(   )。

A. 0 B. 1 C. 非零 D. 负数

8. 若有说明语句

```
"int  a[5] = {2,3,5,7,11}, * p = a + 4;",
```

下列不能正确引用数组 a 的元素的表达式是(   )。

A. * (p--) B. * (--p) C. * (++p) D. * (p++)

9. 若有变量定义语句

```
"int  a[]={1,3,5,7,9,11,13},x,*p=a+2;",
```

在以下表达式中，使变量 x 的值为 5 的表达式是(　　)。

A. x=*(++p)　　B. x=*(p+++1)

C. x=*(--p)　　D. x=*(p--)

10. 下列程序的输出结果是(　　)。

```
main()
{char  a[10]={9,8,7,6,5,4,3,2,1,0},*p=a+5;
printf("%d",*--p);
}
```

A. 5　　B. 非法　　C. a[4]的地址　　D. 3

11. 有如下程序段

```
int  *p,a=10,b=1;
p=&a;a=*p+b;
```

执行该程序段后，a 的值为(　　)。

A. 编译出错　　B. 12　　C. 10　　D. 11

12. 有如下说明

```
int  a[10]={1,2,3,4,5,6,7,8,9,10},*p=a;
```

则数值为 9 的表达式是(　　)。

A. *p+9　　B. *(p+8)　　C. *p+=9　　D. p+8

13. 若已定义：int a[9]，*p=a;，并在以后的语句中未改变 p 的值，不能表示 a[1]地址的表达式是(　　)。

A. a++　　B. p+1　　C. a+1　　D. ++P

14. 以下程序的输出结果是(　　)。

```
main()
{ char  a[10]={'1','2','3','4','5','6','7','8','9',0},*P;
int  i;i=8;p=a+i;
printf("%s\n",p-3);
}
```

A. 789　　B. 6　　C. '6'　　D. 6789

15. 以下程序运行后，输出的结果是(　　)。

```
main()
{char  *s="abcde";s+=2;printf("%ld\n",s);}
```

A. 字符 C 的地址　　B. cde

C. 字符 C 的 ASCII 码值　　D. 出错

16. 现已定义：char b[5]，*p=b;，下列正确的赋值语句是(　　)。

A. *b="abcd";　　B. b="abcd";　　C. p="abcd";　　D. *p="abcd";

17. 现已定义：char s[10]，* p=s;，下列不正确的赋值语句是(　　)。

A. p=s+5;　　B. s=[p+5];　　C. s[2]=p[4];　　D. * p=s[0];

18. 现有定义语句：char * p，* q;，下列正确的赋值语句是(　　)。

A. p+=q;　　B. p*=3;　　C. p/=q;　　D. p+=3;

19. 说明语句"int (* p)();"的含义是(　　)。

A. p是一个指向函数的指针，该函数的返回值为整型

B. p是一个指向一维数组的指针变量

C. p是指针变量，它指向一个整型数据的指针

D. 以上答案都不对

20. 已知定义"int a[ ]={1,2,3,4}，y，* p=&a[1];"

执行y=(* --p)++后，y的值是(　　)。

A. 4　　B. 0　　C. 1　　D. 2

三、程序设计题

1. 请编写函数，其功能是对传送过来的两个浮点数求出和值与差值，并通过形参传送回调用函数。

2. 请编写函数，对传送过来的三个数选出最大数和最小数，并通过形参传回调用函数。

3. 输入三个数a，b，c，按大小顺序输出。

4. 编写一个函数实现对两个字符串的比较。不用使用C语言提供的标准函数strcmp。要求在主函数中输入两个字符串，并输出比较的结果(相等的结果为0，不等时结果为第一个不相等字符的ASCII差值)。

5. 写一个函数，求一个字符串的长度，在main函数中输入字符串，并输出其长度。

第 10 章　字符串的处理

在 C 语言中，除了对数值数据处理以外，很多时候还要对字符串进行处理。比如说，对字符串查询、排序、比较等操作。在实际运用中，字符串不但用于代表文本数据，还广泛用于验证用户的输入或创建格式化字符串。因此，熟悉对字符串的处理操作也是学习好 C 语言的关键之一。

10.1　案例一　存储“Hello World!”

10.1.1　案例描述及分析

【案例描述】

输入一个字符串“Hello World!”存储到内存中并在显示器上输出该字符串。

【案例分析】

前面已经学习过，用双引号括起来若干个字符表示一个字符串常量，在 C 语言中，整型变量存储整型常量，实型变量存储实型常量，字符型变量存储字符型常量，却没有设置一种类型专门存储字符串常量。实际上，在 C 语言中对字符串常量的存储是通过字符型数组来实现的，但是，字符数组又不等于是字符串变量。可以这样说，是借用字符数组来存储和处理字符串常量，而字符数组并不完全是专门处理字符串的。

字符数组就是数组元素类型是字符型的数组，它和前面介绍的数组用法并没有什么区别。只是字符数组不但可以存放字符型数据，还可以存放和处理字符串，因此，在这里，把字符数组单独拿出来进行讲述。

10.1.2　用字符数组存放字符串

对字符型数组的定义、初始化及引用与前面学习过的一维数组是完全相同的。如有定义语句：

```
char c[12] = {'H','e','l','l','o',' ','W','o','r','l','d','!'};
```

说明定义了一个能够存放 12 个字符型数据的一维数组 c，并给每一个数组元素进行了初始化，如图 10-1 所示。

在程序中，由于一个字符型数据的值实际上就是一个 ASCII 码整数值，因此，字符型数据与整型数据是可以互相通用的，也就是说，字符数组中的数组元素可以参与算术运算，例如：

```
c[0] = c[0] + 32;
```

表示对c数组中的第一个数组元素'H'(ASCII码值是72)转换成了小写字母'h'(ASCII码值是104)。

既然字符串要借助字符型数组来存放,那么,如何判断字符数组中是不是存放了一个字符串呢?这主要看在字符数组中有没有存放字符串的结束标志'\0'。'\0'是一个转义字符,称为"空值",它的ASCII码值为0。'\0'作为字符串结束标志占有一个字节的存储空间,但不计入字符串的实际长度。在程序中,对字符串的处理往往就是依靠检测'\0'来判断字符串是否结束。例如,'a'和"a"的区别就是前者是一个字符只需一个字节的存储空间,而后者是一个字符串需要两个字节的存储空间,如图10-2所示。

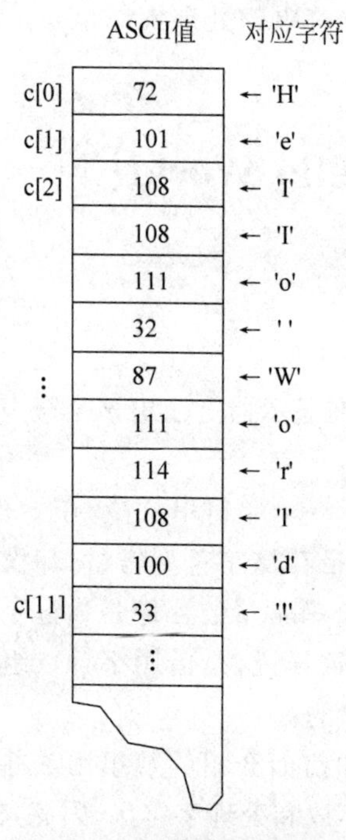

图10-1 字符数组的存储

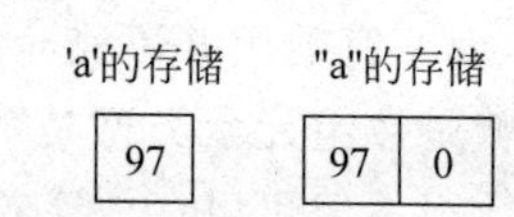

图10-2 字符与字符串的存储

在本案例中,要想将字符串"Hello World!"存放在字符数组中,则定义如下:

```
char c[13] = {'H','e','l','l','o',' ','W','o','r','l','d','!','\0'};
```

这样,经过定义和赋值后,字符数组c中的内容如图10-3所示。

与图10-1不同的是,字符数组c共有13个数组元素,赋初值时,在最后一个数组元素中加入了串结束标志'\0',说明字符数组c中存放的是一个字符串。事实上,只要所赋初值的字符个数小于数组长度时,系统都将在未赋初值的数组元素中自动补'\0'(即数值0)。因此,在上面赋初值时去掉最后的'\0',其效果是相同的。如写成:

```
char c[13] = {'H','e','l','l','o',' ','W','o','r','l','d','!'};
```

其存储的内容和图 10-3 相同。

如果一个字符数组用来作为字符串使用，那么在定义该字符数组时，数组的长度就应该比它将要实际存放的字符串长度多 1，从而给末尾存放'\0'留有存储空间。也就是说，要将字符串“Hello World!”(长度为 12)存放在字符数组中，要求字符数组的长度至少为 13。

同样，对字符数组进行初始化时可以省略该数组的长度，但一定要注意数组中是否存放的是一个字符串。如下面两种定义：

```
char c[] = {'H','e','l','l','o',' ','W','o','r','l','d','!','\0'};
```

该数组 c 长度为 13，存放的是一个字符串。

```
char c[] = {'H','e','l','l','o',' ','W','o','r','l','d','!'};
```

该数组 c 长度为 12，存放的不是一个字符串。

有时，在存放字符串时，对字符串中的逐个字符进行存放比较烦琐，因此，在 C 语言中，可以直接用字符串常量给一维字符数组赋初值。如本案例中可以写成如下形式：

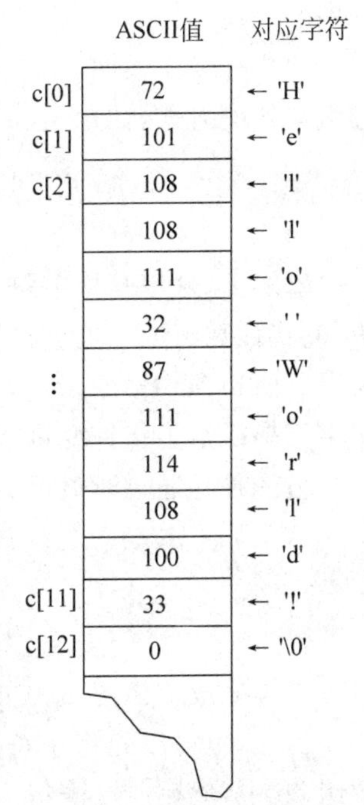

图 10-3　字符串“Hello World!”的存储

```
char c[] = {"Hello World!"};
```

也可以省略花括号，简写成：

```
char c[] = "Hello World!";
```

在这里，“Hello World!”是一个字符串常量，系统会自动将数组 c 的数组长度设为 13，并对字符串常量中的字符(包含最后隐含的'\0'字符)逐个进行存放，其存储效果和图 10-3 完全相同。

前面提到，在处理数组过程中，对数组不能整体引用，不能用赋值语句给数组整体赋值。要想将字符串“Hello World!”存放到数组 c 中，若语句写成：

```
char c[13];
c = "Hello World!";
```

该赋值语句不合法，数组名 c 是地址常量不能出现在等号的左边。所以说，在定义一个需要存放字符串的数组时应尽量直接进行初始化。

10.1.3　指针变量指向一个字符串

现在已经知道，让指针变量指向一个数组，可以很灵活地通过指针变量来引用数组中的数组元素，当然，C 语言中也可以让指针变量指向一个字符串，通过指针变量方便地完成字符串的处理。

使指针变量指向一个字符串可以采取两种方式，一是通过赋初值的方式，如：

```
char *ps = "Hello World!";
```

事实上，这里是把字符串常量存放在一个无名字符数组中，并将该数组的首地址赋给指针变量 ps，即称 ps 指向了字符串“Hello World!”，如图 10-4 所示。注意，不要误以为是将字符串赋给了指针变量 ps。

另一种是通过赋值运算的方式，如：

```
char *ps;
ps = "Hello World!";
```

同样完成了如图 10-4 所示的操作。

当然，也可以先将字符串“Hello World!”存放在字符型数组 ch 中，然后通过语句

```
ps = ch;
```

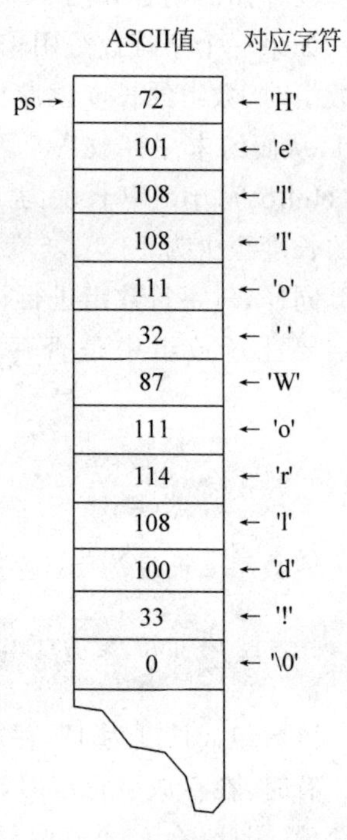

图 10-4　指针变量指向字符串

使指针变量指向字符型数组 ch 的首地址，即 ps 指向了字符串“Hello World!”。

10.1.4　字符串的输入和输出

对字符串的输入和输出，采用以下两种方法。

1. 逐个字符进行输入输出

利用格式说明符“%c”进行一个一个字符的输入和输出，例如以下语句段：

```
char c[13];
int i;
for(i = 0;i < 12;i++)   scanf(" %c",&c[i]);
c[12] = '\0';
```

这时若从键盘输入“Hello World!”回车，则同样将字符串存放到数组 c 中。通常要利用循环语句和输入字符函数进行逐一存放，但是，在最后需要添加一个赋'\0'的语句以完成对字符串的输入操作。

2. 将整个字符串一次输入或输出

可以利用格式说明符“%s”进行一个字符串的输入和输出，例如以下语句段：

```
char c[13];
scanf(" %s",c);
```

这时从键盘输入“Hello World!”回车，则输入的字符串将从 c[0]开始依次存放到数组 c 中，

在数组最后由系统自动加上'\0'。这种输入方式要注意定义数组的长度要足够大。

关于字符串的输入和输出，还需要注意以下几点。

(1) 从键盘输入的字符和输出到显示器的字符都不包含结束符'\0'。

(2) 用"%s"格式符输出字符串时，printf函数中的输出项是字符数组名，而不是数组元素名。如输出字符串的语句：

```
printf("%s",c);
```

是合法的，而语句：

```
printf("%s",c[0]);
```

是不合法的。

(3) 当scanf函数的输入项是指针变量时，该指针变量必须已指向确定的且有足够空间的连续存储单元的首地址。如有以下语句：

```
char *ps;
scanf("%s",ps);
```

此语句是不合法的，因为指针变量ps中还没有任何地址值，ps还没有指向任何存储空间，所以输入的字符串是不能进行存放的。

(4) 在输出字符串时，将从指定的首地址开始，依次输出存储单元中的字符，直到遇到第一个'\0'为止。例如，假设在数组c中存放了字符串，如图10-5所示。

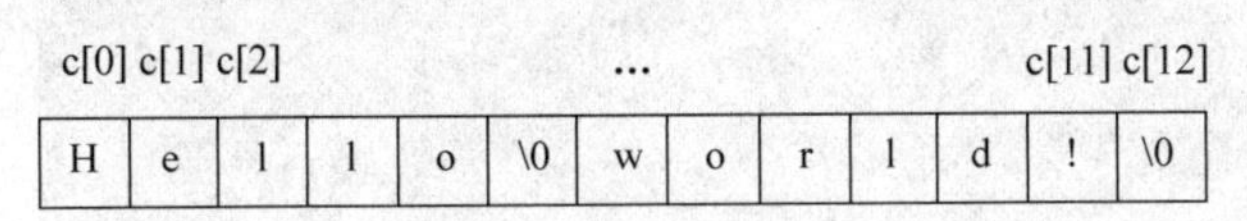

图10-5　数组c中的字符串

执行语句：

```
printf("%s",c);
```

实际上，在显示器上只输出"Hello"，对第一个'\0'后面的字符不做输出。

在本案例中，要对存放在c数组中的字符串"Hello World!"输出至显示器，则采用以下两种输出方式。

第一种输出方式是利用循环对字符串中的字符逐一输出，如以下语句段：

```
i=0;
while(c[i]!='\0')
 {
  printf("%c",c[i]);
  i++;
 }
```

第二种输出方式是对字符串可以直接输出，如语句：

```
printf("%s",c);
```


10.1.5 程序实现

程序代码如下：

```
void main()
{
    char c[20] = "Hello World!";
    int i = 0;
    while(c[i]!= '\0')
    {
        printf("%c",c[i]);
        i++;
    }
    printf("\n");
}
```

程序运行结果如图 10-6 所示。

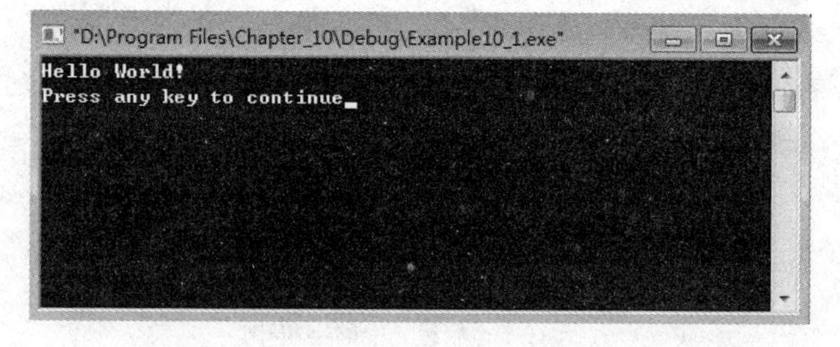

图 10-6 "Hello World"程序运行结果

程序说明：

(1) 在程序中，将字符串"Hello World!"存放到字符型数组 c 中，利用 while 循环对字符串中逐个字符输出。

(2) 在 while 循环中，当输出一个字符后，要使用语句"i++；"使 c[i]引用下一个字符，并判断是否是'\0'，若是，则字符串输出完毕，否则继续输出。

10.2 案例二 单词计数器

10.2.1 案例描述及分析

【案例描述】

输入若干个单词，单词之间用空格分隔，最后回车表示输入完毕，要求统计并输出所输入的单词个数。

【案例分析】

解决此问题，首先还是要将包含空格符的整个字符串存放在一个字符型数组中；然后通过指针变量来引用字符串中的每一个字符，如果遇到所指的字符为空格并且下一个字符不为空格时表示进入下一个单词，这时，需要将单词计数器加1，直到指针变量指向字符串的结束标志'\0'结束操作；最后输出计数器的值就是单词的个数。

10.2.2 字符串的输入函数 gets 和输出函数 puts

在10.1节中知道，可以用格式说明符“%s”进行整串输入和输出操作。但是，在本案例中却不能使用“%s”进行整串输入，因为 scanf 函数执行时，格式说明符“%s”对所输入字符串中的空格和回车符都作为输入字符串数据的分隔符终止读入。如有以下语句：

```
char c[13];
scanf("%s",c);
```

当从键盘中输入“Hello World!”回车后，由于系统把空格字符作为“%s”的分隔符，因此，最后结果只将空格前的字符“Hello”存入到c数组中，如图10-7所示，对字符串中空格后的字符都不能读入到c数组中。

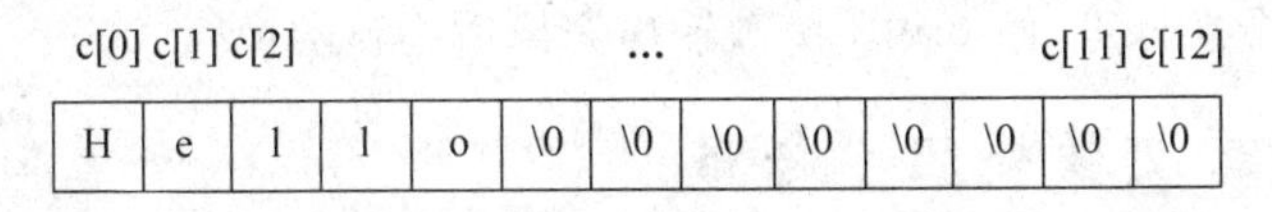

图10-7 存入数组c的字符串

在本案例中，要求统计单词的个数，而单词与单词之间是用空格隔开的，为了操作方便，需要将带空格的整个字符串都存入到一个字符数组中。因此，本案例不能使用“%s”格式说明符来完成字符串的输入。当然，除此之外，可以利用循环语句和“%c”格式说明符对整个字符串中的字符逐个进行输入，但这种输入方式比较烦琐，一般不采用。遇到这种情况，一般都使用由C语言标准库函数提供的一些专门用来处理字符串的函数。下面就介绍两个针对字符串进行输入输出操作的函数 gets 和 puts。

1. gets 函数

一般形式为：

```
gets(字符数组);
```

其作用是将从键盘输入字符串的字符(包括空格符)依次读入到字符数组中，直到读入一个回车符为止。回车符读入后，不作为字符数组的内容，系统在最后自动添加'\0'结束符来代替回车符。该函数的返回值是字符数组的首地址。

例如，本案例调用字符串输入函数 gets 语句可以写成：

```
char c[100];
gets(c);
```

若从键盘输入：

```
Hello World!↙
```

为了能存放较长的字符串,c 数组的长度应尽量定义大些。这里总共读入 13 个字符(包括空格符和最后的换行符),第一个字符'H'放在 c[0]中,其他依次存放,最后用'\0'代替回车符存放到 c[12]中,对于 c[13]～c[99]数组元素依次存放'\0'。

2. puts 函数

一般形式为:

```
puts(字符数组);
```

其作用是从字符数组的首地址开始,依次向显示器上输出字符数组中的字符,直到遇到第一个'\0'即结束输出,并且自动输出一个换行符。

例如,输出上例中 c 数组中的字符串,调用语句如下:

```
puts(c);
```

当然,用 printf 函数中使用格式说明符"%s"可以实现字符串的整体输出。但是,需要注意的是,使用 puts 函数和 printf 函数对字符串的输出是有区别的。puts 函数输出完毕后,会自动输出一个换行符,而 printf 函数输出完毕后不自动换行。

10.2.3 用指针变量处理字符串

前面提到,可以让指针变量指向一个字符串。如果一个字符串已存入到字符型数组中,指针变量获得该数组的首地址,也就称该指针变量指向了这个字符串。本案例中,假设用户输入的字符串已存入字符数组 c 中,可以使用语句:

```
char *ps = c;
```

即指针变量指向了字符型数组 c,指向了存放在数组中的字符串。

指针变量 ps 指向字符串的首地址后,那么,程序中通过"*ps"来引用出字符串中的首个字符进行处理,处理完毕,再进行"ps++;"移动指针,使得 ps 指向了下一个字符,这时,再通过"*ps"来引用新指向的字符,因此,常常可以借用移动指针来完成对字符串中字符的逐个访问。例如,在本案例中要实现对字符串中逐个字符的引用操作和判断是否为结束标志'\0',一般采用如下程序段:

```
while(*ps!= '\0')
{
    …
    ps++;
}
```

其中,省略符省略了要对指针变量 ps 所指向字符串的处理过程。通过移动指针,每次循环判断指针变量是否指向字符串中的结束标志'\0',一旦指向了'\0',则退出循环,结束字符串的处理操作。在循环体中,通过移动指针"ps++;"来实现对字符串中逐个字符的访问。在这里要注意两个问题：第一，在构造循环语句时，千万不要忘记“ps++”移动指针操作，否则会出现死循环；第二，构造此循环，利用指针变量ps只能逐个引用字符串中首次出现'\0'之前的若干字符。

10.2.4 程序实现

具体算法：首先输入一个由若干个单词和空格组成的字符串存入字符型数组中，并由一个指针变量指向该字符串；然后，通过指针变量依次引用字符串中的字符进行判断并统计单词的个数；最后输出单词统计结果。

程序代码如下：

```
#include<stdio.h>
void main()
{
    int num = 0,i;
    char c[100], *ps = c;
    gets(c);
    while( *ps!= '\0')
    {
       if( *ps == ' '&& *(ps + 1)!= ' ')  num++;
       ps++;
    }
    num++;
    printf("Input words amount is %d\n",num);
}
```

输入字符串：“We would very much like to learn C language programming”。

程序运行结果如图10-8所示。

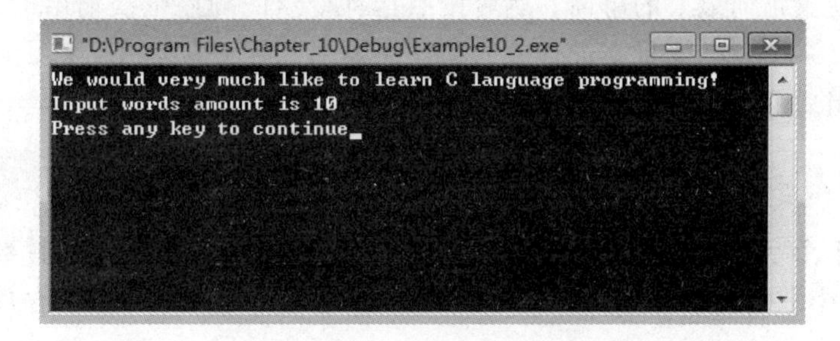

图10-8　单调计数程序运行结果

程序说明：

(1) 在程序中，为了能存储由多个单词组成的字符串，定义字符数组c的长度要足够大，这里定义的数组c能存放最多由99个字符组成的字符串，并定义了一个指针变量ps指向字符数组c的首地址；除此之外，定义了整型变量num用来对单词个数进行计数，其初值为0。

(2) 利用gets函数，将用户输入的字符串存入到字符数组c中。

(3) 在while循环中,利用if语句判断指针变量ps指向的字符是否为空格符并且下一个相邻字符是否为非空格符,若满足,则表示另外一个单词的开始,对统计单词数量的变量num增1。其中,"*(ps+1)"表示对ps所指向字符的下一个相邻字符值的引用;利用移动指针"ps++;"使ps指向下一个字符完成循环判断和操作,直到ps指向'\0'结束统计工作。

(4) 在程序的最后,因为循环中对最后一个单词未能计入变量num中,所以在退出循环后,要将num的值再加1。

10.3 案例三 单词排序

10.3.1 案例描述及分析

【案例描述】

给出5个单词,为单词进行排序,排序规则是:每个单词之间按首要字符的ASCII码值进行从小到大排序并输出,若首要字符相同,则按第二个字符比较排序,以此类推。最后输出单词的排序结果,要求比较过程中不要改变原有单词的存储位置。

【案例分析】

要实现对若干个单词的排序,需要对每个字符串进行比较。但是,在C语言中,不能对字符串进行整体引用,也就不能对字符串利用关系运算符直接比较大小。因此,为了完成比较,需要编写一个专门比较两个字符串大小的函数。在这个函数中,用两个分别指向待比较字符串的指针变量作形参,即用字符串作函数的参数。

本案例要求在进行单词排序过程中,不能改变原有单词的存储顺序,也就是说,不能根据字符串比较的大小对所在的存储位置发生交换。解决这个问题,可以通过定义若干个指针变量,每个指针变量指向一个单词的首地址,通过对两两单词的比较,交换指针变量的指向,最终形成第一个指针变量指向最小的单词,第二个指针变量指向次小的单词,以此类推,最后一个指针变量指向最大的单词。然后按照指针变量的顺序依次输出即可。由此看出,本案例需要定义多个指针变量来进行单词的排序操作。在C语言中,使用由多个基类型相同的指针变量组成的一个数组,称为指针数组。

10.3.2 指针数组的定义与使用

解决对若干个字符串处理的问题一般都要利用指针数组来完成。指针数组是一个特殊的数组,它的每个数组元素都相当于一个指针变量,每个数组元素中只能存放该基类型变量的地址。

一维指针数组的定义形式为:

```
基类型名 *数组名[整型常量表达式];
```

其中:

(1) 基类型名可以是C语言中的任何类型,不论指针数组是什么类型,指针数组的每个数组元素都用来保存一个地址值,这个地址一定是该类型变量的地址。

(2) 整型常量表达式表示指针数组的长度,即指针变量的个数。

(3) 数组名是合法的用户标识符。

(4) 数组名前面的“*”是类型说明符,说明此数组是一个指针数组,其不能省略,若省略就变成定义了一个存放数值型数据的普通数组。

(5) 对数组名后面的一对方括号也不能省略,若省略,则表示在此定义了一个指针变量;也不能用小括号代替,若用小括号代替,则表示返回一个地址值的函数。

例如,在本案例中需要定义10个指向字符串的指针变量来组成一个指针数组,其定义形式如下:

```
char *ps[10];
```

表示定义了一个数组长度为10的指针数组ps,每个数组元素都是指向一个字符型指针的指针变量。现假设指针数组中的每个数组元素都指向了一个字符串,如图10-9所示。

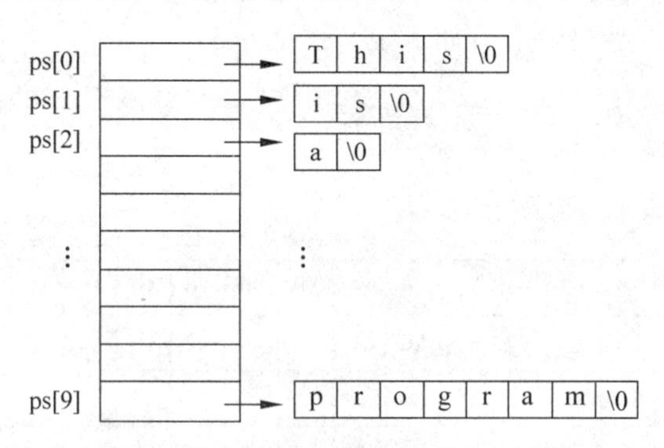

图10-9　指针数组指向多个字符串

从图10-9看出,指针数组的每一个数组元素ps[0]、ps[1]、…、ps[9]都是一个指针变量,可以对每个数组元素进行赋值。如语句:

```
ps[0] = "This";
```

表示字符串“This”的首地址存放在指针数组的第一个数组元素中,相当于指针变量p[0]指向了字符串“This”的首地址。

对指针数组的使用,需要注意以下两个问题。

一是指针数组的每个数组元素的用法和前面对单个指针变量的用法完全相同,不仅可以赋地址值,也可以利用它来引用所指向的数据,甚至也可以参加算术、关系等指针运算来改变地址值。但是,指针数组名还是一个地址常量,其表示的地址值不能发生改变。例如,在上例中,不能将语句:

```
ps[0] = "This";          /*正确*/
```

写成:

```
ps = "This";          /*错误,ps表示指针数组的首地址*/
```

二是在定义指针数组时,“[ ]”比“*”优先级高,数组名先于“[ ]”结合,形成数组形式,然后再与“*”结合,表示此数组是指针类型。所以,在定义时,数组名和“*”不能用小括号

括起来,若写成:

```
char ( * ps)[10];
```

这种形式在 C 语言中表示定义了一个指向二维数组行指针的指针变量,也就是定义了一个指针变量 ps,该指针变量 ps 只能存放二维字符型数组的行地址。由于在解决实际问题中很少使用专门指向行地址的指针变量,因此,本书对此不作详细讲述,读者可以查阅相关材料了解它的使用方法。

可以看出,利用指针数组能够方便灵活地处理多个字符串。当然,在 C 语言中,也可以通过二维字符型数组对多个字符串进行存储和处理,数组中的每行存储一个由若干个字符组成的字符串,此数组被称为字符串数组。字符串数组就是数组中的每个数组元素又是一个存放字符串的一维数组。例如,有如下定义:

```
char ch[ ][20] = { "This","is","c","program!"};
```

该存储形式如图 10-10 所示。

T	h	i	s	\0	\0	\0	\0	\0	\0	\0	\0	\0	\0	\0	\0	\0	\0	\0	\0
i	s	\0	\0	\0	\0	\0	\0	\0	\0	\0	\0	\0	\0	\0	\0	\0	\0	\0	\0
c	\0	\0	\0	\0	\0	\0	\0	\0	\0	\0	\0	\0	\0	\0	\0	\0	\0	\0	\0
p	r	o	g	r	a	m	\0	\0	\0	\0	\0	\0	\0	\0	\0	\0	\0	\0	\0

图 10-10　用二维数组存放字符串

一般情况下,由于字符串集中每个字符串的长度值不是固定的,而二维数组的列长度却是固定的,使用这样的二维数组来保存若干个字符串中的每个字符串会造成一定的空间浪费(如图 10-10 中存储了很多'\0'字符),当在处理这些字符串时也会存在效率低的问题。因此,可以分别定义一些字符串,然后用指针数组中的数组元素分别指向各个字符串,如图 10-11 所示,这样就大大减少了占用空间。

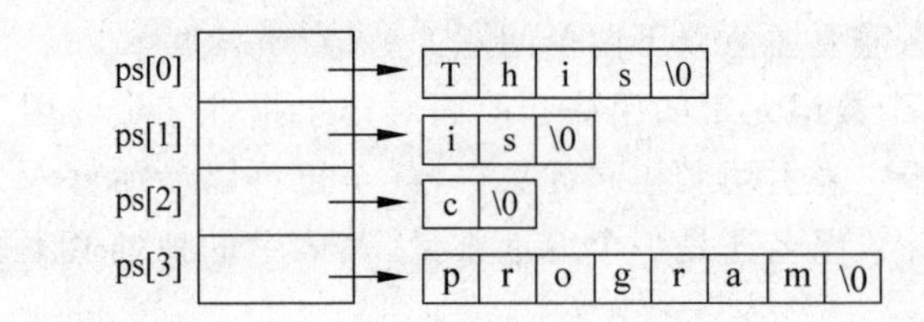

图 10-11　用指针数组指向字符串

如果对字符串排序,也不必改动字符串的位置,只需改动指针数组中各数组元素的指向。这样,各字符串的长度可以不同,而且移动指针变量的值要比移动字符串所花的时间少得多。

10.3.3　字符串作函数参数

将一个字符串从一个函数传递到另一个函数,可以用存放字符串的数组或指向字符串的指针变量作函数参数来进行“地址值”传递，目的是在被调函数中对主调函数中的字符串进行处理。

在本案例中，要编写一个能比较两个字符串大小的函数，可以使用能够接收字符串首地址的指针变量作函数形参。例如，定义函数如下：

```
int str_ comp(char * p,char * q)
{…}
```

与其相对应地，在主调函数中可以采用如下调用形式。

第一种形式：str_ comp("This","is")；

第二种形式：str_ comp(str1,str2)；

第三种形式：str_ comp(str_p[i],str_p[j])；

第一种形式是字符串常量作实参，使形参中的 p、q 分别指向两个字符串进行比较；第二种形式是存放两个字符串的字符数组名 str1 和 str2 作实参，使形参中的 p、q 分别指向了两个数组的首地址，完成对两个数组中的字符串比较；第三种形式是指针数组 str_p 的两个数组元素 str_p[i]和 str_p[j]作实参，使形参中的 p 与 str_p[i]指向同一个字符串，q 与 str_p[j]指向同一个字符串，完成对两个数组元素指向的字符串比较。

10.3.4 程序实现

具体算法：对若干个单词进行排序可以使用前面讲述的选择法排序，无非是这里通过字符串的大小进行指针交换。因此，采用循环嵌套来完成对单词的排序。

在编写对字符串比较的函数中，当两个指针变量 p 和 q 指向待比较的字符串时，利用循环和两个指针变量同时移动指针，完成对字符串中相应字符的比较。p、q 指向的字符不相同或其中一个指针变量指向了'\0'时，结束循环，最后返回 p、q 分别指向字符的差值。若差值大于零，则 p 指向的字符串大于 q 指向的字符串；若差值小于零，则 p 指向的字符串小于 q 指向的字符串；若差值为零，则两指针变量指向的字符串相等。

程序代码如下：

```
int fun(char * p,char * q)
{
   while( * p == * q&& * p!= '\0'&& * q!= '\0')
   {
       p++;
       q++;
   }
   return * p - * q;
}
int main()
{
   char * ps[5] = {"java","basic","fortran","pascal"," c" }, * temp;
   int i,j;
   printf("sorting before is:\n");
```

```
    for(i = 0;i < 5;i++)
        printf(" %10s",ps[i]);
        printf("\n");
        for(i = 0;i < 4;i++)
    for(j = i + 1;j < 5;j++)
        if(fun(ps[i],ps[j])> 0)
        {
            temp = ps[i];ps[i] = ps[j];ps[j] = temp;
        }
    printf("the sort result is:\n");
    for(i = 0;i < 5;i++)
         printf(" %10s",ps[i]);
    printf("\n");
    return 0;
}
```

程序运行结果如图 10-12 所示。

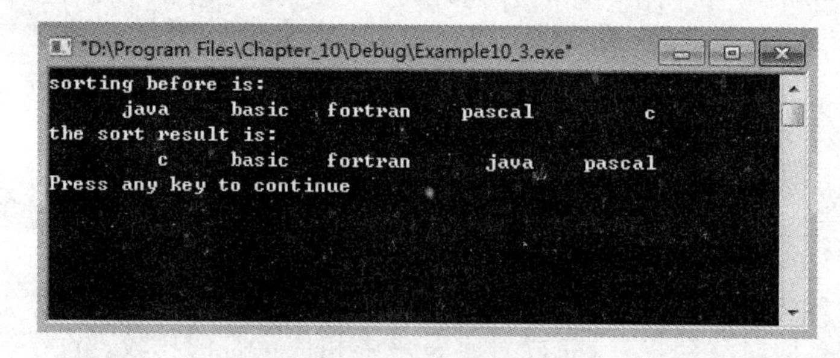

图 10-12　单词排序程序运行结果

程序说明:

(1) 在 fun 函数中,利用指针变量 p、q 作函数形参,分别指向待比较的两个字符串。while 循环的判断条件"＊p==＊q&&＊p!='\0'&&＊q!='\0'"表示如果 p、q 所指向的字符相同并且都不是'\0'字符时,则同时移动指针变量 p、q,分别指向下一个字符再进行循环判断,直到 p、q 指向的字符不相同或者其中一个指向了'\0'结束对字符串的比较。循环结束后,函数返回"＊p－＊q"的值就是对两个字符串比较大小的结果。

(2) 在 main 函数中,首先定义了指针数组 ps,并让数组元素分别指向 5 个字符串。除此之外,还定义了一个指针变量 temp 用来进行指针交换的中间变量。

(3) main 函数的第一个循环用来对字符串排序前的各字符串输出;最后一个循环用来对字符串排序后的各字符串输出。在输出时,对每个字符串的输出宽度设置为 10。

(4) main 函数中的循环嵌套是采用选择法排序算法,在排序过程中,if 语句的条件判断调用了字符串比较函数 fun,完成对 p[i]、p[j]指向字符串的比较。若 fun 函数值大于零,则表示 p[i]指向的字符串大于 p[j]指向的字符串,然后通过指针变量 temp 让 p[i]和 p[j]的指向进行交换,即 p[i]指向较小字符串,p[j]指向较大的字符串。其比较过程如图 10-13 所示。

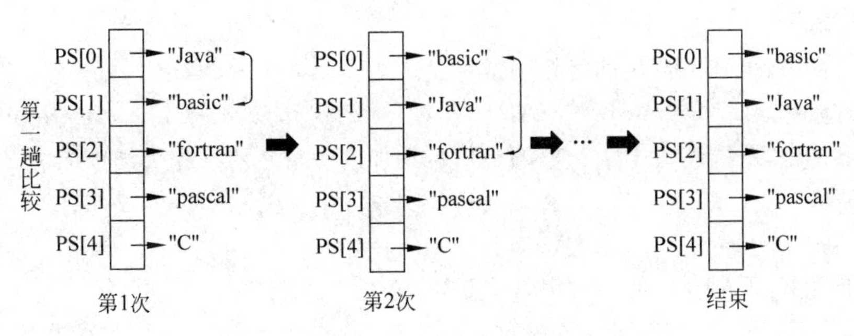

图 10-13　第一趟比较过程

第一趟：第一次让 ps[0]指向的“java”和 ps[1]指向的“basic”比较，“java”大于“basic”，发生指向交换，ps[0]指向“basic”，ps[1]指向“java”；第二次让 ps[0]指向的“basic”和 ps[2]指向的“fortran”比较，“basic”小于“fortran”，不发生指向交换；依次进行，最后，ps[0]指向了最小字符串“basic”，第一趟比较结束，如图 10-13 所示。

第二趟：第一次让 ps[1]指向“java”和 ps[2]指向的“fortran”比较，“java”大于“fortran”，发生指向交换，ps[1]指向“fortran”，ps[2]指向“java”；第二次让 ps[1]指向的“fortran”和 ps[3]指向的“pascal”比较，“fortran”小于“pascal”，不发生指向交换；依次进行，最后，ps[1]指向了最小字符串“c”，第二趟比较结束，如图 10-14 所示。

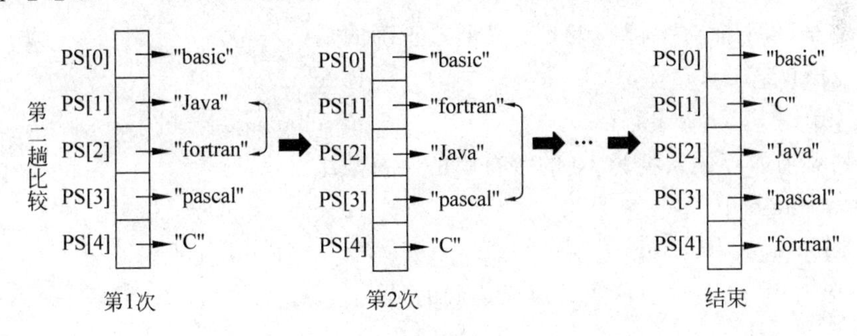

图 10-14　第二趟比较过程

第三趟、第四趟比较，得到最终结果，结束整个排序过程。排序后，使得 ps[0]指向了最小字符串、ps[1]指向了次小字符串、……、ps[4]指向了最大字符串。

习　题　10

一、填空题

1. 用________括起来的若干个字符来表示一个字符串常量。

2. 在 C 语言中对字符串常量的存储是通过________来实现的。

3. 如果 c[0]中存放字符 H，执行语句 c[0]=c[0]+32;后，c[0]中存放的字符变成________。

4. 语句 printf("%d\n",strlen("ATS\n012\1\\"));的输出结果是________。

5. 设有定义：char str[]="ABCD"，* p=str;则语句 printf("%d\n"，*(p+4));的输出结果是________。

二、选择题

1. C语言中，下列不合法的字符串常量是(　　)。

A. 'y='　　B. "\121"　　C. "abc"　　D. "qxy$"

2. C语言中，系统在每个字符串的最后自动加入一个(　　)作为结束标志。

A. '\n'　　B. '\0'

C. '\t'　　D. '\b'

3. C语言中，下列合法的字符串常量是(　　)。

A. "\121"　　B. '\121'　　C. 'a'　　D. '\0 "abc"d'

4. C语言中，下列合法的字符串常量是(　　)。

A. '&'　　B. '\65'　　C. ""　　D. '\xff'

5. C语言中，下列不合法的字符串常量是(　　)。

A. "\n\n"　　B. "\121"　　C. '\028'　　D. "ABCD\x6d"

6. C语言中，'\0'是一个转义字符，它的ASCII代码值为(　　)。

A. 0　　B. 1　　C. 2　　D. 3

7. 下列正确定义了一个字符数组的是(　　)。

A. float a[10];　　B. int a[10];

C. char a[10];　　D. double a[10];

8. C语言中，下面对字符数组的定义形式正确的是(　　)。

A. char a[10];　　B. char a[ ];

C. int i=5; char a[i];　　D. char a[5]+b[];

9. 下列哪项能存放长度为10的字符串的字符数组？(　　)

A. string a[10];　　B. char a[5+6];

C. char a[10],string b[5];　　D. char a[5];b[5];

10. C语言中，下面对字符数组定义正确的是(　　)。

A. char a[3][5];　　B. string a[5];

C. char a[5],char b[5.5];　　D. char a[5,10];

11. C语言中，字符数组的初始化正确的是(　　)。

A. char a[3]={'ab','c'};　　B. char a[3]={'a','b','c','d'};

C. char a[3]={'a','b','c'};　　D. char a[3]={"abc"};

12. C语言中，字符数组的初始化正确的是(　　)。

A. char a[ ]={a,b,c,d};　　B. char a[ ]={'a','b','\0'};

C. char a[ ]={'ab','c'};　　D. char a[ ]={"abc"};

13. C语言中，字符数组的初始化正确的是(　　)。

A. char a[3]={'ab','c'};　　B. char a[3]={'a'. 'b'. 'c'};

C. char a[3]={'a','b'};　　D. char a[3]={'abc'};

14. C语言中，字符数组的初始化正确的是(　　)。

A. char a[3]={"ab"};　　B. char a[3]={"abc"};

C. char a[3]={'ab','c'};　　D. char a[3]={'abc'};

15. C 语言中,字符数组的初始化正确的是(　　)。

A. char a[3]={'abc'};
B. char a[3]={'a','b','c','d'};
C. char a[3]={'ab','c'};
D. char a[3]="ab";

16. C 语言中,字符数组的初始化正确的是(　　)。

A. char a[]={'a','b','c'};
B. char a[3]={'a','b','c','d'};
C. char a[3]="abc";
D. char a[3]='abc';

17. C 语言中,字符数组的初始化正确的是(　　)。

A. char a[10]='computer';
B. char a[10], a="computer";
C. char a[10]="I love computer";
D. char a[10]="computer";

18. C 语言中,字符数组的初始化正确的是(　　)。

A. char a[10]=b[10]="computer";
B. char a[10]={"computer"};
C. char a[10]="I love computer";
D. char a[10]='computer';

19. C 语言中,字符数组的整串输入正确的是(　　)。

A. char *p; scanf("%c",p);
B. char p[10]; scanf("%s",p[10]);
C. char *p; scanf("%s",p);
D. char *p; scanf("%s",*p);

20. C 语言中,字符数组的整串输入正确的是(　　)。

A. char p[10]; scanf("%s",p);
B. char p[10]; scanf("%s",p[10]);
C. char *p; scanf("%c",p);
D. char *p; scanf("%s",*p);

三、程序设计题

1. 请编写函数 mygets 和 myputs,其功能分别与 gets 和 puts 相同,函数中用 getchar 和 putchar 读入和输出字符。

2. 请编写函数,判断一字符串是否是回文。若是回文函数返回值为 1;否则返回值为 0。

3. 请编写函数,删除字符串中指定位置(下标)上的字符。删除成功函数返回被删除字符;否则返回空值。

4. 计算字符串中子串出现的次数。

第 11 章　结构体的构造

迄今为止，已经介绍了基本类型的使用，也介绍了一种构造类型数据——数组的使用，但是，数组是相同数据类型的集合，利用数组只能解决相同类型的数据问题。然而，在现实生活中，许多问题存在着不同类型数据组成的有机整体，这些组合的数据在此整体中是互相联系的。例如，一个学生是由学号、姓名、性别、年龄、成绩等项组成。这些项都与某一具体学生相联系。

为了增强 C 语言的数据描述能力，C 语言专门提供了一种可以描述由不同数据类型组合而成的数据类型，那就是结构体类型。

结构体类型是一种较为复杂但却非常灵活的构造型数据类型。一个结构体类型可以由若干个称为成员的成分组成。不同的结构体类型可根据需要，由不同的成员组成。对于某个具体的结构体类型，成员的数量必须事先固定，不能在使用此结构体类型时随意改变，这一点与数组的长度相同。但是，该结构体中各个成员的类型可以不同，这是结构体与数组的重要区别。因此，当需要把这一些相关信息组合在一起时，采用结构体这种类型进行数据描述时就显得方便多了。

11.1　案例一　建立学生信息库

11.1.1　案例描述及分析

【案例描述】

输入若干个学生的信息，每个学生的信息包含：学号、姓名、性别、年龄、家庭住址、总成绩、名次共 7 项。要求将输入的每个学生信息保存在内存中并在显示器上显示输出。

【案例分析】

在本案例中，把学生看成一个整体，在这个整体中，包含学号（无符号整型）、姓名（字符串）、性别（字符型）、年龄（整型）等 7 项数据，因为这 7 项数据是不同类型的数据，所以通过数组来存放一个学生的学号、姓名等这 7 项数据是不现实的。因此，在 C 语言中，可以自己定义一个学生类型，通过自定义的学生类型来定义变量，将学生的学号、姓名等 7 项具体信息存储在该变量所占的内存中。

题目还要求将输入学生的信息再输出到显示器上，因此，需要对每位学生的各项数据进行引用，那如何对各项数据进行引用？这是值得考虑的问题。

在这里所说的自定义类型就是结构体类型，通过结构体类型去定义结构体变量来存储学生的具体信息，再通过结构体变量来引用学生的各项数据。

11.1.2 结构体类型的定义

定义一个结构体类型的形式如下：

```
struct  结构体类型名
    {
        类型名1   成员名表1;
        类型名2   成员名表2;
          …          …
        类型名n   成员名表n;
};
```

其中：

(1) struct 是关键字，是结构体类型的标志。

(2) 结构体类型名是用户给所要定义的结构体类型进行命名，命名要求是 C 语言中合法的用户标识符。

(3) 每个成员名表中都可以含有多个相同类型的成员名，它们之间要用逗号隔开。结构体成员名可以和程序中非此结构体成员的名字相同，比如，程序中出现的变量或其他结构体的成员，虽然同名，但是它们所属的范围不同，因此不会发生冲突。

(4) 注意结构体的定义要以"；"号结尾。

(5) 成员的数量和类型不限，类型可以是基本类型，也可以是复杂数据类型，成员间的顺序也不限。

(6) 结构体类型可以嵌套，即结构体中的成员可以是另一种结构体类型的变量。

例如，在本案例中要求定义一个含有 7 项数据的学生类型，可采用以下定义形式：

```
struct student
{
    unsigned num;
    char name[10];
    char sex;
    int age;
    char address[20];
    float score;
    int ranking;
};
```

以上表示定义了一个新的结构体类型 struct student，它向编译系统声明是一个结构体类型，包括 num、name、sex、age、address、score、ranking 7 项不同类型的数据项。struct student 是一个类型名，它和系统提供的标准类型 int、float 等一样具有同样的作用，它本身是不需要占用内存单元的。用它来定义变量时，才会给变量分配该结构类型所规定大小的存储单元。

11.1.3 结构体变量的定义及初始化

要想存储学生具体的信息数据，应当通过声明的结构体类型来定义变量，这些变量称为

结构体变量,和定义基本数据类型的变量一样,可以在结构体变量中存放具体的数据。例如:

```
struct student stu1;
```

在这里,struct student 是一个整体(struct、student 两者都不能缺少)表示结构体类型。stu1 是一个结构体变量,系统为变量 stu1 分配一定字节大小的内存空间,该内存空间的字节数等于结构体变量中各个成员占内存空间字节数之和。比如在 VC++ 6.0 编译环境下,stu1 在内存中分配的字节数是 7 项成员的字节数之和,总共是:4+10+1+4+20+4+4=47 个字节。在存放学生具体数据时要按照成员定义的先后顺序依次进行存放,如图 11-1 所示。

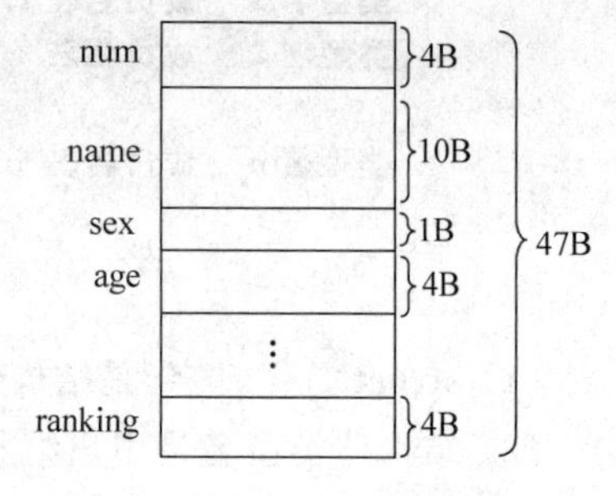

图 11-1　结构体成员的内存分配

图 11-1 中最前面的 4 个字节属于 stu1 中的 num 成员,用来存放该学生的学号;下面相邻的 10 个字节属于 stu1 中的 name 成员,用来存放该学生的姓名,…,直到最后面 4 个字节属于 stu1 中的 ranking 成员,用来存放学生的名次。

当然,和基本数据类型变量的定义一样,也可以一次定义多个结构体变量,各个变量名之间用逗号隔开。例如:

```
struct student stu1,stu2,stu3;
```

该语句定义了三个结构体变量 stu1、stu2、stu3,分别为这三个变量分配了 47 个字节的存储空间,用来存储三名学生的各项数据信息。

也可以在定义结构体类型的同时声明该结构体变量,如:

```
struct student
{
      int num;
      char name[10];
      char sex;
      int age;
      char address[20];
      float score;
      int ranking;
 }stu1;
```

它的作用和前面定义形式的作用相同,如果确定后面不再定义此结构体类型的变量,允许省略"student"结构体类型名。

在定义结构体变量的同时可以进行赋值操作,也就是对结构体变量的初始化,一般采用形式如下:

```
struct 结构体类型名 变量名 = {成员 1 的值,成员 2 的值, …,成员 n 的值};
```

在赋初值时，一对大括号中间的数据顺序必须与结构体成员的定义顺序一致，否则就会出现混乱。但可以只给前面的若干个成员赋初值，对于后面未赋初值的成员，系统将自动为数值型和字符型数据赋初值零。例如：

```
struct student stu1 = {20150301,"zhangsan",'M',18," JinShui Road 1157",95.5,2};
```

经赋初值后，变量 stu1 的各成员内容如图 11-2 所示。

num	name	sex	age	address	score	ranking
20150301	zhangsan	M	18	JinShui Road 1157	95.5	2

图 11-2　结构体变量 stu1 各成员的值

从结构体变量初始化的格式可以看出，其初始化与一维数组相似，所不同的是如果某成员本身又是一个结构体类型，则该成员的初始值又包含一个初值表。

11.1.4　引用结构体变量中的成员

在定义了结构体变量以后，就可以使用这个变量了。但在使用时应遵守以下规则。

不能将结构体变量作为一个整体进行输入和输出。例如，在本案例中输入学生的各项数据，不能采用如下输入语句：

```
scanf("%d%s%c%d%s%f",&stu1);
```

只能对结构体变量中的各个成员分别进行输入和输出。引用结构体变量中成员的方法为：

结构体变量名.成员名

其中“.”是成员运算符，它在所有的运算符中优先级最高。

例如：

```
stu1.age = stu1.age + 1;
```

其中，stu1.age 表示 stu1 变量中的 age(年龄)成员。该语句的作用是将 stu1 变量中的年龄成员 age 值增 1。

那么，在本案例中要求输入学生信息，应该写成：

```
scanf("%d%s%c%d%s%f",&stu1.num,stu1.name,&stu1.sex,&stu1.age,
                              stu1.address,&stu1.score);
```

为 stu1 学生的名次成员赋初值零，则语句写成：

```
stu1.ranking = 0;
```

在对结构体变量中的成员进行引用过程中，整个表示的是地址值还是非地址数据，要以成员为标准。例如，在 scanf 函数中，num 成员是非地址数据，因此要加取地址符，写成

"&stu1.num";name 成员是数组名,表示地址值,因此不用加取地址符,可以写成"stu1.name"。

11.1.5 结构体数组的定义与初始化

在本案例中,要输入多个学生的信息,需要使用存放多个学生信息的结构体类型数组。在第 8 章中讲过,数组的数组元素可以是任意相同类型的数据。如果数组元素都是结构体类型,那么这种数组就是结构体数组。结构体数组的每个数组元素就相当于相同结构体类型的结构体变量。在实际应用中,经常用结构体数组来表示具有相同数据结构体的一个群体。如本案例中要输入的多名学生信息等。

其实,从某种意义上讲,结构体数组就相当于一张二维表,一个表的框架对应的就是某种结构体类型,表中的每一列对应该结构体的成员,表中每一行信息对应该结构体数组元素各成员的具体值,表中的行数对应结构体数组的长度,如图 11-3 所示。

	num	name	sex	age	address	score	ranking	
p→	20110301	zhang san	M	18	QingDao	95.5	0	Stu[0]
	20110302	Li si	M	18	BeiJin	90	0	Stu[1]
	⋮	⋮	⋮	⋮	⋮	⋮	⋮	
	20110399	Wang wu	W	19	TianJin	85.5	0	
	20110400	Zhao liu	M	18	JiNan	80	0	Stu[99]

图 11-3 结构体数组的存储

结构体数组的定义方法和基本类型数组的定义方法非常相似,例如:

```
struct student stu[100];
```

表示定义了一个结构体数组 stu。其中,数组名 stu 表示该结构体数组的首地址,共包含 100 个数组元素,每个数组元素都可以存放一名学生信息。也就是说,stu 数组最多可以存放 100 名学生的信息。为了能存放多名学生信息,数组 stu 中的每个数组元素都需要分配 47 个字节,总共包含 100 个数组元素,因此,结构体数组 stu 所占字节数是:47×100=4700 个字节。

同样,也可以对结构体数组进行初始化,由于数组中的每个数组元素相当于一个结构体变量,因此,通常将其成员的值依次放在一对花括号中,以便区分各个元素。例如:

```
struct student stu[100] = { {"20110301","zhangsan",'M',18,"Qingdao",95.5,0},
                            {"20110302","lisi",'M',18,"Beijing",90,0}};
```

定义结构体数组时,也可以不指定数组的长度,编译时,系统会根据给出初值的成员个数来确定数组的长度。例如:

```
struct student stu[ ] = { {"20110301","zhangsan",'M',18,"Qingdao",95.5,0},
                          {"20110302","lisi",'M',18,"Beijing",90,0}};
```

省略了数组长度100,则系统会认为该数组的长度为2。

在本案例中,需要用户直接输入多名学生的信息,因此,在这里,对结构体数组不用进行初始化操作。

学习一维数组时讲过,数组中每个数组元素就相当于一个变量。所以,在结构体数组中,同样也可以对数组元素中的成员进行引用。

结构体数组中成员的引用格式为:

结构体数组名[下标].成员名;

例如,在前面的定义中,如果要引用结构体数组stu的第一个数组元素stu[0]中的age成员,可以写成:

```
stu[0].age
```

注意,不要写成:

```
stu.age
```

在本案例中,需要对结构体数组的各个数组元素输入多个学生信息,因此,利用循环,每次循环输入一个学生信息,循环语句中使用的输入函数scanf形式如下:

```
scanf("%d%s%c%d%s%f",&stu[i].num,stu[i].name,&stu[i].sex,
                     &stu[i].age,stu[i].address,&stu[i].score);
```

其中,对每个数组元素中的ranking成员需要后面程序中计算出来,在输入函数中,不用对ranking成员进行输入。同样,结构体数组的数组元素stu[i]和结构体变量一样,是否表示地址值是以该数组元素的成员为准。

11.1.6 程序实现

具体算法:首先定义一个包含7项数据的结构体类型student;然后,在main函数中利用结构体类型student定义结构体数组用来存储各学生信息;再利用循环,分别输入各学生信息,并存放在结构体数组中;最后,输出结构体数组中存储学生的信息。

程序代码如下:

```
#include<stdio.h>
#define N 100
struct student
{
    int num;
    char name[10];
```

```
    char sex;
    int age;
    char address[20];
    float score;
    int ranking;
};
void main()
{
    struct student stu[N];
    char ch;
    int i = 0,n;
    while(1)
    {
        printf("please input %d student information\n",i + 1);
        printf("number:");
        scanf("%d",&stu[i].num);
        printf("name:");
        scanf("%s",stu[i].name);
        printf("sex:");
        getchar();
        scanf("%c",&stu[i].sex);
        printf("age:");
        scanf("%d",&stu[i].age);
        printf("address:");
        scanf("%s",stu[i].address);
        printf("score:");
        scanf("%f",&stu[i].score);
        stu[i].ranking = 0;
        i++;
        getchar();
        printf("Whether to continue the input?(y/n):");
        scanf("%c",&ch);
        if(ch == 'y'||ch == 'Y')  continue;
        else  break;
    }
    n = i;
    for(i = 0;i < n;i++)
        printf("%d student information: %d %s %c %d %s %f\n",
            i + 1, stu[i].num,stu[i].name,stu[i].sex,stu[i].age,stu[i].address,stu[i].score);
}
```

程序运行结果如图 11-4 所示。

程序说明：

(1) 程序中，定义了一个结构体数组 stu 和用来对输入学生个数进行计数的变量 i，除此之外，还定义了一个字符型变量 ch，主要用来通过接收到的字符判断用户是否继续输入学生信息。

(2) 因为，不清楚用户需要输入多少个学生信息，所以，在 while 循环语句中使用了永远为真值的循环条件 while(1)。在循环体的 if 语句中，通过变量 ch 的值来判断用户是否还

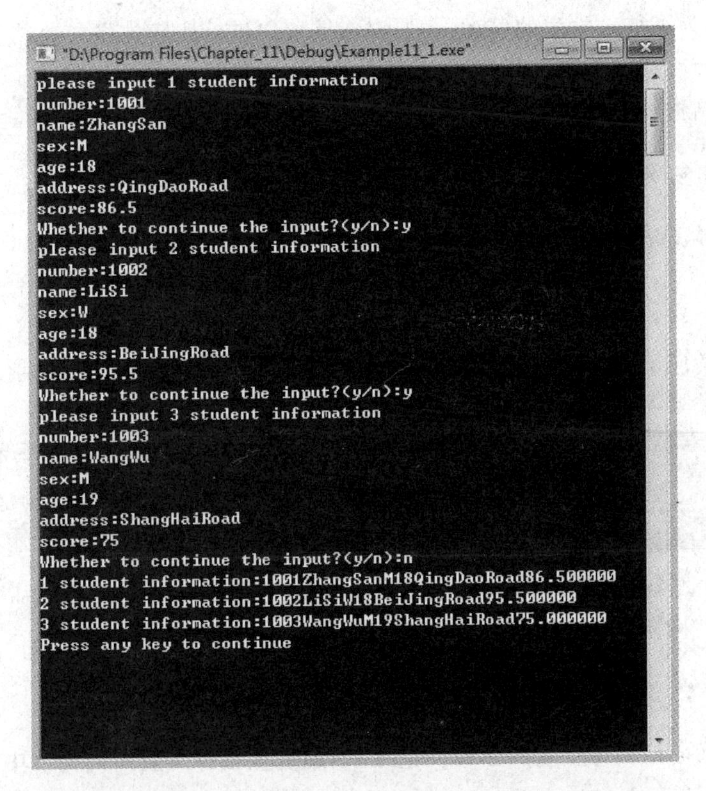

图 11-4　建立学生信息库程序运行结果

继续输入，如果用户输入字符'Y'或'y'，则使用 continue 语句继续输入下一个学生信息，否则，结束输入，退出 while 循环。

(3) 程序中使用多个 scanf 函数对学生的每个成员分别进行输入，其主要原因是有效区分 name 成员和 sex 成员的输入。这里，getchar()函数的作用是接收输入的回车符，保证了数据输入的正确性。

(4) 退出 while 循环后，将记录输入学生总个数的变量 i 的值赋给变量 n，这样，输出时，循环 n 次依次输出全部学生信息的值。

11.2　案例二　按学生成绩排序

11.2.1　案例描述及分析

【案例描述】

通过案例一建立的学生信息库，依据成绩计算出该学生在全班中的名次，并赋给结构体类型中的成员 ranking，最后，按 ranking 成员的值从小到大输出所有学生的基本信息。

【案例分析】

在学习指向数组的指针变量中，可以体会到，指针变量能够方便灵活地引用数组中的各个数组元素。在复杂的结构体数组中，通过一个指向结构体数组的指针变量来引用数组元素中各成员的数据完成对结构体数组的操作。

本案例中，为了得出学生的名次，需要对成绩依次进行比较排序。通过两个分别指向结构体数组的指针变量p、q来引用数组元素中的score成员完成相应操作。那么，如何利用指针变量引用结构体中的成员呢？

11.2.2 指向结构体类型的指针变量

一个结构体变量的指针就是该变量所占据内存段的起始地址。可以定义一个指针变量，用来指向这个结构体变量，此时，该指针变量的值是结构体变量的起始地址。指针变量也可以用来指向结构体数组中的元素。

定义一个指向结构体类型的指针变量和前面学习的指针变量的定义形式相同，无非就是该定义的基类型名是一个结构体类型。

例如，在本案例中需要定义一个指向结构体数组的指针变量，采用如下定义语句：

```
struct student stu[100], * p = stu;
```

表示定义了一个结构体数组stu和一个指针变量p，并给指针变量p进行了初始化，使指针变量p指向了结构体数组stu的首地址，如图11-3所示中的p指向了stu[0]。

11.2.3 指针变量引用结构体中的成员

定义一个指向结构体变量的指针变量之后，通过该指针变量对结构体中的成员进行“间接引用”。

假设有指针变量p指向了student结构体类型的变量stu1，通过指针变量p进行引用结构体变量stu1的成员可采用如下两种方式。

1. (* 指针变量名).成员名

这种形式是通过小括号“( )”、指针运算符“*”和成员运算符“.”三部分组成，因成员运算符“.”的优先级要高于指针运算符“*”，所以，其中的小括号不能省略。例如：

```
(* p).age
```

表示通过指针变量p引用了结构体变量stu1的age成员。其中，* p等同于其指向的结构体变量stu1，因此，“(* p).age”的作用等价于“stu1.age”。

注意，不能写成：

```
* p.age
```

这样，按照优先级，* p.age相当于*(p.age)，显然这是非法的，因为age不是一个指针变量的成员。

2. 指针变量名->成员名

第一种形式虽然直观，好理解，但没有很好地突出指针变量的间接引用。因此，在C语言中，提供了一个箭头“->”称为结构指向运算符，它由减号“-”和大于号“>”两部分组成，它们之间不得有空格，其优先级和前面的成员运算符“.”相同。例如，通过指针变量p引用stu1变量的age成员也可以写成：

```
p->age
```

在本案例中，通过两个分别指向结构体数组的指针变量 p、q 来引用数组元素的 score 成员进行比较，通过比较，使 p 指向的学生名次增 1，则可以使用如下判断语句：

```
if(p->score<q->score)
    p->ranking++;
```

该语句表示如果 p 指向数组元素中的 score 成员小于 q 指向数组元素中的 score 成员，则将 p 指向数组元素中的 ranking 成员值增 1。

在这里需要注意，箭头"－＞"的优先级要高于自增运算符"＋＋"，因此，该语句相当于(p－＞ranking)＋＋。

11.2.4 程序实现

具体算法：首先定义两个能够指向 student 结构体数组的指针变量 p、q；然后，利用前面案例中输入的学生信息计算每位学生的名次，计算过程是让指针变量 p 每指向一个数组元素，指针变量 q 依次指向其他数组元素，并对两者指向数组元素中的 score 成员进行比较，如果 p 指向数组元素的 score 成员小于 q 指向数组元素的 score 成员，则让 p 指向数组元素的 ranking 成员值增 1；最后，利用选择排序法依据 ranking 的值对结构体数组进行从小到大排序并依次输出到显示器上。

程序代码如下：

```
#include<stdio.h>
struct student
{
    int num;
    char name[10];
    char sex;
    int age;
    char address[20];
    float score;
    int ranking;
  };
  void main()
  {
    struct student stu[100], *p, *q,t;
    char ch;
    int i=0,j,n;
    while(1)
    {
        printf("please input %d student information\n",i+1);
        printf("number:");
        scanf("%d",&stu[i].num);
        printf("name:");
        scanf("%s",stu[i].name);
```

```
            printf("sex:");
            getchar();
            scanf(" %c",&stu[i].sex);
            printf("age:");
            scanf(" %d",&stu[i].age);
            printf("address:");
            scanf(" %s",stu[i].address);
            printf("score:");
            scanf(" %f",&stu[i].score);
            stu[i].ranking = 0;
            i++;
            getchar();
            printf("Whether to continue the input?(y/n):");
            scanf(" %c",&ch);
            if(ch == 'y'||ch == 'Y')  continue;
            else  break;
        }
        n = i;
        for(i = 0;i < n;i++)
        {
          p = &stu[i];
          for(j = 0;j < n;j++)
          {
              q = &stu[j];
              if(p -> score < q -> score)  p -> ranking++;
          }
        }
        for(i = 0;i < n - 1;i++)
           for(j = i + 1;j < n;j++)
              if(stu[i].ranking > stu[j].ranking)
              {t = stu[i];stu[i] = stu[j];stu[j] = t;}
        p = stu;
        for(i = 0;i < n;i++,p++)
           printf(" %d student information: %d %s %c %d %s %f %d\n",
                  i + 1,p -> num, p -> name, p -> sex, p -> age, p -> address, p -> score, p -> ranking);
}
```

程序运行结果如图 11-5 所示。

程序说明：

(1) 在 main 函数中，通过 while 循环向结构体数组 stu 输入若干个学生信息后，使用 for 循环的嵌套完成对每个数组元素的 score 成员与其他数组元素的 score 成员进行一一比较。当指针变量 p 指向数组元素 stu[i]时，指针变量 q 指向数组元素 stu[j](下标变量 j 从零开始，直至最后一个学生)，利用 p 引用数组元素 stu[i]中的 score 成员分别与 q 引用从数组元素 stu[0]至数组元素 stu[n−1]的 score 成员进行比较，通过比较，计算出 p 指向 stu[i]中的 ranking 成员的值。

(2) 当所有的数组元素都与其他数组元素比较后，依次得出了 student 结构体数组中的每个数组元素的名次。

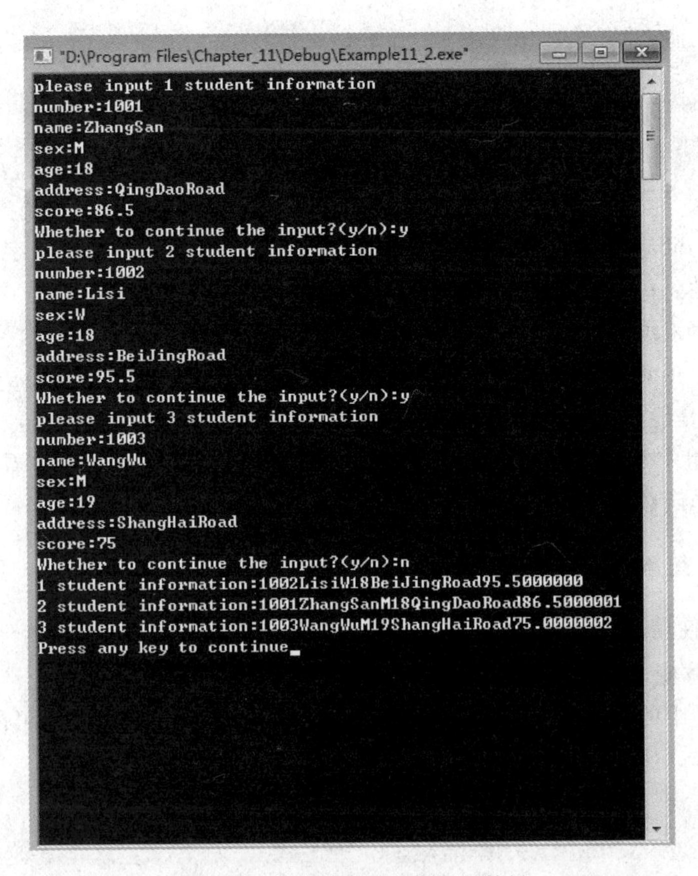

图 11-5　按成绩排序程序运行结果

(3) 程序中使用了选择法排序算法，依据 ranking 成员的值对学生信息进行了排序，语句“t=stu[i];stu[i]=stu[j];stu[j]=t;”利用了中间结构体变量 t 对结构体数组元素进行整体交换。

(4) 最后，指针变量 p 从指向结构体数组 stu 的首地址开始，直至指向最后一个数组元素 stu[n−1]，分别利用指针变量 p 引用每个数组元素的全部信息显示到显示器上。

11.3　案例三　统计候选人票数

11.3.1　案例描述及分析

【案例描述】

对候选人得票的统计程序：设有三个候选人，要求编写一个函数，此函数完成对 N 个选票中的名字进行统计，并在主函数中输出各个候选人的得票结果。

【案例分析】

候选人的共同特点是由姓名和得票数组成，因此，可以定义一个候选人的结构体类型，其包含姓名和得票数两个成员。之后，通过该类型定义一个能存放三个候选人信息的结构体数组，并对结构体数组进行初始化。定义结构体类型可采用如下形式：

```
struct candidate
 {
    char name[10];
    int count;
 };
```

其中,struct candidate 是候选人结构体类型名,第一个成员 name 是一个字符型数组,用来存放候选人的姓名;第二个成员 count 用来存放候选人的得票数。

编写一个用来统计候选人得票数的函数,需要将主函数中定义的存放三个候选人信息的结构体数组 lead 传递给子函数,因此,在函数调用中用该结构体数组 lead 的首地址作实参,对应的形参是能够接收结构体数组首地址的指针变量。最后,在子函数中,通过指针变量引用 lead 数组中的成员信息完成对候选人的得票数进行统计。下面来看看,结构体类型的数据是如何作函数参数的?

11.3.2 用结构体类型的数据作函数参数

实际上,在使用函数时,用结构体类型的数据作函数参数可以分为如下几种情况。

1. 用结构体变量的成员作参数

结构体变量中的每个成员可以是简单变量、数组或指针变量等,它们可以参与所属类型允许的任何操作。例如,将候选人的得票数作函数实参的调用形式是:

```
fun(lead[0].count);
```

对应的函数形参必须是一个整型变量:

```
fun(int x){}
```

此时,函数发生"单向值"传递,也就是将第一个候选人的得票数传递给形参变量 x。在函数 fun 中,变量 x 的任何操作对 lead[0].count 的值不产生任何影响。

2. 用结构体变量作参数

当把结构体变量中的数据作为一个整体传送给相应的形参时,传递的是实参结构体变量中的值,系统将为结构体类型形参开辟相应的存储单元,并将实参中各成员的值一一对应赋给形参中的成员。在被调函数内对形参结构体变量中的任何成员进行操作,都不会影响到对应实参结构体变量中的成员值,从而保证了调用函数中数据的安全,但这也限制了将运算结果返回给调用函数。

例如,如果将第一个候选人作为整体进行传送,函数的调用形式是:

```
fun(lead[0]);
```

对应的函数形参必须是一个 struct candidate 结构体类型的变量:

```
fun(struct candidate x){}
```

此时，函数同样发生的是"单向值"传递，也就是将第一个候选人的两个成员数据分别传递给形参变量 x 中的两个成员，在 fun 函数内对变量 x 中的成员操作，不会影响到实参 lead[0]中的成员值。

3. 用指向结构体变量的指针作参数

这一种方式是将结构体变量的地址作为实参传递，对应的形参是一个能够接收地址的指针变量，这里需注意指针变量的基类型要与实参结构体变量的类型相同。这时，系统只需为作形参的指针变量开辟一个存储单元用来存放实参结构体变量的地址值，而不必另外建立一个结构体变量。通过形参指针变量指向实参结构体变量的地址，在程序执行过程中，既可以减少系统操作所需的时间，提高程序的执行效率，又可以通过函数调用，有效地修改实参结构体中成员的值。

例如，如果将第一个候选人的地址作函数实参，其调用形式如下：

```
fun(&lead[0]);
```

对应的是一个指向结构体变量地址的指针变量作函数的形参，函数的定义如下：

```
fun(struct candidate *x){}
```

此时，函数发生"地址"传递，指针变量 x 指向了第一个候选人的首地址。在 fun 函数内通过指针变量 x 去修改和引用第一个候选人 lead[0]中的成员值。

4. 向函数传递结构体数组名

结构体数组名作函数实参，向函数形参传递的是该结构体数组的首地址，因此，函数中对应的形参也是指向结构体数组首地址的指针变量。在子函数中，利用指针变量对结构体数组进行的任何操作都会直接影响到主函数中作实参的结构体数组。

在本案例中，子函数中统计候选人的得票数，需要修改各候选人的 count 成员值，因此，将结构体数组的首地址作为函数实参传递给子函数，函数的调用形式如下：

```
fun(lead);
```

对应的是一个能指向该结构体类型的指针变量作函数的形参，函数的定义形式如下：

```
fun(struct candidate *x){}
```

此时，函数发生"地址"传递，即指针变量 x 指向了候选人结构体数组 lead 的首地址。在 fun 函数中可以通过 x 来引用结构体数组 lead 中的各候选人的成员值，并完成统计票数的功能。

5. 函数的返回值是结构体类型

通过函数，不但能够返回整型、实型等简单数据，而且还可以用函数返回一个结构体类型的数据。例如，假设通过一个函数比较候选人的得票数，返回得票数大的候选人，则可以有如下定义：

```
struct candidate fun()
{        }
```


在函数体中,return 语句返回的必须是候选人结构体类型的变量。在主调函数内可以得到从被调函数返回的结构体类型变量的各个成员值。

6. 函数的返回值可以是指向结构体变量的指针类型

同样,函数也可以返回一个结构体变量的地址。例如,假设进行候选人得票数的比较,返回得票数最大的候选人地址,则可以有如下定义:

```
struct candidate * fun()
{        }
```

在函数体中,return 语句返回的就不是一个候选人结构体类型变量了,而是该结构体变量的地址。在主调函数内可以通过一个指向结构体类型的指针变量存放从被调函数返回的结构体变量的地址值。

11.3.3 程序实现

具体算法:首先在 main 函数中定义存放三个候选人信息的结构体数组 lead,并对 lead 数组进行初始化;其次,通过调用子函数完成候选人得票数的统计功能,统计过程是利用循环,每次循环都对一张选票的名字与候选人名字进行比较,若相同,将对应候选人的 count 成员值增 1;最后,输出三个候选人的姓名以及得票数。

程序代码如下:

```
#include <stdio.h>
#define N 20
struct candidate
{
    char name[10];
    int count;
};
int fun(char *p,char *q)
{
    while(*p==*q&&*p!='\0'&&*q!='\0')
    {
        p++;
        q++;
    }
    return *p-*q;
}
void statistics(struct candidate *p,int n)
{
    int i,j;
    char name[10];
    struct candidate *q=p;
```

```
    for(i = 1;i <= N;i++)
    {
        printf("input candidate name:");
        scanf("%s",name);
        for(j = 0;j < n;j++,p++)
            if(fun(name,p -> name) == 0) p -> count++;
        p = q;
    }
}
void output(struct candidate * p,int n)
{
    int i;
    for(i = 0;i < n;i++,p++)
        printf("%5s:%d\n",p -> name,p -> count);
}
void main()
{
    struct candidate  lead[3] = {"Zhang",0,"Li",0,"Wang",0};
    statistics(lead,3);
    output(lead,3);
}
```

程序运行结果如图 11-6 所示。

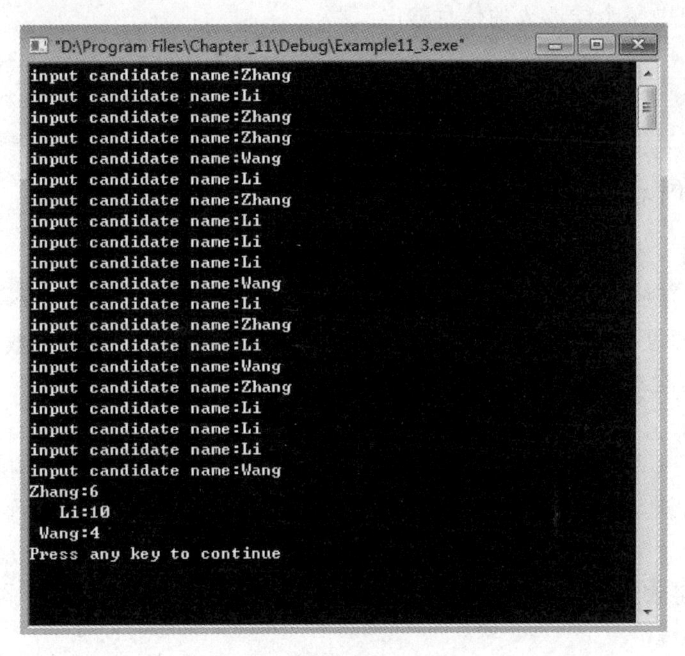

图 11-6　统计候选人票数程序运行结果

程序说明：

(1) 程序中，通过定义一个函数 statistics 完成对候选人得票数的统计，并将统计结果分别赋给 struct candidate 结构体类型数组的 count 成员。

(2) statistics函数的形参是用一个能指向struct candidate结构体类型的指针变量p作函数形参来接收主函数中结构体数组lead的首地址,使p指向lead的首地址后,通过p引用lead数组中每个候选人的成员;为了增强程序的灵活性,函数中设置了一个形参变量n用来接收结构体数组lead的数组长度,也就是候选人的个数。

(3) 在statistics函数体中,首先定义了一个字符型数组name用来临时记录选票中的名字,它与struct candidate结构体类型的name成员的引用方式不同,因此,在这里不会发生任何命名冲突。由于程序需要移动指针变量p来完成每个候选人的name成员和选票中名字的比较,所以函数中还需要定义一个指针变量q用来保存该结构体数组的首地址。当一张选票统计完后,指针变量p必须重新指向结构体数组的首地址,执行"p=q;"语句,以便统计下一张选票。

(4) 选票的统计过程主要在statistics函数中的for循环语句中完成,每循环一次统计一张选票。在循环体中,首先输入选票中的名字给字符型数组name,然后,通过调用字符串比较函数fun来完成p指向候选人的name成员与当前选票中名字的比较。当选票中的名字与某个候选人的name成员相同时,则执行语句"p->count++;"使记录该候选人得票数count成员值增1。

(5) 在主函数main中,定义了结构体数组lead,并进行了初始化。当调用statistics函数后,通过调用output函数输出三个候选人的名字及得票数。同样,在output函数中,使用结构体数组名lead作函数实参,对应的形参是一个指针变量p,用来指向lead的首地址,并完成lead数组中每个候选人的信息输出。

11.4 案例四 创建链表

11.4.1 案例描述及分析

【案例描述】

创建一个能存放N个整数的链表,所谓链表是各数据元素在内存中不需要像数组那样连续存放,而是通过指针将各数据单元链接起来,就像一条"链子"一样将数据单元前后元素链接起来。

【案例分析】

如果将N个整数存放在数组中,各数据之间的存储位置是相邻的。假设要在数组中对数据进行插入和删除操作,为了实现连续性,需要大量地移动数组中的数据,这样,就大大降低了程序的执行效率。因此,在C语言中,通过结构体类型来创建一个链表,将数据存放在这个链表中,在链表中对数据进行插入和删除操作后,不用改变数据位置的情况下,仍保持链表中数据的连续性。

11.4.2 利用结构体变量构成链表

在计算机中,链表是常见的一种数据结构。如图11-7所示表示了一种最简单的链表结构,它有一个"头指针"(head)指向第一个元素,链表中每个元素称为一个"节点",每个节点包括两部分:一是用户存放的数据,称为数据域(data);二是指向下一个节点的地址,称为指针域(next)。最后一个节点不再指向下一个元素，因此，该节点的地址部分为 NULL(空指针)。

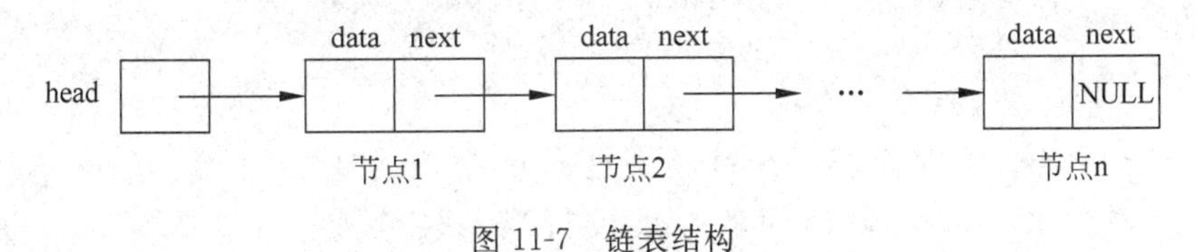

图 11-7 链表结构

链表是由若干个节点组成，每个节点的共同特点是由数据域和指针域组成。那么，通过结构体类型对节点进行定义，因此，节点的结构体类型有存放数据和指针的两个成员，例如：

```
struct node
{
  int data;
  struct node * next;
};
```

其中，data 是存放整型数据的数据成员；next 是指向下一个节点地址的指针成员。因为 next 成员要存放下一个节点的地址，下一个节点的类型也是 struct node 类型，所以，next 成员的基类型是 struct node 类型，即自身的结构体类型。当一个结构体中有一个或多个成员的基类型是本结构体类型时，通常把这种结构体称为可以"引用自身的结构体"。

注意上面只定义了一个 struct node 结构体类型，并未实际分配任何存储空间，要想开辟一个节点的存储单元，需要通过 struct node 结构体类型定义多个结构体变量，每一个变量就相当于一个节点，然后再将这些结构体变量链接起来形成链表。但是，在多数情况下，链表的每个节点并不是通过定义变量来实现的，而是需要一个节点时，才开辟一个节点的存储单元，这种分配存储空间的方法称为动态存储分配。

11.4.3 动态存储分配

在此之前，程序中定义一个变量或一个数组都是预先为其分配适当的内存空间，这些空间一经分配，在变量或数组的生存期内是固定不变的，这种分配方式称作"静态存储分配"。而有时，需要存储空间的大小是在程序执行过程中才能确定，因此，C 语言中还有一种称作"动态存储分配"的内存空间分配方式：在程序执行期间需要空间来存储数据时，通过"申请"得到指定的内存空间，当有闲置不用的空间时，可以随时将其释放，由系统另作他用。如何动态地开辟和释放存储单元？C 语言中的库函数提供了专门动态获得和释放内存空间的函数。

1. malloc 函数

函数的调用形式是：

```
malloc(整型常量表达式);
```

其中，整型常量表达式表示需要存储空间的字节数。

malloc 函数是用来分配一定字节数的连续存储空间，其返回一个指向该存储空间首地址且该地址的基类型为 void 类型，若没有足够的内存单元供分配，则返回空(NULL)。例

如,在本案例中,如果需要一个节点的存储空间,则可以采用如下语句:

```
struct node * pn = (struct node * )malloc(sizeof(struct node));
```


说明:

(1) 因为 malloc 函数返回一个基类型是 void 类型的地址,所以,需要对 malloc 函数返回的地址进行强制转换成 struct node 类型的地址"(struct node *)",这样,基类型为 struct node 的指针变量 pn 就可以指向该存储空间了,如图 11-8 所示。

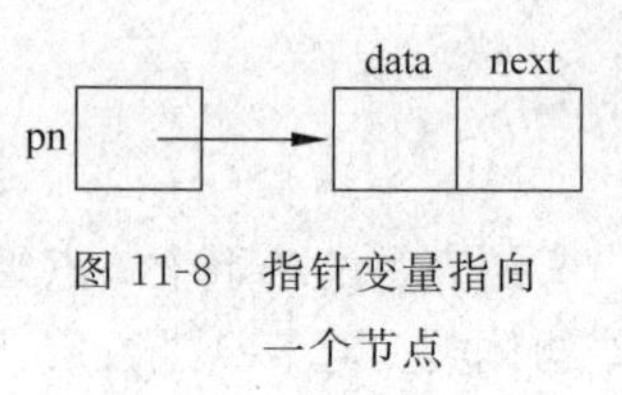

图 11-8 指针变量指向一个节点

(2) 在 malloc 函数的实参中,"sizeof(struct node)"的作用是计算出结构体 struct node 类型的字节数。

(3) 由动态存储分配方式得到的存储单元没有名字,只能靠指向它的指针变量来引用和操作里面的数据。在该例子中,一旦指针变量 pn 改变了指向,即存储了其他节点的地址,那么,刚才动态分配的存储单元在程序整个运行期间都存在但无法再使用,造成内存浪费。为了解决这个问题,需要在不使用动态分配的存储空间时,一定对其进行释放。

2. free 函数

函数的调用形式是:

```
free(pn);
```

其中,pn 表示一个已经指向动态分配存储空间的指针变量。

该函数的作用是释放指针变量 pn 指向的存储空间,使这部分存储空间可以由系统重新支配。

free 函数无返回值。

在这里,需要特别注意,free 函数释放的是 pn 指向的存储空间,并不是释放指针变量 pn 所占用的存储空间,也就是说,指针变量 pn 经过函数 free 释放后还存在,并可以存放其他空间的地址,从而指向其他空间。

11.4.4 程序实现

具体算法:首先开辟一个节点,存入数据并让头指针 head 指向该节点;然后利用循环依次新开辟一个节点存入数据,并接入上一个节点的后面;循环退出后,将最后一个节点的指针域赋为 NULL 空指针,最终建立了一个由头指针 head 指向的链表,并输出该链表。

程序代码如下:

```
#include <stdio.h>
#include <stdlib.h>
#define N  10
struct node
{
    int data;
    struct node * next;
```

```
};
struct node * creat_list()
{
    int x,i;
    struct node * head, * p, * q;
    head = (struct node * )malloc(sizeof(struct node));
    p = head;
    scanf(" % d",&x);
    p -> data = x;
    for(i = 1;i < N;i++)
    {
      scanf(" % d",&x);
      q = (struct node * )malloc(sizeof(struct node));
      q -> data = x;
      p -> next = q;
      p = q;
    }
    p -> next =  NULL;
    return head;
}
void output_list(struct node * h)
{
  struct node * p = h;
  printf("head");
  while(p!= NULL)
  {
     printf(" -> % d",p -> data);
     p = p -> next;
  }
  printf("\n")
}
void main()
{
    struct node * head;
    head = creat_list();
    printf("Create the list is:");
    printf("\n");
    output_list(head);
}
```

程序运行结果如图 11-9 所示。

程序说明：

(1) 程序中需要使用 malloc 函数进行动态分配内存来建立链表，而 malloc 函数的定义在 C 标准文件 stdlib. h 中，因此，需要在程序开头处包含一个头文件 stdlib. h。

(2) 在程序中，除了 main 函数外，还定义了 creat_list、output_list 两个函数，其功能分别是创建一个链表和输出一个链表。

(3) creat_list 函数是在创建一个链表后，要将该链表中第一个节点的地址返回，所以，creat_list 函数是一个返回 struct node 类型指针的函数。

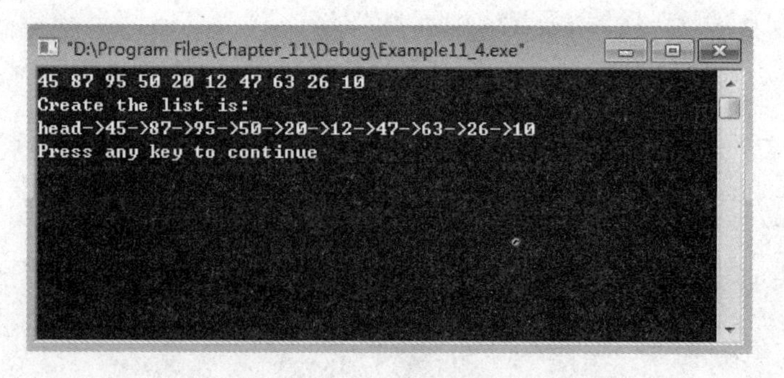

图 11-9　创建链表程序运行结果

(4) 在 creat_list 函数体中，定义整型变量 x 的作用是接收用户输入的一个整数，再将接收的整数值 x 放入节点的数据域中。定义指针变量 head 的作用是指向链表的第一个节点地址；定义指针变量 p、q 的作用是实现节点之间的链接。

(5) creat_list 函数创建链表的整个过程是：首先，指针变量 head 指向由 malloc 创建的一个节点地址，且将该地址赋给 p，如图 11-10(a)所示；然后，通过 for 循环来链接 N－1 个节点形成链表，在 for 循环中，输入整数给变量 x，指针变量 q 获得由 malloc 分配的新节点地址，使用语句"q－>data＝x;"将 x 的值存入 q 指向新节点的数据域中，再通过语句"p－>next＝q;"将新节点地址存入 p 指向节点的指针域中，如图 11-10(b)所示；最后，移动 p 指针，使 p 指向当时链表的末节点地址以便接入新的节点，如图 11-10(c)所示完成了一个节点的接入；以此类推，进入下一次循环以同样的方式接入新的节点，链接完成后，需要使用语句"p－>next＝ NULL;"将链表中最后一个节点的指针域赋为 NULL 空指针，表示整个链表创建结束；语句"return head;"返回链表的第一个节点地址。

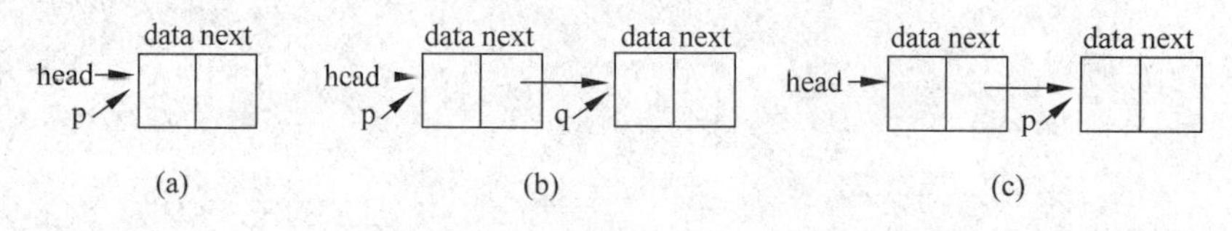

图 11-10　建立链表的过程

(6) 在输出链表 output_list 函数中，用指针变量 head 作形参来接收从主调函数传递来的第一个节点地址，其输出过程如图 11-11 所示，p 先指向第一个节点，输出完第一个节点数据之后，p 移到图中 p′虚线位置，指向第二个节点。程序中通过 while 循环依次移动 p 的指向来访问各节点数据域中的数值，其中"p＝p－>next;"的作用是将 p 原来所指向的节点中 next 的值赋给 p，而 p－>next 的值就是下一个节点的起始地址，将该地址赋给 p，使 p 指向了下一个节点，完成 p 在链表中的移动。

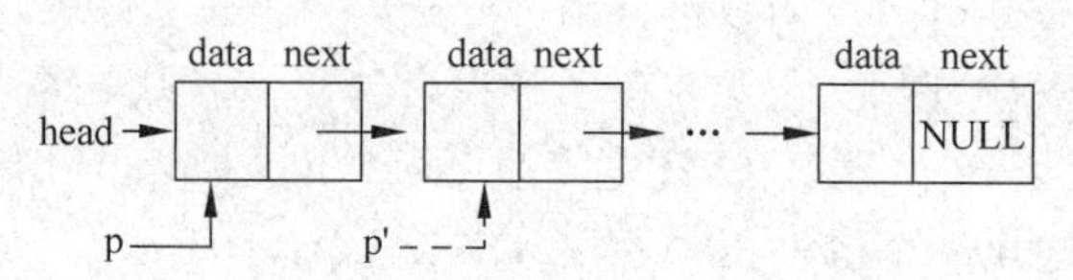

图 11-11　对链表的输出过程

习　题　11

一、选择题

1. 当说明一个结构体变量时系统分配给它的内存是(　　)。

A. 结构中第一个成员所需内存量　　B. 各成员所需内存量的总和

C. 成员中占内存量最大者所需的容量　　D. 结构中最后一个成员所需内存量

2. 设有以下说明语句

```
struct uu
{
    int n;
    char ch[8];
} PER;
```

则下面叙述中正确的是(　　)。

A. struct 是结构体标识名　　B. PER 是结构体标识名

C. struct uu 是结构体标识名　　D. uu 是结构体标识名

3. 已知有如下定义：

```
struct a{char x; double y;}data, *t;
```

若有 t=&data,则对 data 中的成员的正确引用是(　　)。

A. (*t).x　　B. (*t).data.x　　C. t->data.x　　D. t.data.x

4. 设有如下定义：

```
struct sk
{
    int a;
    float b;
} data;
int *p;
```

若要使 p 指向 data 中的 b 域,正确的赋值语句是(　　)。

A. p=data.b;　　B. p=&b;　　C. p=&data.b;　　D. *p=data.b;

5. 已知学生记录描述为：

```
struct student
{
    int no;
    char name[20],sex;
    struct
    {
        int year,month,day;
    } birth;
};
struct student s;
```

设变量 s 中的“生日”是“1984 年 11 月 12 日”，对“birth”正确赋值的程序段是(　　)。

A. s. birth. year=1984;s. birth. month=11;s. birth. day=12;

B. birth. year=1984;birth. month=11;birth. day=12;

C. s. year=1984;s. month=11;s. day=12;

D. year=1984;month=11;day=12;

6. 有如下定义

```
struct person{char name[9];int age;};
struct person class[10] = {"John",17,"paul",19,"Mary",18,"Adam",16,};
```

根据上述定义，能输出字母 M 的语句是(　　)。

A. printf("%c\n",class[2]. name[1]);

B. printf("%c\n",class[3]. name);

C. printf("%c\n",class[3]. name[1]);

D. printf("%c\n",class[2]. name[0]);

7. 若程序中有以下的说明和定义：

```
struct abc
{ int x;char y; }
struct abc s1,s2;
```

则会发生的情况是(　　)。

A. 能顺序通过编译，但链接出错　　B. 程序将顺序编译、链接、执行

C. 能顺序通过编译、链接，但不能执行　　D. 编译出错

8. 有以下程序段

```
struct st
{   int x;   int *y;} *pt;
int a[] = {1,2};b[] = {3,4};
struct st  c[2] = {10,a,20,b};
pt = c;
```

以下选项中表达式的值为 11 的是(　　)。

A. *pt->y　　B. ++pt->x　　C. pt->x　　D. (pt++)->x

9. 有以下说明和定义语句

```
struct student
{ int age; char num[8];};
struct student stu[3] = {{20,"200401"},{21,"200402"},{19,"200403"}};
struct student *p = stu;
```

以下选项中引用结构体变量成员的表达式错误的是(　　)。

A. (p++)->num　　B. stu[3]. age

C. p->num　　D. (*p). num

10. 在 VC++ 6.0 下，定义以下结构体类型

```
struct s
```

```
{
    int  a;
    char  b;
    float  f;
};
```

则语句 printf("%d",sizeof(struct s))的输出结果为(　　)。

A. 9　　　　B. 8　　　　C. 7　　　　D. 6

11. 在 VC++ 6.0 下,定义以下结构体类型

```
struct s
{ int x;
 float f;
 }a[3];
```

语句 printf("%d",sizeof(a))的输出结果为(　　)。

A. 20　　　　B. 24　　　　C. 16　　　　D. 12

12. 定义以下结构体数组

```
struct c
{ int x;
 int y;
 }s[2] = {1,3,2,7};
```

语句 printf("%d",s[0]. x * s[1]. x)的输出结果为(　　)。

A. 4　　　　B. 3　　　　C. 2　　　　D. 5

13. 在 VC++ 6.0 下,定义以下结构体类型

```
struct  student
{
    char  name[10];
    int  score[50];
    float  average;
}stud1;
```

则 stud1 占用内存的字节数是(　　)。

A. 202　　　　B. 210　　　　C. 206　　　　D. 214

14. 如果有下面的定义和赋值

```
struct  SNode
{
    unsigned id;
    int data;
}n, * p;
p = &n;
```

则使用(　　)不可以输出 n 中 data 的值。

A. n. data　　　　B. p. data　　　　C. p－>data　　　　D. (* p). data

15. 根据下面的定义,能输出 Mary 语句的是(　　)。

```
    struct person
    {
        char name[9];
        int age;
    };
struct person class[5] = {"John",17,"Paul",19,"Mary",18,"Adam",16};
```

A. printf("%s\n",class[0].name);　　B. printf("%s\n",class[1].name);
C. printf("%s\n",class[2].name);　　D. printf("%s\n",class[3].name);

16. 定义以下结构体数组

```
struct date
{
    int year;
    int month;
    int day;
};
struct s
{
    struct date birthday;
    char name[20];
} x[4] = {{2008, 10, 1, "guangzhou"}, {2009, 12, 25, "Tianjin"}};
```

语句 printf("%s,%d",x[0].name,x[1].birthday.year);的输出结果为(　　)。

A. guangzhou,2009　　B. guangzhou,2008
C. Tianjin,2008　　D. Tianjin,2009

17. 定义以下结构体数组

```
struct
{
  int num;
  char name[10];
}x[3] = {1,"china",2,"USA",3,"England"};
```

语句 printf("\n%d,%s",x[1].num,x[2].name)的输出结果为(　　)。

A. 3,England　　B. 2,USA　　C. 2,England　　D. 1,china

18. 定义以下结构体数组

```
struct  date
{
    int  year;
    int  month;
};
struct  s
{
   struct date birth;
   char  name[20];
}x[4] = {{2008,8,"hangzhou"},{2009,3,"Tianjin"}};
```

语句 printf("%c,%d",x[1].name[1],x[1].birth.year);的输出结果为(　　)。

A. a,2008　　B. i,2009

C. hangzhou,2008　　D. Tianjin,2009

19. 根据下面的定义,能打印出字母 M 的语句是(　　)。

```
struct person {char name[9]; int age;};
struct person class[10] = {"John",17, "Paul",19,"Mary",18, "Adam",16};
```

A. printf("%c\n",class[3].name);　　B. printf("%c\n",class[2].name[1]);

C. printf("%c\n",class[3].name[1]);　　D. printf("%c\n",class[2].name[0]);

20. 设有以下语句:

```
struct st {int n; struct st *next;};
static struct st a[3] = {5,&a[1],7,&a[2],9,'\0'}, *p;
p = &a[0];
```

则表达式(　　)的值是 6。

A. ++p->n　　B. (*p).n++　　C. p->n++　　D. p++ ->n

21. 设有如下定义:

```
struct sk
{int a;float b;}data, *p;
```

若有 p=&data;,则对 data 中的 a 域的正确引用是(　　)。

A. p->data.a　　B. (*p).data.a　　C. (*p).a　　D. p.data.a

22. 在 VC++ 6.0 下,变量 a 在内存中所占字节数是(　　)。

```
struct  stud
{
   char  num[6];
   int   s[4];
 double  ave;
} a;
```

A. 32　　B. 26　　C. 30　　D. 34

23. 在 VC++ 6.0 下,变量 a 所占的内存字节数是(　　)。

```
struct stu
{
   char  name[20];
   long  int n;
   int   score[4];
}a;
```

A. 36　　B. 28　　C. 30　　D. 40

24. 设有以下定义语句,输出结果是(　　)。

```
struct date
{
    int cat;
```

```
    char next[10];
    double dog;
}too;
printf(" %d",sizeof(too));
```

A. 20　　B. 22　　C. 24　　D. 26

25. 设有变量定义

```
struct stu
{
    int age;
    int num;
}std, *p = &std;
```

能正确引用结构体变量std中成员age的表达式是(　　)。

A. (*p).age　　B. *p.age　　C. *std－>age　　D. std－>age

二、程序设计题

1. 已知head指向一个带头结点的单向链表,链表中每个节点包含数据域(data)和指针域(next),数据域为基本整型。请分别编写函数,在链表中查找数据域值最大的节点。

(1) 由函数值返回找到的最大值。

(2) 由函数值返回最大值所在节点的地址值。

2. 设有以下结构类型说明:

```
struct  stud
{
char num[5],name[10];
int s[4];
double ave;
};
```

请编写:

(1) 函数readrec:把30名学生的学号、姓名、4项成绩以及平均分放在一个结构体数组中,学生的学号、姓名和4项成绩由键盘输入,然后计算出平均分放在结构体对应的域中。

(2) 函数writerec:输出30名学生的记录。

(3) main函数调用readrec函数和writerec函数,实现全部程序功能(注:不允许使用外部变量,函数之间的数据全部使用参数传递)。

高级应用篇

在C语言的实际应用中，为了提高一定的编程效率，会经常使用C语言提供的标准库函数来解决实际问题，除此之外，有些重要数据的输入输出需要通过外存中的文件来完成。本篇主要讲解C语言在实际应用中使用的标准库函数以及对文件的操作方法及技巧。最后，通过一个综合案例来说明C语言在实际生活中是如何应用的。

第 12 章 常用的库函数

在 C 语言中，提供了一些标准库文件，里面定义了很多具有一定功能的函数，通过使用这些函数大大提高了 C 语言的编程效率和解决问题的能力。例如，前面用到的标准输入输出头文件“stdio.h”，里面含有 printf 函数和 scanf 函数的定义，在编程过程中使用这两个函数完成了数据的输入输出操作。当然，要使用这些函数必须用文件包含命令 include 在程序头将该文件包含进来。

表 12-1 简单列举了 C89 标准库中的一些库文件及概述，读者可以根据程序要求查找并使用这些文件中的函数。在本章中，通过案例对标准库中一些常用库函数进行详细讨论，对于其他库函数的使用方法，请读者查阅相关资料。

表 12-1 标准库中的库文件

文件名	主要完成的功能	文件名	主要完成的功能
assert.h	程序诊断与维护	signal.h	有关信号的处理
ctype.h	对字符类数据进行检测	stdarg.h	接收可变参数
errno.h	错误代码报告的库函数	stddef.h	提供了标准宏以及类型
float.h	定义浮点数的限制	stdio.h	标准的输入输出
locale.h	本地化设定，如时间、货币符号等	stdlib.h	声明了数值与字符串转换函数，伪随机数生成，动态内存分配等函数
limits.h	定义数据的限制	string.h	字符串处理函数
math.h	数学计算函数	time.h	获取一定时间和日期的功能
setjmp.h	程序的非局部跳转	graphics.h	有关图形处理的函数

12.1 案例一 多功能计算器的制作

12.1.1 案例描述及分析

【案例描述】

制作一个计算器，除了实现基本的(加、减、乘、除)算术运算功能以外，还能够对数据求平方根、平方、正弦、余弦等。

【案例分析】

求平方根、平方、正弦、余弦等复杂运算分别可以通过自定义函数来完成，但是，为了提高编程效率，本案例直接使用标准库文件 math.h 里的一些函数。在 math.h 文件中，提供了大量用于数学计算的函数，其中包括三角函数、双曲函数、指数函数、对数函数、幂函数、相近取整函数及绝对值运算函数等。这些函数大部分都是使用double类型的实际参数，并返回一个double类型的值。

12.1.2 数学计算math.h

1. 三角函数

```
double cos(double x);
double sin(double x);
double tan(double x);
double acos(double x);
double asin(double x);
double atan(double x);
double atan2(double x);
```

cos函数、sin函数、tan函数分别用来计算余弦、正弦和正切。假定PI被定义为3.141 592 65，那么以PI/4为参数调用cos函数、sin函数和tan函数会产生如下结果：

```
cos(PI/4) = > 0.707 107
sin(PI/4) = > 0.707 107
tan(PI/4) = > 1.0
```

注意：传递给cos函数、sin函数、tan函数的参数都是以弧度表示的，而不是以角度表示的。角度转换成弧度的公式是：弧度=(角度×PI)/180。

acos函数、asin函数、atan函数分别用来计算反余弦、反正弦和反正切。例如，对于1.0为参数分别调用这三个函数会产生如下结果：

```
acos(1.0) = > 0.0
asin(1.0) = > 1.5708
atan(1.0) = > 0.785 398
```

用cos函数的计算结果直接调用acos函数不一定会得到最初传递给cos函数的值，因为acos函数始终返回一个0～π的值，asin函数与atan函数会返回−π/2～π/2的值。

atan2函数用来计算y/x的反正切值，其中y是函数的第一个参数，x是第二个参数。atan2函数的返回值在−π～π。调用atan(x)与调用atan2(x,1.0)等价。

2. 双曲函数

```
double cosh(double x);
double sinh(double x);
double tanh(double x);
```

cosh函数、sinh函数和tanh函数分别用来计算双曲余弦、双曲正弦和双曲正切。例如，以0.5为参数，三个函数分别会产生如下结果：

```
cosh(0.5) = > 1.127 26
sinh(0.5) = > 0.521 095
tanh(0.5) = > 0.462 117
```

同样，传递给cosh函数、sinh函数和tanh函数的参数必须以弧度表示，而不能以角度表示。

3. 指数函数和对数函数

```
double exp(double x);
double frexp(double value, int * exp);
double ldexp(double x , int exp);
double log(double x);
double log10(double x);
double modf(double value, double * iptr);
```

其中：

exp 函数值返回 e 的 x 次幂。

log 函数与 exp 函数正相反，log 函数值返回以 e 为底 x 对数的值。

log10 函数是计算常用对数(以 10 为底)的函数。例如，以下调用产生的结果是：

```
exp(3.0) => 20.0855
log(20.0855) => 3.0
log10(1000) => 3.0
```

对于不以 e 为底或不以 10 为底的对数，计算起来也不复杂。例如，下面的函数是对任意的 x 和 b，计算出以 b 为底 x 的对数：

```
double logb(double x , double b)
{
 return log(x)/log(b);
}
```

modf 函数和 frexp 函数将一个 double 类型的值拆解为两部分。modf 将它的第一个参数分为整数和小数部分，返回其中的小数部分，并将整数部分存入第二个参数所指向的变量中，例如：

```
modf(3.14159,&int_part);
```

该函数调用的结果是：0.141 59，int_part 变量被赋值为 3.0。

虽然 int_part 的类型必须为 double，但可以随后将它强制转换成 int。

frexp 函数将浮点数拆成小数部分 f 和指数部分 n，使得原始值等于 f。函数返回 f，并将 n 存入第二个参数所指向的(整数)变量中：

```
frexp(12.0,&exp) => 0.75  (exp 被赋值为 4)
frexp(0.25,&exp) => 0.5  (exp 被赋值为 -1)
```

ldexp 函数会复原 frexp 产生的结果，将小数部分和指数部分组合成一个数：

```
ldexp(0.75,4) => 12.0
ldexp(0.5, -1) => 0.25
```

一般而言，调用 ldexp(x,exp)将返回 $x \times 2^{exp}$。

modf、frexp 和 ldexp 函数主要供 math.h 中的其他函数使用，很少在程序中直接调用。

4. 幂函数

```
double pow(double x, double y);
double sqrt(double x);
```

pow函数计算第一个参数的幂,幂的次数由第二个参数指定:

```
pow(3.0,2.0) =>9.0
pow(3.0,2.5) =>1.732 05
pow(3.0, -3.0) =>0.037 037
```

sqrt函数计算平方根:

```
sqrt(3.0) =>1.732 05
```

由于sqrt函数的运行速度非常快,因此使用sqrt计算平方根比使用pow更好。

5. 就近取整函数、绝对值函数和取余函数

```
double ceil(double x);
double fabs(double x);
double floor(double x);
double fmod(double x,double y);
```

ceil函数返回一个double类型的值,这个值是大于或等于其参数的最小整数;floor函数则返回小于或等于其参数的最大整数。例如:

```
ceil(7.1) =>8.0
ceil(7.9) =>8.0
ceil( -7.1) =>-7.0
ceil( -7.9) =>-7.0
floor(7.1) =>7.0
floor (7.9) =>7.0
floor ( -7.1) =>-8.0
floor ( -7.9) =>-8.0
```

换言之,ceil"向上舍入"到最近的整数,floor"向下舍入"到最近的整数。没有一个标准库函数用来就近舍入到最近的整数,但可以简单地使用ceil函数和floor函数来实现:

```
double round(double x)
{
    return x<0.0?ceil(x-0.5):floor(x+0.5);
}
```

fabs函数用来计算参数的绝对值。例如:

```
fabs( -7.1) =>7.1
fabs(7.1) =>7.1
```

fmod函数返回第一个参数除以第二个参数所得的余数。例如:

```
fmod(5.5,2.2) =>1.1
```

C 语言不允许对“%”运算符使用浮点操作数，不过 fmod 函数足以用来代替%运算符。

12.1.3 程序实现

具体算法：在本案例中，首先，需要提供一个显示各种计算功能与数字相对应的界面，在这个界面中，用户选择一个数字进行输入；然后，提示输入需要计算的数据；最后通过 switch 语句完成对输入数据的计算。

程序代码如下：

```
#include<stdio.h>
#include<math.h>
int main()
{
    int i,m,n;
    double x,y;
    printf("\n*************************************************************\n");
    printf("\t1. +          2. -        3. *        4./          5. x^y\n");
    printf("\t6. log        7. x^2      8.x^3       9.10^x       10.e^x\n");
    printf("\t11.cos        12.sin      13.tan      14.arcsin    15.arccos \n");
    printf("\t16.arctan     17. sinh    18.cosh     19.tanh      20. % \n");
    printf("*************************************************************\n");
    printf("Input operator code(1~20):");
    scanf("%d",&i);
    if(i>=1&&i<=6)
    {
        printf("input two data:");
        scanf("%lf%lf",&x,&y);
    }
    if(i>=7&&i<=19)
    {
        printf("input a data:");
        scanf("%lf",&x);

    }
    if(i==20)
    {
        printf("input two integer:");
        scanf("%d%d",&m,&n);
    }
    switch(i)
   {
      case 1: printf("The result is: %f+ %f= %f",x,y,x+y); break;
      case 2: printf("The result is: %f- %f= %f",x,y,x-y); break;
      case 3: printf("The result is: %f/ %f= %f",x,y,x*y); break;
      case 4: printf("The result is: %f/ %f= %f",x,y,x/y); break;
      case 5: printf("%f\'%f the power is: %f ",x, y,pow(x,y)); break;
      case 6: printf("%f the bottom of e logarithm is: %f",x,log(x)); break;
      case 7: printf("%f\'square is: %f ",x, pow(x,2.0)); break;
```

```
        case 8: printf("%f\'cubical is:%f ",x, pow(x,3.0)); break;
        case 9: printf("10\'%f power is:%f ",x, pow(10.0,x)); break;
        case 10: printf("e\'%f power is:%f ",x, exp(x)); break;
        case 11: printf("The result is:cos(%f)=%f ",x, cos(x)); break;
        case 12: printf("The result is:sin(%f)=%f ",x, sin(x)); break;
        case 13: printf("The result is:tan(%f)=%f ",x, tan(x)); break;
        case 14: printf("The result is:arcsin(%f)=%f ",x, asin(x)); break;
        case 15: printf("The result is:arccos(%f)=%f ",x, acos(x)); break;
        case 16: printf("The result is:arctan(%f)=%f ",x,atan(x)); break;
        case 17: printf("The result is:sinh(%f)=%f ",x, sinh(x)); break;
        case 18: printf("The result is:cosh(%f)=%f ",x, cosh(x)); break;
        case 19: printf("The result is:tanh(%f)=%f ",x, tanh(x)); break;
        case 20: printf("The result is:%d%%%d=%f",m,n,m%n); break;
    }
    return 0;
}
```

程序运行结果如图 12-1 所示。

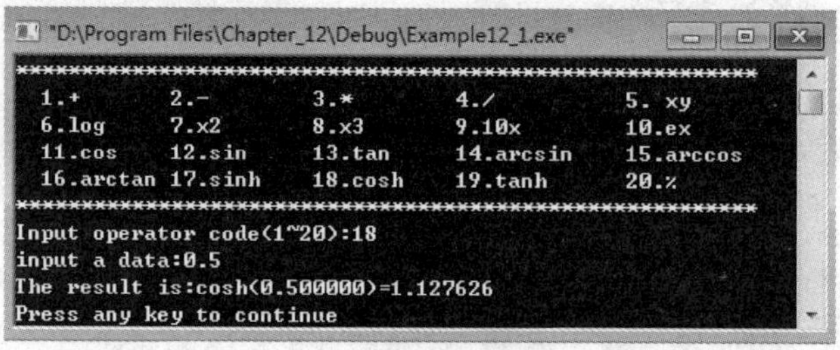

```
"D:\Program Files\Chapter_12\Debug\Example12_1.exe"
****************************************************
 1.+        2.-       3.*       4./        5. xy
 6.log      7.x2      8.x3      9.10x      10.ex
 11.cos     12.sin    13.tan    14.arcsin  15.arccos
 16.arctan  17.sinh   18.cosh   19.tanh    20.%
****************************************************
Input operator code(1~20):18
input a data:0.5
The result is:cosh(0.500000)=1.127626
Press any key to continue
```

图 12-1　多功能计算器程序运行结果

程序说明：

（1）在程序的开头部分，必须通过“#include<math.h>”命令把库文件 math.h 包含到程序中，这样才可以调用 math.h 文件里的数学计算函数。

（2）在 main 函数中，变量 i 主要用于接收用户输入的数字，通过判断 i 的值做出相应的计算。变量 m 和 n 用来接收整型数据，完成对整型数据的计算；变量 x 和 y 用来接收实型数据，完成对实型数据的计算。

（3）程序中通过多次调用 printf 函数来显示界面，并且，将用户输入的数字赋给变量 i。因为，有些计算需要输入两个数据，有些计算需要输入一个数据，所以通过 if 语句按照运算要求输入相应的数据。最后，通过 switch 语句调用 math.h 文件中的数学计算函数完成相应的计算并输出计算结果。

12.2　案例二　显示提醒列表

12.2.1　案例描述及分析

【案例描述】

输入一系列提醒，每条提醒都要有一个前缀来说明是一个月中的哪一天。当输入 0 时表示结束输入，编写一个函数，显示按日期排序的提醒列表。

【案例分析】

本案例的总体策略不是很复杂，程序需要读入一系列日期和提醒的组合，并且按照顺序进行存储，然后对其进行排序输出即可。

可以将每条提醒作为字符串存储在二维字符型数组中，数组的每一行存放一条提醒。在程序读入日期以及相关提醒后，通过字符串比较来确定新输入提醒在数组中的所在位置。然后进行字符串的复制将此位置之后的所有字符串向后移动一个位置。最后，把这一天的提醒信息进行连接并复制到数组中相应位置，保持了数组中提醒信息按照时间的有序存储。

12.2.2 字符串处理函数

前面提到，C语言中没有提供对字符串进行整体操作的运算符，对字符串的处理要借助于字符型数组。既然数组是不能整体赋值或比较操作，那么，字符串也就不能整体进行赋值和比较。也就是说，对字符串的限制方式和对数组是相同的。幸运的是，字符串的所有操作功能却没有丢失，在C语言提供的标准库文件中，有一个 string.h 头文件，专门对字符串的操作提供了丰富的函数集。通过使用这些函数，对字符串的赋值运算和关系运算变得容易很多。

在 string.h 头文件中声明的每个函数至少需要一个字符串作为实际参数，那么，字符串函数的形式参数声明为“char *”类型，这使得实际参数可以是字符数组、指向字符型数据指针的指针变量或者字符串常量。

下面介绍几个在 string.h 文件中最基本且最常用的字符串处理函数。

1. strcpy 函数

函数声明：char * strcpy(char * s1,char * s2);

函数功能：把 s2 指向的字符串复制到 s1 指向的数组中。

函数返回值：返回 s1 指向的首地址。

例如，有以下调用形式：

```
strcpy(str1,str2);  /* 其 str1 与 str2 都为字符型数组名,将 str2 中的字符串复制到 str1 中 */
strcpy(str1,"abcd");/* 把字符串"abcd"存储到 str1 中 */
```

注意：

(1) 为保证复制的合法性，第一个参数必须表示一个有足够的存储空间的字符型数组的首地址。

(2) 若第二个参数中有若干个'\0'组成的字符串，则只复制出现首个'\0'之前的所有字符。

(3) 若限定复制第二个参数中前 n 个字符，可以使用调用语句：strncpy(str1,str2,n);。

2. strcat 函数

函数声明：char * strcat(char * s1,char * s2);

函数功能：把 s2 指向的字符串连接到 s1 指向的字符串末尾。

函数返回值：返回 s1 指向的首地址。

例如，有以下调用形式：

```
strcat(str1,str2);      /*将str2中的字符串连接到str1中出现首个'\0'位置之后*/
strcat(str1,"abcd");    /*从str1中出现首个'\0'位置开始存放字符串"abcd"*/
```


注意：

(1) 与strcpy函数一样，第一个参数必须表示一个有足够的存储空间的字符型数组的首地址。

(2) 若第二个参数中有若干个'\0'组成的字符串，则只连接出现首个'\0'之前的所有字符。

(3) 若限定连接第二个参数中前n个字符，可以使用调用语句：strncat(str1,str2,n);。

3. strcmp函数

函数声明：int strcmp(char *s1,char *s2);

函数功能：用来比较s1指向的字符串与s2指向的字符串的大小。

函数返回值：若s1大于s2，函数返回一个正整数；若s1小于s2，函数返回一个负整数；若s1等于s2，函数返回零值。

例如，有以下调用形式：

```
strcmp(str1,str2);      /*字符型数组str1中的字符串和字符型数组str2中的字符串进行比较*/
strcmp(str1,"abcd");    /*字符型数组str1中的字符串和字符串常量"abcd"进行比较*/
strcmp("ABCD","abcd");/*两个字符串常量"ABCD"和"abcd"进行比较*/
```

注意：

(1) 字符串的比较规则是依次对两个字符串相应位置上字符的ASCII码值进行两两比较，直到出现不相同的字符或其中一个字符串上遇到'\0'为止。

(2) 两字符串只比较首次出现'\0'之前的字符，对后面的字符不做比较。如strcmp("ab\0CD","ab\0cd")的值为0，即两个字符串相同。

(3) 若限定比较两个字符串的前n个字符，可以使用调用语句：strncmp(str1,str2,n);。

4. strlen函数

函数声明：unsigned int strlen(char *s);

函数功能：计算出以s指向字符串的字符个数，即字符串的长度值。

函数返回值：函数返回s指向字符串的字符个数。

例如，有以下调用形式：

```
strlen(str);            /*计算字符型数组str1中首个'\0'字符之前字符的个数*/
strlen("abcd");         /*计算字符串常量"abcd"的长度值,函数值为4*/
```

注意：

(1) 当用字符型数组作实参时，strlen函数不管数组本身的长度，只计算存储在数组中字符串的长度。

(2) 函数返回字符串中第一个'\0'之前的字符个数，如strlen("ab\0cd")的值为2。

5. strchr函数

函数声明：char *strchr(char *s,char ch);

函数功能：在 s 指向的字符串中找出字符 ch 第一次出现的位置。

函数返回值：若找到，则函数返回字符 ch 在字符串中的地址，若未找到，则返回空值。

例如，有以下调用形式：

```
strchr(str,'c');          /* 在字符型数组 str 中查找'c'字符第一次出现的位置 */
strchr("abcd",'c');       /* 在字符串常量"abcd"中查找'c'字符第一次出现的位置 */
```

注意：

(1) 若查到，函数返回待查字符在字符串中首次出现的地址。

(2) 函数在查找过程中，只查到字符串中第一个'\0'出现为止。

6. strstr 函数

函数声明：char * strstr(char * s1,char * s2);

函数功能：找出 s2 指向的字符串在 s1 指向的字符串中第一次出现的位置。

函数返回值：若找到，则函数返回 s2 指向的字符串在 s1 指向的字符串中首次出现的首地址，若未找到，则返回空值。

例如，有以下调用形式：

```
strstr(str1,str2);  /* 找出字符型数组 str2 中字符串在 str1 字符型数组中首次出现的首地址 */
strstr(str1,"abcd");/* 找出字符串"abcd"在 str1 字符型数组中首次出现的首地址 */
strstr("abcd","ab");/* 找出字符串"ab"在字符串"abcd"中出现的首地址 */
```

注意：

(1) 若查到，函数返回待查字符串在被查字符串中第一次出现的首地址。

(2) 函数在查找过程中，只查到被查字符串中第一个'\0'出现为止。

7. sprintf 函数

函数声明：int sprintf(char * s1, const char * format, [argument]);

函数功能：把数据按照一定的格式写入某个字符串缓冲区，形成字符串。

函数返回值：函数返回形成字符串的字符长度。

例如，有以下调用形式：

```
sprintf(str,"%d%c%d",12,'c',34);            /* 形成字符串"12c34"存入字符型数组 str 中 */
sprintf(str,"%s love %s.", "I","C Program");
                                      /* 形成字符串"I love C Program"存入数组 str 中 */
```

注意：

(1) 这里，第一个参数必须表示一个有足够存储空间的字符型数组的首地址。

(2) 第二个参数为格式控制串，与 printf 函数一样，里面的格式说明符要与后面的参数 argument 一一对应。

12.2.3 程序实现

具体算法：首先读入两位整数值表示的日期，如果为 0 则结束读入，否则读入后面的提醒信息，并临时存入字符型数组中；然后，根据日期在二维字符型数组中寻找新提醒信息的保存位置，使得每输入一个提醒都能使二维数组中所有提醒保持日期上有序；最后，输出二维数组中的所有提醒信息。

程序代码如下：

```
#include<stdio.h>
#include<string.h>
#define MAX_REMIND 50
#define MSG_LEN  60
int read_line(char *str,int n)
{
   char ch;
   int i=0;
   while((ch=getchar())!='\n')
       if(i<n)
             str[i++]=ch;
   str[i]='\0';
   return i;
}
void main()
{
   char reminders[MAX_REMIND][MSG_LEN+3];
   char day_str[3],msg_str[MSG_LEN+1];
   int day,i,j,num_remind=0;
   while(1)
   {
       if(num_remind==MAX_REMIND)
       {
            printf("--No space left--\n");
            break;
       }
       printf("Enter day and reminder:");
       scanf("%2d",&day);
       if(day==0)
          break;
       sprintf(day_str,"%2d",day);
       read_line(msg_str,MSG_LEN);
       for(i=0;i<num_remind;i++)
            if(strcmp(day_str,reminders[i])<0)
              break;
       for(j=num_remind;j>i;j--)
           strcpy(reminders[j],reminders[j-1]);
       strcpy(reminders[i],day_str);
       strcat(reminders[i],msg_str);
       num_remind++;
   }
   printf("\nDay Reminder\n");
```

```
    for(i = 0; i < num_remind; i++)
        printf(" % s\n", reminders[i]);
}
```

程序运行结果如图 12-2 所示。

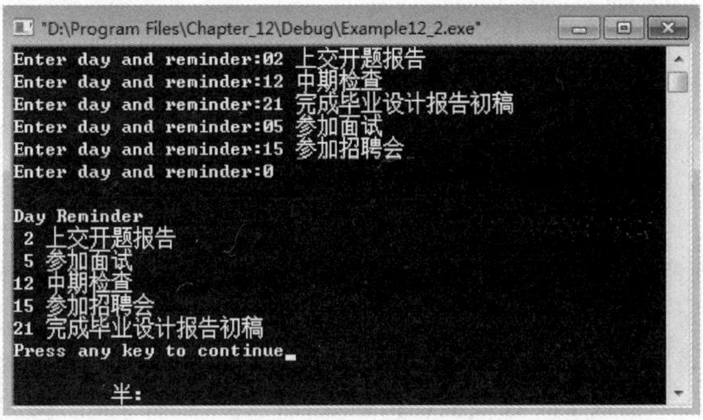

```
"D:\Program Files\Chapter_12\Debug\Example12_2.exe"
Enter day and reminder:02 上交开题报告
Enter day and reminder:12 中期检查
Enter day and reminder:21 完成毕业设计报告初稿
Enter day and reminder:05 参加面试
Enter day and reminder:15 参加招聘会
Enter day and reminder:0

Day Reminder
 2 上交开题报告
 5 参加面试
12 中期检查
15 参加招聘会
21 完成毕业设计报告初稿
Press any key to continue
```

图 12-2　显示提醒列表程序运行结果

程序说明：

(1) 程序的开头部分通过宏定义命令定义了两个符号常量 MAX_REMIND 和 MSG_LEN 分别表示输入提醒的最多条数和每条提醒的长度值。

(2) 子函数 read_line 主要是将每条提醒信息存放到字符型数组中。

(3) 在 main 函数中，定义了一个二维字符型数组 reminders 用来存放一系列提醒，数组中每一行存放一条提醒，在这里，最多能存放 50 (MAX_REMIND)条提醒；除此之外，还定义了两个一维字符型数组 day_str 和 msg_str，其中，day_str 主要是用来以字符串的形式记录提醒中的日期，msg_str 是用来记录提醒中的信息，实际上，day_str 和 msg_str 数组可以看作是最终将提醒放入二维数组 reminders 之前的临时中间站；整型变量 day 用来以整型数据的形式记录提醒中的日期，当变量 day 接收到 0 值时，表示输入提醒结束；整型变量 num_remind 是记录已输入一系列提醒的条数。

(4) main 函数通过 while 循环完成一系列提醒的输入并按日期的先后顺序依次存放到二维数组 reminders 中。while 循环里的第一个 if 语句判断已输入的提醒条数是否超过所容纳的最大值，若超过，则退出循环结束输入；每输入一条提醒，先将提醒中的日期存放到变量 day 中，如果 day 中的值为 0，则退出循环结束输入，否则，通过 sprintf 函数将日期以字符串的形式存入数组 day_str，再调用 read_line 函数将提醒中的信息(不含日期)存入数组 msg_str；程序中第一个 for 循环通过字符串比较函数 strcmp 将 day_str 数组中的字符串(当前输入提醒的日期)和前面已存入数组 reminders 中的一系列提醒进行比较，找出当前提醒要存入数组 reminders 的位置 i；第二个 for 循环将数组 reminders 的提醒从第 i 个位置(reminders[i])至最后(reminders[num_remind])位置通过字符串复制函数 strcpy 完成各条提醒依次向后移动；最后，利用 strcpy 将存入 day_str 数组的日期复制到 reminders[i]中，再利用字符串连接函数 strcat 将存入 msg_str 数组中的提醒信息连接在 reminders[i]

中,完成一条提醒信息的插入操作。

(5) 程序中最后一个 for 循环主要是对 reminders 数组中所有提醒信息输出到显示器。

12.3 案例三　数值转换

12.3.1 案例描述及分析

【案例描述】

随机产生 9 个三位数的整数存入数组 a 中,再任意输入 1 个由三位数字组成的数字字符串,将该数字字符串转换成数值,也存入数组 a 中,对数组 a 进行由小到大排序并输出。

【案例分析】

数值型数据的产生有多种方式,前面提到对数值型数据的输入都是按照一定要求和格式进行输入,但有时,输入的数字是以字符串形式输入的,也有时,数据需要随机产生,并不是输入的,那如何将输入的字符串转换成相应的数值呢? 如何随机产生数据呢? C 语言中的 stdlib. h 库文件中,提供了一些数值转换函数,不仅如此,stdlib 头文件里还包含 C 语言最常用的系统函数。

12.3.2 通用的实用工具函数

1. 数值转换函数 atof、atoi、atol 函数

函数声明:
```
double atof(char * s);
int atoi(char * s);
long atol(char * s);
```

函数功能:分别将 s 指向的数字字符串转换成一个双精度数值、整型数值和长整型数值。

函数返回值:函数返回一个转换后的数值。

函数调用如下:

```
atof("123");            /* 将字符串"123"转换成数值 123.000000 */
atoi("123");            /* 将字符串"123"转换成整型值 123 */
atol("123");            /* 将字符串"123"转换成整型值 123 */
```

2. 伪随机序列生成函数 rand、srand 函数

函数声明:
```
int rand();
void srand(usigned int seed);
```

函数功能:两个函数都是用来生成伪随机数。rand 函数产生一个随机整数值,srand 函数是在使用 rand 函数之前设定随机种子,以使 rand 函数产生的数具有随机性。

函数返回值:rand 函数返回一个非负整数值,srand 函数返回空值。

函数调用形式:

```
int i = rand();     /* 产生一个随机整数值赋给整型变量 i */
srand(time(0));
        /* 把 time 函数的返回值作为随机种子,使 rand 函数在每次运行时产生的随机数不相同 */
```

3. exit 函数

函数声明：void exit(int status);

函数功能：用于在程序运行过程中随时结束程序，将参数返回操作系统。

函数的调用形式：

```
exit(0);            /* 程序正常停止执行 */
exit(1);            /* 程序有异常停止执行 */
exit(2);            /* 系统找不到指定的文件，使程序停止执行 */
```

注意：

exit 函数与 return 语句的区别是 return 语句是带一定的返回值退回到上一层调用程序中继续执行，而 exit 函数是终止整个程序的执行。

4. system 函数

函数声明：int system(char *command);

函数功能：在程序中使用 DOS 命令，即在 C 程序执行时允许运行另一个程序。

函数返回值：system 函数返回要求它运行的那个程序的终止状态码，通过测试这个状态码可以检查程序是否正常工作。

函数调用形式：

```
system("cls");          /* 完成清屏功能 */
system("color");        /* 设置默认控制台前景或背景色 */
system("pause");        /* 暂停批文件处理并显示信息 */
system("start");        /* 启动另一个窗口来运行指定的程序 */
```

表 12-2 中列出了常用的 DOS 命令，都可以用 system 函数调用。

表 12-2 常用的 DOS 命令介绍

DOS 命令	作　用	DOS 命令	作　用
CHKDSK	检查磁盘并显示状态报告	CLS	清除屏幕
PROMPT	更改 Windows 命令提示符	COLOR	设置默认控制台前景和背景颜色
COMP	比较两个或两套文件的内容	DATE	显示或设置日期
DIR	显示一个目录中的文件和子目录	ECHO	显示消息，或将命令回显打开或关上
EXIT	退出 CMD.EXE 程序	HELP	提供 Windows 命令的帮助信息
TIME	显示或设置系统时间	PRINT	打印文本文件
CMD	打开另一个 Windows 命令解释程序窗口	SET	显示、设置或删除 Windows 环境变量
START	启动另一个窗口来运行指定的程序或命令	PAUSE	暂停批文件的处理并显示信息

12.3.3 程序实现

具体算法：首先定义存放整型数据的数组和存放由三个数字组成的字符串；然后，利用循环随机产生 9 个数值型数据存入数组中；最后，输入字符串并转换成数值型数据存入数组,并对数组采用选择法排序输出。

程序代码如下:

```
#include<stdio.h>
#include<stdlib.h>
void main()
{
    int a[10],i=0,j,x;
    char ch[4];
    while(1)
    {
       x=rand()%1000;
       if(x>=100&&x<=999)
           a[i++]=x;
       if(i==9)  break;
    }
     printf("Please input a string consisting of three digit:");
     scanf("%s",ch);
     a[9]=atoi(ch);
     for(i=0;i<9;i++)
     for(j=i+1;j<10;j++)
       if(a[i]>a[j])
       {
           x=a[i];a[i]=a[j];a[j]=x;
       }
     for(i=0;i<9;i++)
       printf("%5d",a[i]);
     printf("\n");
}
```

程序运行结果如图12-3所示。

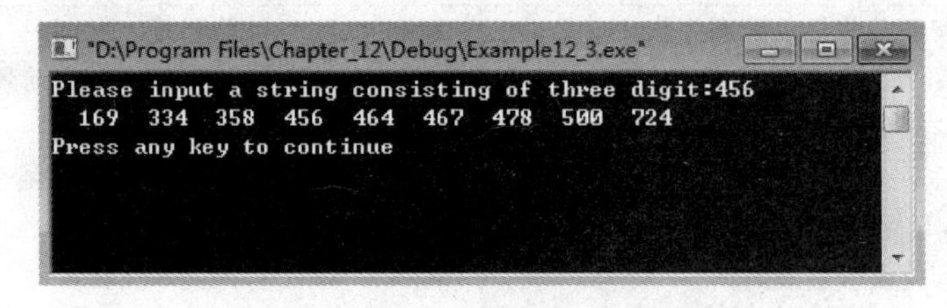

图12-3　数值转换程序运行结果

程序说明:

(1) 程序中使用while循环随机产生9个三位整数并存入数组a中。因为有时随机产生的数值并不是三位整数,所以,需要对随机产生的数值进行条件判断。语句"x=rand()%1000"表示随机产生一个小于1000的整数放入变量x中;语句"a[i++]=x;"相当于两条语句"a[i]=x; i++;",这里,对变量i必须使用后置,不能使用前置。

(2) 语句"a[9]=atoi(ch);"完成了对数字字符串的数值转换并存入数组a中。

习　题　12

一、选择题

1. 以下程序的输出结果是(　　)。

```
main()
{ char st[20] = "hello\0\t\\\";
printf(" %d %d \n",strlen(st),sizeof(st));
}
```

A. 9 9　　B. 5 20　　C. 13 20　　D. 20 20

2. 表达式 strlen("hello")的值是(　　)。

A. 4　　B. 5　　C. 6　　D. 7

3. 若要求从键盘读入含有空格字符的字符串,应使用函数(　　)。

A. getc( )　　B. gets( )　　C. getchar( )　　D. scanf( )

4. 有下列程序:

```
#include<string.h>
main()
{ char p[20] = {'a', 'b', 'c', 'd'}, q[] = "abc",    r[] = "abcde";
strcpy(p + strlen(q), r);  strcat(p, q);
printf(" %d %d\n", sizeof(p), strlen(p));
}
```

程序运行后的输出结果是(　　)。

A. 20 9　　B. 9 9　　C. 20 11　　D. 11 11

5. 有下列程序:

```
# include<string.h>
main()
{ char p[20] = {'a','b','c','d'},q[] = "abc", r[] = "abcde";
strcat(p, r); strcpy(p + strlen(q), q);
printf(" %d\n", strlen(p));
}
```

程序运行后的输出结果是(　　)。

A. 9　　B. 6　　C. 11　　D. 7

6. 下列程序的输出结果是(　　)。

```
#include<string.h>
main()
{ char a[] = {'\1', '\2', '\3', '\4', '\0'};
printf(" % d%d\n",sizeof(a),strlen(a));
}
```

A. 5 6　　B. 6 5　　C. 4 5　　D. 5 4

7. 若有定义语句：char s[10]="1234567\0\0";，则strlen(s)的值是（　　）。

A. 7　　B. 8　　C. 9　　D. 10

8. 下列程序执行后的输出结果是（　　）。

```
main()
{ char arr[2][4];
strcpy(arr,"you"); strcpy(arr[1],"me");
arr[0][3] = '&';
printf(" %s \n",arr);
}
```

A. you&me　　B. you　　C. me　　D. err

9. 若有以下程序片段：

```
char str[] = "ab\n\012\\\"";
printf( %d",strlen(str));
```

上面程序片段的输出结果是（　　）。

A. 3　　B. 4　　C. 6　　D. 12

10. 函数调用：strcat(strcpy(str1,str2),str3)的功能是（　　）。

A. 将串str1复制到串str2中后再连接到串str3之后

B. 将串str1连接到串str2之后再复制到串str3之后

C. 将串str2复制到串str1中后再将串str3连接到串str1之后

D. 将串str2连接到串str1之后再将串str1复制到串str3中

11. 不能把字符串Hello！赋给数组b的语句是（　　）。

A. char b[10]={'H','e','l','l','o','!'};

B. char b[10];b="Hello!";

C. char b[10];strcpy(b,"Hello!");

D. char b[10]="Hello!";

12. 请读程序片段(字符串内没有空格)：

```
printf(" %d\n",strlen("ATS\n012\1\\"));
```

上面程序片段的输出结果是（　　）。

A. 11　　B. 10　　C. 9　　D. 8

13. 请读程序：

```
# include<string.h>
main()
{ char *s1 = "AbCdEf", *s2 = "aB";
s1++; s2++;
printf(" %d\n",strcmp(s1,s2));
}
```

上面程序的输出结果是（　　）。

A. 正数　　B. 负数　　C. 零　　D. 不确定的值

14. 请选出以下语句的输出结果(　　)。

```
printf(" % d\n",strlen("\t\"\065\xff\n"));
```

A. 5　　B. 14

C. 8　　D. 输出项不合法,无正常输出

15. 设有 static char str[ ]="Beijing"; 则执行 printf("%d\n", strlen(strcpy(str, "China"))); 后的输出结果为(　　)。

A. 5　　B. 7　　C. 12　　D. 14

16. 以下程序的输出结果是(　　)。

```
# include< string.h>
main()
{ char str[12] = {'s','t','r','i','n','g'};
printf(" % d\n",strlen(str)); }
```

A. 6　　B. 7　　C. 11　　D. 12

17. 设有以下语句:

```
char str1[] = "string",str2[8], * str3, * str4 = "string";
```

则以下不是对库函数 strcpy 正确调用库函数用于复制字符串的是(　　)。

A. strcpy(str1,"HELLO1");　　B. strcpy(str2,"HELLO2");

C. strcpy(str3,"HELLO3");　　D. strcpy(str4,"HELLO4");

18. 执行函数 pow(3.0,2.0)的结果是(　　)。

A. 9.0　　B. 6.0　　C. 8.0　　D. 10.0

19. 执行函数 fabs(−7.1)的结果是(　　)。

A. −7.1　　B. 7.1　　C. 14.2　　D. −14.2

20. 执行函数 ceil(−7.9)的结果是(　　)。

A. 7.9　　B. −7.9　　C. 7.0　　D. −7.0

21. 执行函数 atof("123")的结果是(　　)。

A. 123.000000　　B. −123.000000　　C. 123　　D. −123

22. 执行函数 system("cls")的结果是(　　)。

A. 设置默认控制台前景或背景色

B. 暂停批文件处理并显示信息

C. 完成清屏功能

D. 启动另一个窗口来运行指定的程序

二、程序设计题

1. 在小于 10000 的正整数中,加上 100 后是一个完全平方数,再加上 168 又是一个完全平方数,输出满足要求的所有数据。

2. 输入 5 个国家的英文名字,要求按照字母顺序排序输出。

第13章 文　件

在学习本章之前，目前虽然能编制出一定质量的C程序，但是，大部分程序的数据流程都是通过键盘输入数据，进行处理后，将处理结果在屏幕上显示输出。这样，处理结果因没有保存而随之消失，对于输入来说，如果程序要求反复输入的大量数据，每次要从键盘上完成输入会增大许多工作量。实际上，C语言提供了一种将数据以文件的形式进行输入和输出的方式，也就是将输入、输出的数据以文件的形式存储在计算机外存中，每次需要时，可以随时打开进行读写。

本章主要讨论在C语言中如何创建一个文件，如何对文件进行读、写操作。通过本章的学习，读者可以清楚地了解到文件的组织结构，各种类型文件的信息存储方式以及C语言对文件处理的基本方法和技巧。

13.1 案例一　建立一个存储学生基本信息的文件

13.1.1　案例描述及分析

【案例描述】

建立一个新文件，在此文件中存放学生的基本信息，信息项有学号、姓名、性别、年龄、家庭住址、总成绩、名次共7项信息。

【案例分析】

在前面章节中，通过结构体类型可以实现对学生基本信息的存储，但是，数据的存储都是在内存中进行的，当程序结束后，输入的数据信息会立即消失，所以，每次运行程序时，都需要重新输入学生的基本信息，这样无疑产生了大量的工作。为了解决此问题，可以将处理结果以文件的形式保存到外存中，等下次再用这些数据时，只需从外存的文件中读入到内存即可。

为了让学生的基本信息存储到文件中，首先需要打开一个空文件，并通过文件的读写函数将数据信息写到该文件中。

13.1.2　创建新文件

1. 文件的基本概念

“文件”是指一组相关数据的有序集合。这个数据集有一个名称，叫作文件名。实际上，在前面的各章中已经多次使用了文件，例如源程序文件、目标文件、可执行文件、库文件(头文件)等。文件通常是驻留在外部介质(如磁盘等)上的，在使用时才调入内存中来。从不同的角度可对文件做不同的分类。

文件根据存储数据的编码方式不同,可以分为 ASCII 码文件和二进制码文件两种。

ASCII 文件也称为文本文件,这种文件在磁盘中存放时每个字符对应一个字节,用于存放对应的 ASCII 码。例如,数 5678 的存储形式为:

ASCII 码:　00110101 00110110 00110111 00111000

　　　　　　↓　　　　↓　　　　↓　　　　↓

十进制码:　5(53)　　6(54)　　7(55)　　8(56)

ASCII 码文件可在屏幕上按字符显示,因此,打开一个 ASCII 文件能读懂文件中的内容。例如,源程序文件就是 ASCII 文件,用 DOS 命令 TYPE 可显示文件的内容。

二进制文件是按二进制的编码方式来存放数据的。例如,整数数据 5678 的存储形式为:

0001 0110 0010 1110

该数据只占两个字节。二进制文件虽然也可以在屏幕上显示,但显示的内容都是以二进制的形式进行显示,因此,打开一个二进制文件是无法读懂文件中的内容的。

C 语言编译系统在处理这些文件时,并不区分文件类型,都被看成是字符流,以字节为单位进行数据处理。输入输出字符流的开始和结束只由程序控制而不受物理符号(如回车符)的控制。因此,也把这种文件称作"流式文件"。

对文件的读写过程要借助一个文件缓冲区,如图 13-1 所示表明了文件缓冲区的概念。从内存向磁盘输出数据必须先送到内存中的文件缓冲区,装满缓冲区后才一次送往外存磁盘文件,反之,从磁盘文件读入数据到内存,同样需要先把一批数据送入内存中的文件缓冲区(充满缓冲区),然后再从文件缓冲区逐个将数据送入内存的程序数据区。

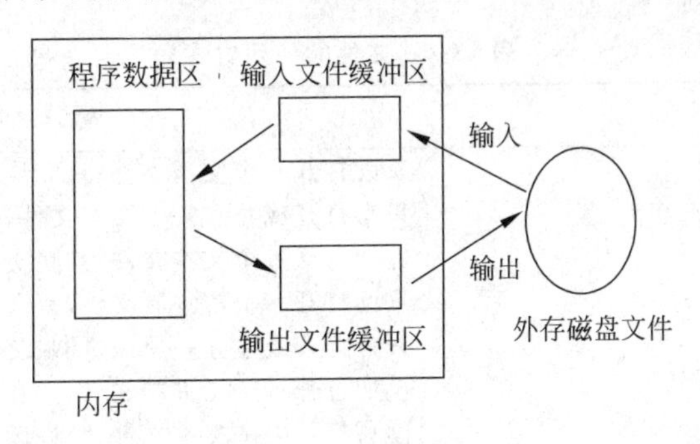

图 13-1　文件缓冲区的使用

2. 打开文件

在 C 语言中,对文件的打开、关闭、读写等操作都是由 stdio.h 头文件中的标准库函数来完成。例如,对文件的打开可以使用函数 fopen,此函数不仅可以将已存在文件的内容读入到内存,而且还可以创建一个新文件。

一个文件在处理时是有内存地址的,该地址被称为文件指针。在 C 语言中,通过一个指向文件指针的指针变量对该文件进行读写等各种操作。

C 程序中,定义指向文件指针变量的一般形式为:

```
FILE * 指针变量标识符;
```

其中,"FILE"应为大写,它实际上是由系统定义的一个结构体(在stdio.h文件中定义),在此结构体中含有文件名、文件状态和文件当前位置等信息。但是,在编写程序时不必关心FILE结构体的细节,只是用它来定义一个指向文件的指针变量。例如:

```
FILE *fp;
```

其中,fp是指向FILE结构的指针变量,通过fp能够找到存放某个文件信息的结构变量,然后按结构变量提供的信息找到该文件,实施对文件的操作。习惯上,也笼统地把fp称为指向一个文件的指针。文件在进行读写操作之前要先打开,使用完毕要关闭。所谓打开文件,实际上是建立文件的各种有关信息,并使文件指针指向该文件,以便进行读写等操作。关闭文件则指断开指针与文件之间的联系,也就禁止再对该文件进行操作。

fopen函数用来打开一个文件,其调用的一般形式为:

```
文件指针名=fopen(文件名,使用文件方式);
```

其中,"文件指针名"是被说明为FILE类型的指针变量;"文件名"是被打开文件的文件名,可以用字符串常量或字符型数组名来表示;"使用文件方式"是指文件的类型和操作要求,如表13-1所示每个文件使用方式的符号和意义。例如,有以下定义语句:

```
FILE *fp;
fp=fopen("file.txt","r");
```

其意义是在当前目录下打开文件file.txt,只允许对该文件进行"读"操作,并使fp指向该文件。

表13-1 文件的使用方式

符号	意义
"r"	只读打开一个文本文件,只允许读数据
"w"	只写打开或建立一个文本文件,只允许写数据
"a"	追加打开一个文本文件,并在文件末尾写数据
"rb"	只读打开一个二进制文件,只允许读数据
"wb"	只写打开或建立一个二进制文件,只允许写数据
"ab"	追加打开一个二进制文件,并在文件末尾写数据
"r+"	读写打开一个文本文件,允许读和写
"w+"	读写打开或建立一个文本文件,允许读写
"a+"	读写打开一个文本文件,允许读,或在文件末追加数据
"rb+"	读写打开一个二进制文件,允许读和写
"wb+"	读写打开或建立一个二进制文件,允许读和写
"ab+"	读写打开一个二进制文件,允许读,或在文件末追加数据

在本案例中,要求将输入的学生基本信息存储到文件中,因此,建立一个文件采用如下语句:

```
FILE *fp;
fp=fopen("student.dat","w");
```

在当前目录下建立了一个新文件student.dat,并以"只写"的文件使用方式打开,指针变量 fp 指向了与该文件建立联系的文件缓冲区。

3. 关闭文件

在编程中，若不再使用打开的文件，需要进行关闭操作，以释放一定的内存空间。C 语言中，关闭文件要调用 fclose 函数。fclose 函数的一般调用形式是：

```
fclose(文件指针);
```

例如：

```
fclose(fp);
```

其中，fp 是指向要关闭文件的文件指针。

注意：

(1) 使用完一个文件后应马上关闭它，以防止再误用它。

(2) "关闭"就是使文件指针变量与文件"脱钩"，即不再指向该文件，以后也不能再对此文件进行读写操作，除非再次打开它。

(3) fclose 函数"关闭"的是文件，不是指针变量 fp，还可以让 fp 指向其他文件。

4. 文件的格式化读写函数

对文件的格式化输入和输出分别通过 fscanf 和 fprintf 实现，这两个函数与 scanf 和 printf 函数相仿，都是格式化读写函数。只有一点不同：fprintf 和 fscanf 函数的读写对象不是终端而是磁盘文件。其调用方式是：

```
fprintf(文件指针,格式化字符串,输出表列);
fscanf(文件指针,格式化字符串,输入表列);
```

例如：

```
fprintf(fp,"%d,%6.2f",i,t);
```

其功能是将整型变量 i 和实型变量 t 的值分别按"%d"和"%6.2f"的格式输出到 fp 指向的文件中。

同样，可以使用 fscanf 函数从该文件上再读入数据为程序中的变量进行赋值。例如：

```
fscanf(fp,"%d,%6.2f",&i,&t);
```

若磁盘文件中有以下数据：

```
3,4.5
```

则执行该语句后，将数值 3 赋给变量 i，数值 4.5 赋值给变量 t。

在本案例中，当用 fopen 函数以"只写"的方式打开 student.dat 新文件后，可以使用 fprintf 函数将用户从键盘中输入的学生信息写到该文件中，采用语句如下：

```
fprintf(fp,"%d%s%c%d%s%f\n",stu[i].num,stu[i].name,stu[i].sex,stu[i].age,
                            stu[i].address,stu[i].score,stu[i].ranking);
```

其中,stu是在程序中定义的结构体数组,即从键盘输入的学生信息内容先存放到stu数组中,然后将stu中的数据输出至文件。

5. fread和fwrite函数

文件数据块的输入输出函数fread和fwrite,可以一次读写一组数据。采用这种方法对数组和结构体进行整体输入输出比较方便,这种方法一般适用于二进制文件的读写。其调用格式如下:

```
fread(buffer,size,count,fp);
fwrite(buffer,size,count,fp);
```

其中:buffer是一个指针,对fread来说是读入数据的存放地址,对fwrite来说是要输出数据的起始地址;size是指要读写的字节数;count是要读写多少个size字节的数据项;fp为文件指针。例如:

```
fread(a,4,5,fp);
```

a是一个实型数组名,一个实型变量占4个字节,该函数从fp所指的文件中读出5次(每次4个字节,共20个字节)数据,依次存储到数组a中。

如果fread或fwrite调用成功,函数返回输入或输出数据项的个数(count)。

13.1.3 程序实现

具体算法:与"建立学生信息库"案例基本相同,唯一不同的是,这里将输入的学生信息存入到student.dat文件中,不在显示器上进行显示。

程序代码如下:

```
#include<stdio.h>
struct student
{
    int number;
    char  name[10];
    char  sex;
    int age;
    char address[20];
    float score;
    int  ranking;
};
int main()
{
   struct student stu[100];
   int i=0,n;
   char ch;
   FILE *fp=fopen("student.dat","w");
   while(1)
   {
      printf("please input %d student information:\n",i+1);
```

```
        printf("number:");
        scanf(" % d",&stu[i].num);
        printf("name:");
        scanf(" % s",stu[i].name);
        printf("sex:");
        getchar();
        scanf(" % c",&stu[i].sex);
        printf("age:");
        scanf(" % d",&stu[i].age);
        printf("address:");
        scanf(" % s",stu[i].address);
        printf("score:");
        scanf(" % f",&stu[i].score);
        stu[i].ranking = 0;
        i++;
        getchar();
        printf("Whether to continue the input?(y/n):");
        scanf(" % c",&ch);
        if(ch == 'y'||ch == 'Y')   continue;
        else   break;
      }
      n = i;
      for(i = 0;i < n;i++)
          fprintf(fp," % d % s % c % d % s % f\n",stu[i].num,
                  stu[i].name, stu[i].sex, stu[i].age, stu[i].address, stu[i].score, stu[i]
.ranking);
      fclose(fp);
    return 0;
  }
```

程序运行结果如图 13-2 所示。

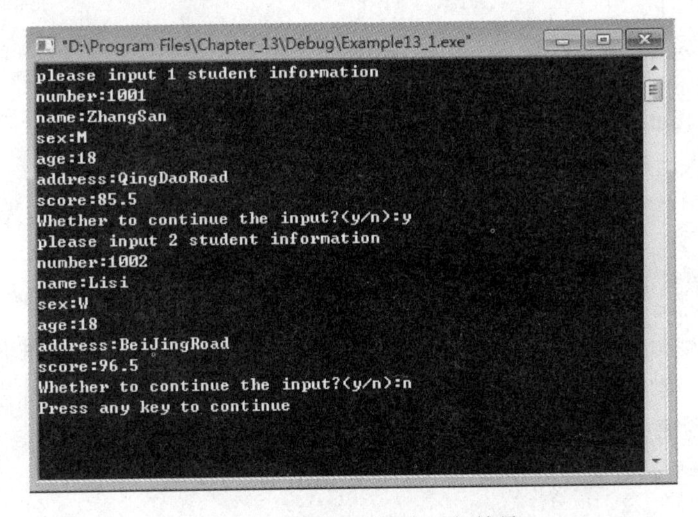

图 13-2　建立文件程序运行结果

student.dat 文件的内容如图 13-3 所示。

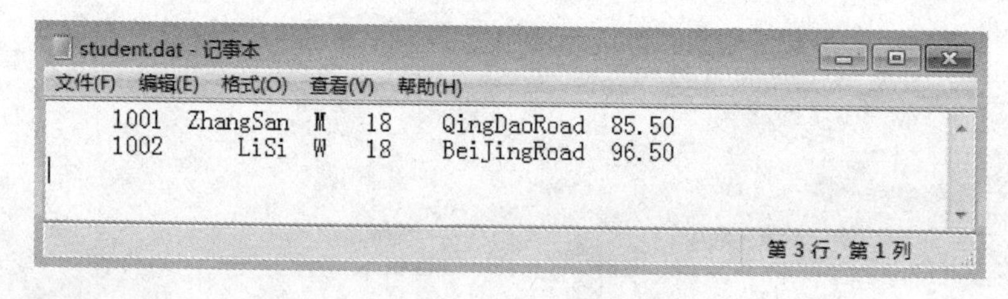

图 13-3 student.dat 文件内容

程序说明：

(1) 实现过程与第 12 章中的案例一基本相同，唯一不同的是程序中最后一个 for 循环是将学生信息通过 fprintf 函数输出到文件 student.dat 中，并没有使用 printf 函数输出到显示器上显示。

(2) 程序中，通过 fopen 函数在当前目录下以"只写"的使用方式打开一个新文件 student.dat，不要忘记在不使用该文件时进行关闭操作"fclose(fp);"。

13.2 案例二 文件复制

13.2.1 案例描述及分析

【案例描述】

创建一个新文件 newfile，用户任意输入一个磁盘中已存在的文件名，程序把已存在文件中的全部内容复制到新文件 newfile 中。

【案例分析】

关于文件的复制，实际上在打开两个文件后，从被复制文件的开头一个一个字符读入到内存，再从内存一个一个字符写入到新文件中。

13.2.2 文件的其他常用读写函数

1. fgetc 和 fputc 函数

1) 字符输入函数 fgetc

从指定文件(该文件必须以读或读写方式打开)读入一个字符，其格式为：

```
ch = fgetc(fp);
```

其中，fp 为文件型指针变量，ch 为字符型变量，fgetc 函数返回一个从 fp 指向文件中读入的字符赋给 ch。当读出的字符遇到文件结束符时，函数返回一个文件结束标志 EOF，EOF 在 stdio.h 中定义的值为−1。

假设要从一个磁盘文件顺序读入字符并显示出来，可使用下列程序段：

```
ch = fgetc(fp);
while(ch! = EOF)
```

```
{
 putchar(ch);
 ch = fgetc(fp);
}
```

2）字符输出函数 fputc

fputc 函数把一个字符 ch 写到 fp 指向的磁盘文件中，其一般形式是：

```
fputc(ch,fp);
```

该函数也返回一个值，若输出成功则返回值就是输出字符，如果输出失败，则返回 EOF(−1)。

本案例需要从一个磁盘文件顺序读入字符并输出到另一个文件中。现假设要把文件 oldfile 中的内容复制到新文件 newfile 中，程序中已经将文件指针 infile 指向新文件 newfile，文件指针 outfile 指向 oldfile 文件，可使用下列程序段完成文件的复制操作：

```
ch = fgetc(infile);
while(ch! = EOF)
{
 fputc(ch,outfile);
ch = fgetc(infile);
}
```

2. fgets 和 fputs 函数

fgets 是从指定文件中读取一个字符串，其格式是：

```
fgets(str,n,fp);
```

其中，str 是一个字符型数组名或指向字符串的指针，n 为要读取最多的字符个数，fp 为所要读取的文件指针。fgets 功能是从 fp 所指的文件中读取长度不超过 n−1 个字符的字符串放入字符型数组 str 中，并在 str 最后加上一个'\0'字符。函数返回值为 str 的首地址。

当从文件中刚开始读取字符串时就遇到文件结束符，则 fgets 函数返回 NULL 值。另外，当已读取了 n−1 个字符还未遇到文件结尾或者未读完 n−1 个字符就遇到回车符'\n'或文件结束符 EOF 时，均都结束文件的读取操作，从 fgets 函数返回，并将读出的字符串放入 str 中(包括读出的'\n')且在串尾加上'\0'字符。图 13-4 表示了 fgets 函数读出的情况。

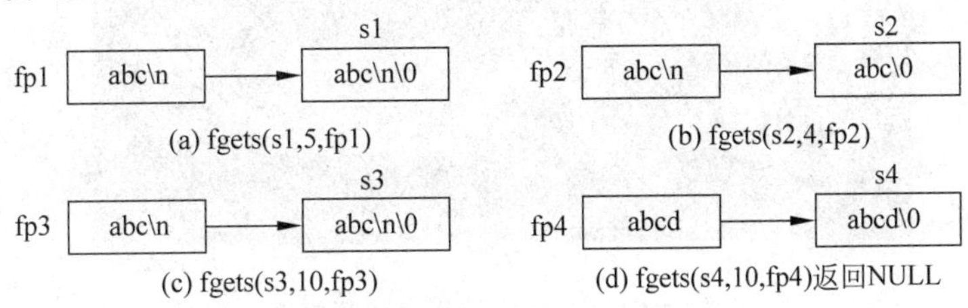

图 13-4　fgets 作用

fputs是向指定的文件中输出一个字符串。其格式是：

```
fputs(str,fp);
```

其中,str是一个字符型数组名或指向字符串的指针,fp为所要写入的文件指针。fputs的功能就是将str中的字符串写入fp所指向的文件中。注意,字符串末尾的'\0'不写入文件中。fputs函数调用成功时返回值0,调用不成功返回非零值。例如：

```
fputs("china",fp);
```

表示把字符串“china”输出到fp指向的文件中。

13.2.3 程序实现

具体算法：首先定义两个指向文件的指针变量及复制文件过程中使用的字符型中间变量ch；以只读的使用方式打开一个已存在的文件,以只写的使用方式打开一个新文件；利用循环完成打开两个文件的复制工作。

程序代码如下：

```
#include <stdio.h>
int main()
{
    FILE *infile, *outfile;
    char ch,oldfile[10];
    infile = fopen("newfile.txt", "w");
    printf("Enter the oldfile name\n");
    scanf("%s", oldfile);
    outfile = fopen(oldfile, "r");
    while(!feof(outfile))
        fputc(fgetc(outfile),infile);
    fclose(infile);
    fclose(outfile);
    return 0;
}
```

程序运行结果如图13-5所示。

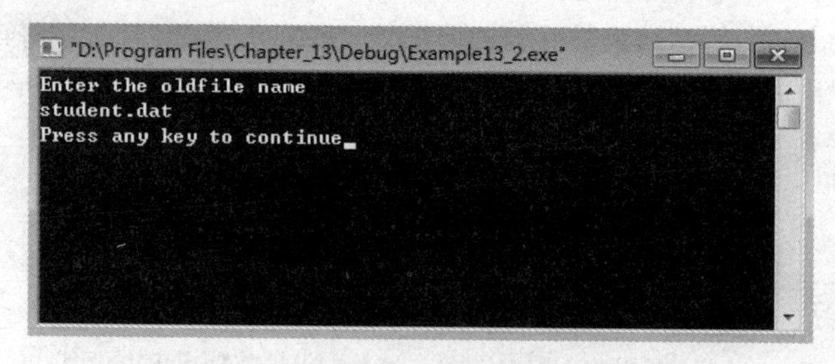

图13-5 文件复制程序运行结果

对新文件 newfile. txt 复制了原始文件 student. dat 中的内容，如图 13-6 所示。

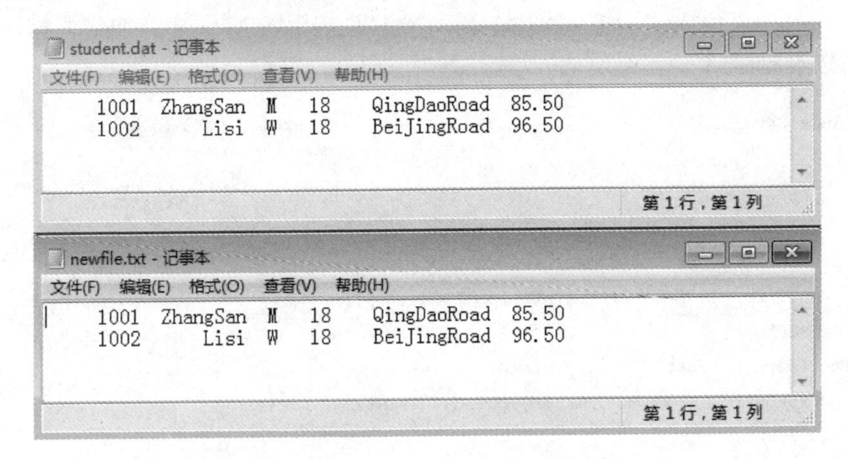

图 13-6　student. dat 和 newfile. txt 文件内容

程序说明：

(1) 本案例是按文本文件来处理 newfile. txt 和 student. dat 两个文件的，如果是复制一个二进制文件，只需在 fopen 函数中将“r”、“w”分别改为“rb”和“wb”即可。

(2) 程序通过 while 循环将 outfile 指向文件中的字符依次写入 infile 指向的文件中，其中，调用函数 feof(outfile)是用来判断 outfile 指向的文件是否结束，如果文件结束，函数 feof(outfile)的值为 1；否则为 0。

(3) 语句“fputc(fgetc(infile), outfile);”表示将 outfile 指向文件的字符输出到 infile 指向的文件中，功能相当于两条语句：“ch= fgetc(infile); fputc(ch, outfile);”。

习　题　13

一、选择题

1. 有下列程序：

```
#include<stdio.h>
main()
{
   FILE *fp; int i,k,n;
   fp=fopen("data.dat","w+");
   for(i=1;i<6;i++)
   {
       fprintf(fp,"%d  ",i);
       if(i%3==0) fprintf(fp,"\n");
    }
    fscanf(fp,"%d%d",&k,&n);
    printf("%d%d\n",k,n);
    fclose(fp);
}
```

程序运行后的输出结果是(　　)。

A. 0 0　　B. 123 45　　C. 1 4　　D. 1 2

2. 有以下程序

```
#include <stdio.h>
main()
{
    FILE *fp; int i=20,j=30,k,n;
    fp=fopen("d1.dat","w");
    fprintf(fp, "%d\n",i);fprintf(fp, "%d\n",j);
    fclose(fp);
    fp=fopen("d1.dat","r");
    fp=fscanf(fp, "%d%d",&k,&n);printf("%d%d\n",k,n);
    fclose(fp);
}
```

程序运行后的输出结果是(　　)。

A. 20 30　　B. 20 50　　C. 30 50　　D. 30 20

3. 有下列程序：

```
#include <stdio.h>
void WriteStr(char *fn, char *str)
{
    FILE *fp;
    fp=fopen(fn,"w");
    fputs(str,fp);fclose(fp);
}
main()
{
    WriteStr("t1.dat","start");
    WriteStr("t1.dat","end");
}
```

程序运行后，文件t1.dat中的内容是(　　)。

A. start　　B. end　　C. startend　　D. endrt

4. 设fp为指向某二进制文件的指针，且已读到此文件末尾，则函数feof(fp)的返回值为(　　)。

A. EOF　　B. 非0值　　C. 0　　D. NULL

5. 执行下列程序后，test.txt文件的内容是(若文件能正常打开)(　　)。

```
#include <stdio.h>
main()
{
    FILE *fp; char *s1="Fortran", *s2="Basic";
    if((fp=fopen("test.txt","wb"))==NULL)
    {printf("Can't open test.txt file\n"); exit(1);}
    fwrite(s1,7,1,fp);
```

```
    fwrite(s2,5,1,fp);
    fclose(fp);
}
```

A. Basican　　　B. BasicFortran　　　C. Basic　　　D. FortranBasic

二、程序设计题

1. 请调用 fputs 函数，把 10 个字符串输出到文件中；再从此文件中读入这 10 个字符串放在一个字符串数组中；最后把字符串数组中的字符串输出到终端屏幕，以检验所有操作是否正确。

2. 从键盘输入 10 个浮点数，以二进制形式存入文件中。再从文件中读出数据显示在屏幕上。

第 14 章 综合案例——贪吃蛇游戏

14.1 案例描述及分析

【案例描述】

制作一个游戏,该游戏的规则是:游戏开始时弹出初始菜单,按任意键进入游戏。游戏者用上、下、左、右键来控制蛇在游戏场景内运动,每吃到一个食物,游戏者得 10 分,分数累加结果会在计分板上显示,与此同时蛇身长出一节。当贪吃蛇的头部撞击到游戏场景边框或者蛇的身体时游戏结束,并显示游戏者最后得分。

【案例分析】

这个程序的关键点是表示蛇的图形以及蛇的移动。可以用一个小矩形表示蛇的一节身体,身体每长一节,增加一个矩形块,蛇头用两节表示,移动时必须从蛇头开始,所以蛇不能向相反方向移动,也就是说,蛇尾不能改作蛇头。如果不按任何键,蛇自行在当前方向上前移,当游戏者按下有效方向键后,蛇头朝指定的方向移动,一步移动一节身体,所以,当按下有效方向键后,需要首先确定蛇头的位置,然后蛇身体随着蛇头移动。

图形的实现是从蛇头的新位置开始画出蛇,这时,由于没有清屏的原因,蛇的原先位置和蛇的新位置差一个单位,所以看起来蛇会多一节身体,应将蛇的最后一节用背景覆盖。食物的出现和消失也可以用画矩形块和覆盖矩形块方法来实现。

14.2 程序设计

整个游戏可分为以下 4 个步骤。

(1) 自行设计开始界面,按键或鼠标单击开始游戏。

(2) 显示游戏界面,按游戏规则进行游戏。

(3) 画面实时显示选手得分,贪吃蛇每吃一个食物,蛇身长一节。

(4) 结束时给出提示和得分。

数据结构的设计:

本案例主要用到食物和贪吃蛇两个主体,因此,首先定义出食物 Food 的结构体和贪吃蛇 Snake 的结构体数据类型。

食物结构体定义如下:

```
struct Food
{
  int x;
  int y;
  int yes;
}food;
```

其中,结构体中成员 x、y 用来存储当前食物所在位置的横坐标和纵坐标；成员 yes 用来判断是否要出现食物,当需要出现新食物时,成员 yes 的值为 1,否则为 0 值。

```
struct Snake
{
  int x[N];
  int y[N];
  int node;
  int direction;
  int life;
}snake;
```

其中,结构体成员 x、y 用来存储蛇身每一节所在位置的横坐标和纵坐标；成员 node 用来存储当前蛇身的长度；成员 direction 用来存储蛇移动的方向,direction 的值为 1、2、3、4 分别表示蛇向右、左、上、下移动；成员 life 用来表示蛇的生命,0 值表示蛇活着,1 值表示蛇已死亡。

14.3 代码实现

程序代码如下(为了便于程序说明,每一行语句进行了标号)：

```
1.    #include<stdio.h>
2.    #include<string.h>
3.    #include <graphics.h>
4.    #include <stdlib.h>
5.    #include <dos.h>
6.    #include<time.h>
7.    #include<conio.h>
8.    #define N1 200
9.    #define LEFT    75
10.   #define RIGHT  77
11.   #define DOWN   80
12.   #define UP         72
13.   #define ESC       27
14.   int i;
15.   char key;
16.   int score = 0;
17.   int gamespeed = 500000;
18.   struct Food
```

```
19.  {
20.      int x;
21.      int y;
22.      int yes;
23.  }food;
24.  struct Snake
25.  {
26.      int x[N1];
27.      int y[N1];
28.      int node;
29.      int direction;
30.      int life;
31.  }snake;
32.  void Init(void);
33.  void Close(void);
34.  void DrawK(void);
35.  void GameOver(void);
36.  void GamePlay(void);
37.  void PrScore(void);
38.  int main(void)
39.  {
40.      Init();
41.      DrawK();
42.      GamePlay();
43.      Close();
         return 0;
44.  }
45.  void delay(int x)
46.  {
47.      unsigned char j;
48.      while(x-- )
49.      for(j = 0;j < 123;j++);
50.  }
51.  void Init(void)
52.  {
53.      int gd = DETECT, gm;
54.      initgraph(640,480);
55.      cleardevice();
56.  }
57.  void DrawK(void)
58.  {
59.      setcolor(RGB(0,255,0));
60.      setlinestyle(SOLID_LINE,0,3);
61.      for(i = 50;i <= 600;i += 10)
62.      {
63.            rectangle(i,40,i + 10,49);
64.            rectangle(i,451,i + 10,460);
65.      }
66.      for(i = 40;i <= 450;i += 10)
```

```
67.         {
68.             rectangle(50,i,59,i+10);
69.             rectangle(601,i,610,i+10);
70.         }
71.  }
72.  void GamePlay(void)
73.  {
74.      srand(time(0));
75.      food.yes = 1;
76.      snake.life = 0;
77.      snake.direction = 1;
78.      snake.x[0] = 100;snake.y[0] = 100;
79.      snake.x[1] = 110;snake.y[1] = 100;
80.      snake.node = 2;
81.      PrScore();
82.      while(1)
83.      {
84.          while(!kbhit())
85.          {
86.              if(food.yes == 1)
87.              {
88.                  food.x = rand() % 400 + 60;
89.                  food.y = rand() % 350 + 60;
90.                  while(food.x % 10!= 0)
91.                      food.x++;
92.                  while(food.y % 10!= 0)
93.                      food.y++;
94.                  food.yes = 0;
95.              }
96.              if(food.yes == 0)
97.              {
98.                  setcolor(GREEN);
99.                  rectangle(food.x,food.y,food.x + 10,food.y - 10);
100.             }
101.             for(i = snake.node - 1;i > 0;i -- )
102.             {
103.                 snake.x[i] = snake.x[i - 1];
104.                 snake.y[i] = snake.y[i - 1];
105.             }
106.             switch(snake.direction)
107.             {
108.                 case 1: snake.x[0] += 10;break;
109.                 case 2: snake.x[0] -= 10;break;
110.                 case 3: snake.y[0] -= 10;break;
111.                 case 4: snake.y[0] += 10;break;
112.             }
113.             for(i = 3;i < snake.node;i++)
114.             {
115.                 if(snake.x[i] == snake.x[0]&&snake.y[i] == snake.y[0])
```

```
116.                         {
117.                                 GameOver();
118.                                 snake.life = 1;
119.                                 break;
120.                         }
121.                 }
122.                 if(snake.x[0]< 55||snake.x[0]> 595||snake.y[0]< 55||snake.y[0]> 455)
123.                 {
124.                         GameOver();          /* 本次游戏结束 */
125.                         snake.life = 1;      /* 蛇死 */
126.                 }
127.                 if(snake.life == 1)
128.                         break;
129.                 if(snake.x[0] == food.x&&snake.y[0] == food.y)
130.                 {
131.                         setcolor(0);
132.                         rectangle(food.x,food.y,food.x + 10,food.y - 10);
133.                         snake.x[snake.node] =- 20;snake.y[snake.node] =- 20;
134.                         snake.node++;
135.                         food.yes = 1;
136.                         score += 10;
137.                         PrScore();
138.                 }
139.                 setcolor(RGB(255,0,0));
140.                 for(i = 0;i < snake.node;i++)
141.                             rectangle(snake.x[i],snake.y[i],snake.x[i] + 10,snake.y[i] - 10);
142.                 delay(gamespeed);
143.                 setcolor(0);
144.                 rectangle(snake.x[snake.node - 1],snake.y[snake.node - 1],
145.                 snake.x[snake.node - 1] + 10,snake.y[snake.node - 1] - 10);
146.             }   /* endwhile(!kbhit) */
147.             if(snake.life == 1)
148.                 break;
149.             key = getch();
150.             if(key == ESC)                  /* 按 Esc 键退出 */
151.                 break;
152.             else if(key == UP&&snake.direction!= 4)
153.                 snake.direction = 3;
154.             else if(key == RIGHT&&snake.direction!= 2)
155.                 snake.direction = 1;
156.             else if(key == LEFT&&snake.direction!= 1)
157.                 snake.direction = 2;
158.             else if(key == DOWN&&snake.direction!= 3)
159.                 snake.direction = 4;
160.     }/* endwhile(1) */
161. }
162. void GameOver(void)
163. {
```

```
164.     cleardevice();
165.     PrScore();
166.     setcolor(RED);
167.     getch();
168. }
169. void PrScore(void)
170. {
171.     char str[10];
172.     setfillstyle(SOLID_FILL,YELLOW);
173.     bar(50,15,220,35);
174.     setcolor(6);
175.     sprintf(str,"score: % d",score);
176.     outtextxy(55,20,str);
177. }
178. void Close(void)
179. {
180.     getch();
181.     closegraph();
182. }
```

程序运行结果如图 14-1 所示。

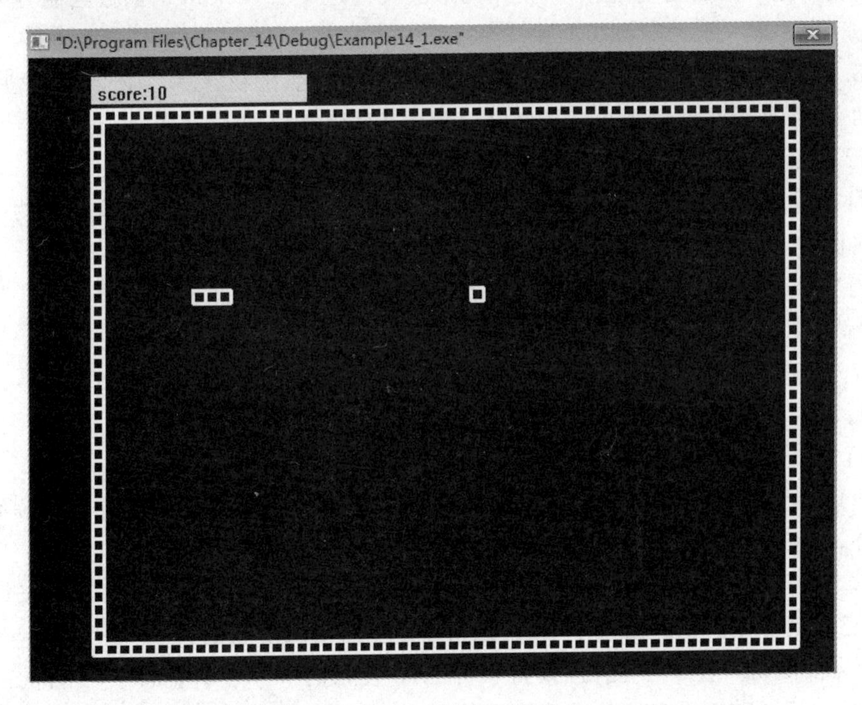

图 14-1　贪吃蛇程序运行结果

程序说明：

程序中 1～37 行分别声明了全局变量、常量、结构体、函数和包含若干个头文件。其中，常量 N1 用来表示贪吃蛇的最大节数，常量 LEFT、RIGHT、UP、DOWN、ESC 分别表示左、右、上、下、退出按键的值；变量 key 用来获得玩家的按键，score 获得玩家的得分，gamespeed 用来设置游戏速度；声明的 6 个函数及功能如表 14-1 所示。

表 14-1 案例声明函数及功能

函数名称	功能描述
void Init(void);	图形驱动
void Close(void);	图形结束
void DrawK(void);	绘制墙壁等开始画面
void GameOver(void);	游戏结束
void GamePlay(void);	玩游戏的具体过程
void PrScore(void);	输出成绩

在 45 行的 delay 函数中，通过设置一定整数完成循环次数，利用循环嵌套以达到在时间上的延迟功能。

在 51 行的 Init 函数中，initgraph 是在 graphics.h 图形头文件中定义的函数，该函数的功能是设定图形界面的大小，这里，设定游戏界面的长宽像素分别是 640,480。

在 57 行的 DrawK 函数中，主要进行绘制围墙，分别使用了两个 for 循环完成左上角坐标为(50,40)，右下角坐标为(610,460)的围墙绘制；第一个循环绘制出上下两面墙壁，第二个循环绘制出左右两面墙壁，循环中使用图形头文件定义的 rectangle 函数绘制方格来组成墙壁。

在 GamePlay 函数中，依次完成了食物和蛇的初始化、随机产生食物出现的位置、贪吃蛇的移动、判断是否吃到食物并记录分值功能。其具体过程如下。

74 行 srand()函数是 stdlib.h 文件中的随机数发生器函数。

75 行"food.yes=1;"表示是否要出现新的食物，其中"1"表示需要出现新食物，"0"表示已经存在食物。

76 行"snake.life=0;"表示贪吃蛇活着。

77 行"snake.direction=1;"表示蛇初始是向右移动。

78、79 行表示贪吃蛇初始出现的坐标值。

80 行表示贪吃蛇初始的节数为 2。

81 行"PrScore();"显示初始的分值 0。

82～160 行通过 while 循环实现玩游戏的整个过程，按 Esc 键或贪吃蛇碰到墙面能够退出该循环，结束游戏。

在这个循环中又嵌套了一个 84～146 行的内循环，内循环主要完成在没有按键的情况下，蛇自己移动身体。在内循环体中，首先判断是否需要出现新的食物，当 food.yes 的值为 1 时表示需要随机产生一个食物，重新获得 food 食物的 x、y 坐标；90～94 行的两个并列 while 循环保证了随机出现的食物坐标在整格内(坐标能够整除 10)，只有这样才可以让贪吃蛇吃到食物；对食物设置完成后，需将 food.yes 设置为 0 值表示已对新食物设置完毕。

96～100 行语句完成对食物的显示。

101～105 行通过 for 循环修改贪吃蛇每个环节的坐标值，实现贪吃蛇向前移动的操作。

106～112 行通过 switch 语句判断蛇头的移动位置，1、2、3、4 分别表示右、左、上、下

4 个方向，通过这个判断来移动蛇头。

玩家在移动贪吃蛇过程中，如果蛇身相撞导致蛇死亡，从而结束游戏，由此，程序运行过程中，需要从蛇的第 4 节开始判断是否撞到自己了。因为蛇头为两节，第三节不可能拐过来，所以，113～121 行的语句行利用了 for 循环，从蛇的每三节开始到蛇尾分别与蛇头坐标判断，若坐标相同，则表示自己撞到自己，游戏显示失败并将 snake 中的 life 成员置 1 表示贪吃蛇已死。122～126 行的语句段完成了蛇是否撞到墙壁的判断，若撞到墙壁也将 snake 中的 life 成员置 1 表示贪吃蛇已死。

程序中，通过判断 snake. life 的值退出本次游戏。

若蛇头坐标和食物的坐标值相等，表示蛇吃到食物，129～138 行语句完成了蛇吃掉食物后的处理操作。其中，131～133 行语句将界面中的食物置成背景色，食物在界面中消失；134～137 行分别完成了蛇的节数加 1、需要显示新的食物、游戏得分加 10 并在界面中显示新的得分。

139～141 行的 for 循环完成贪吃蛇的绘制。

语句“delay(gamespeed)”主要目的是通过时间延迟来决定贪吃蛇的移动速度。

143～145 行语句是将蛇的最后一节设置成背景色，使得不显示蛇的最后一节，看似蛇在向前移动。

在 147～159 行分别对 snake 中的成员 life 和接收玩家按键的变量 key 进行判断，若 life 的值为 1 则表示贪吃蛇死亡，游戏结束；语句“key＝getch();”接收玩家的按键，若 key 变量接收的按键为 Esc 键则退出游戏，除此之外，在 152～159 的 else…if 语句中，分别对 key 变量接收的 UP、DOWN、LEFT、RIGHT 4 个键进行判断，以改变贪吃蛇的移动方向。

程序中 162～168 行是对游戏结束函数 GameOver 的定义，在此函数中，完成了清理工作并显示最终得分。

程序中 169～177 行是函数 PrScore 的定义，在此函数中，主要显示“score:分值”。

程序中 178～182 行是函数 Close 的定义，主要关闭整个界面图形的显示工作。

附录A　常用字符与 ASCII 代码对照表

ASCII值	字符	控制字符	ASCII值	字符	ASCII值	字符	ASCII值	字符	ASCII值	字符	ASCII值	字符	ASCII值	字符
00	null	NUL	037	%	074	J	111	o	148	ö	185	╣	222	▐
001	☺	SOH	038	&	075	K	112	p	149	ò	186	║	223	▀
002	文档开始	STX	039	'	076	L	113	q	150	û	187	╗	224	α
003	♥	ETX	040	(	077	M	114	r	151	ù	188	╝	225	β
004	♦	EOT	041	)	078	N	115	s	152	ÿ	189	╜	226	Γ
005	♣	END	042	*	079	O	116	t	153	Ö	190	╛	227	π
006	♠	ACK	043	+	080	P	117	u	154	Ü	191	┐	228	Σ
007	beep	BEL	044	,	081	Q	118	v	155	¢	192	└	229	σ
008	backspace	BS	045	−	082	R	119	w	156	£	193	┴	230	μ
009	tab	HT	046	.	083	S	120	x	157	¥	194	┬	231	τ
010	换行	LF	047	/	084	T	121	y	158	Pt	195	├	232	Φ
011	home	VT	048	0	085	U	122	z	159	ƒ	196	─	233	θ
012	♀	FF	049	1	086	V	123	{	160	á	197	┼	234	Ω
013	回车	CR	050	2	087	W	124	|	161	í	198	╞	235	δ
014	移出	SO	051	3	088	X	125	}	162	ó	199	╟	236	∞
015	¤	SI	052	4	089	Y	126	~	163	ú	200	╚	237	Ø
016	▶	DLE	053	5	090	Z	127	DEL	164	ñ	201	╔	238	ε
017	◀	DC1	054	6	091	[	128	Ç	165	Ñ	202	╩	239	∩
018	↕	DC2	055	7	092	\	129	Ü	166	ª	203	╦	240	≡
019	!!	DC3	056	8	093	]	130	é	167	º	204	╠	241	±
020	¶	DC4	057	9	094	^	131	â	168	¿	205	═	242	≥
021	§	NAK	058	:	095	_	132	ä	169	⌐	206	╬	243	≤
022	▬	SYN	059	;	096	`	133	à	170	¬	207	╧	244	⌠
023	↕	ETB	060	<	097	a	134	å	171	½	208	╨	245	⌡
024	↑	CAN	061	=	098	b	135	ç	172	¼	209	╤	246	÷
025	↓	EM	062	>	099	c	136	ê	173	¡	210	╥	247	≈
026	→	SUB	063	?	100	d	137	ë	174	«	211	╙	248	°
027	←	ESC	064	@	101	e	138	è	175	»	212	╘	249	•
028	∟	FS	065	A	102	f	139	ï	176	░	213	╒	250	·
029	↔	GS	066	B	103	g	140	î	177	▒	214	╓	251	√
030	▲	RS	067	C	104	h	141	ì	178	▓	215	╫	252	^{n}
031	▼	US	068	D	105	i	142	Ä	179	│	216	╪	253	^{2}
032	(space)		069	E	106	j	143	Å	180	┤	217	┘	254	■
033	!		070	F	107	k	144	É	181	╡	218	┌	255	FF
034	"		071	G	108	l	145	æ	182	╢	219	█		
035	#		072	H	109	m	146	Æ	183	╖	220	▄		
036	$		073	I	110	n	147	ó	184	╕	221	▌		

注：表中 000～127 是标注字符，128～255 是 IBM-PC 的专用字符。

附录B C语言关键字及其用途

关键字	说明	用途
char	一个字节长的字符值	数据类型
short	短整数	
int	整数	
unsigned	无符号类型,最高位不作为符号位	
long	长整数	
float	单精度实数	
double	双精度实数	
struct	用于定义结构体关键字	
union	用于定义共用体关键字	
void	空类型,用它定义的对象不具有任何值	
enum	定义枚举类型的关键字	
signed	有符号类型,最高位作为符号位	
const	表明这个量在程序执行过程中不可变	
volatile	表明这个量在程序执行过程中可被隐含地改变	
typedef	用于定义数据类型的别名	存储类别
auto	自动变量	
register	寄存器类型	
static	静态变量	
extern	外部变量声明	
break	退出最内层的循环或 switch 语句	流程控制
case	switch 语句中的分支选择	
continue	跳到下一轮循环	
default	switch 语句中其余情况的标号	
do	do…while 循环中的循环起始标记	
else	if 语句中的分支结构	
for	带有初值、条件测试和增量变化的一种循环	
goto	转移到标号指定的位置	
if	语句的条件执行	
return	返回到调用函数	
switch	从所有列出的分支中做出选择	
while	在 while 和 do…while 循环中语句的条件执行	
sizeof	计算表达式和类型所占用的字节数	运算符

附录C 运算符的优先级和结合性

优先级	运算符	运算符功能	运算类型	结合方向
最高级别 15	::	域运算符		自左向右
	()	圆括号、函数参数表		
	[]	数组元素下标		
	->	指向结构体成员		
	.	引用结构体成员		
14	!	逻辑非	单目运算	自右向左
	~	按位取反		
	++、--	自增 1、自减 1		
	+	求正		
	-	求负		
	*	间接运算符		
	&	求地址运算符		
	(类型名)	强制类型转换		
	sizeof	求字节运算符		
13	*、/、%	乘、除、整数求余	双目运算	自左向右
12	+、-	加、减		
11	<<、>>	左移、右移	移位运算	
10	<、<=	小于、小于等于	关系运算	
	>、>=	大于、大于等于		
9	==、!=	等于、不等于		
8	&	按位与	位运算	
7	^	按位异或		
6	|	按位或		
5	&&	逻辑与	逻辑运算	
4	||	逻辑或		
3	?:	条件运算	三目运算	自右向左
2	=、+=、-=、*= /=、%=、&=、^= |=、<<=、>>=	赋值、运算且赋值	双目运算	
最低级别 1	,	逗号运算	顺序运算	自左向右

附录 D　C 语言标准库函数

C 语言编译系统提供了众多的预定义库函数和宏，用户在编写程序代码时，可以直接调用这些库函数和宏。本附录仅从数学角度列出一些最基本的函数。读者在编制 C 语言程序时可能要用到更多的函数，请查阅有关手册。

1. 数学函数

调用数学函数(附表 D-1)时，要求在源文件中包含头文件 math. h，即有以下命令行：

```
#include <math.h>
```

或

```
#include "math.h"
```

附表 D-1　数学函数

函数名	函数原型说明	功　能	返回值	说　明
abs	int abs(int x)；	求整数 x 的绝对值	计算结果	
acos	double acos(double x)；	计算 $\cos^{-1}(x)$的值	计算结果	x 在 −1～1 范围内
asin	double asin(double x)；	计算 $\sin^{-1}(x)$的值	计算结果	x 在 −1～1 范围内
atan	double atan(double x)；	计算 $\tan^{-1}(x)$的值	计算结果	
atan2	double atan2(double x, double y)；	计算 $\tan^{-1}(x/y)$的值	计算结果	
cos	double cos(doule x)；	计算 cos(x)的值	计算结果	x 的单位为弧度
cosh	double cosh(doule x)；	计算 x 的双曲余弦 cosh(x)的值	计算结果	
exp	double exp(double x)；	求 e^x 的值	计算结果	
fabs	double fabs(double x)；	求 x 的绝对值	计算结果	
floor	double floor (double x)；	求不大于 x 的最大整数	该整数的双精度实数	
fmod	double fmod(double x, double y)；	求 x/y 整除后的余数	返回余数的双精度数	
frexp	double frexp (double val,int * exp)；	把双精度数 val 分解为数字部分(尾数)x 和以 2 为底的指数 n，即 $val=x\times 2^n$，n 存放在 exp 所指的变量中	返回数字部分 x $0.5\leqslant x<1$	
log	double log(double x)；	求 $\log_e x$，即 lnx	计算结果	
log10	double log10(double x)；	求 $\log_{10} x$	计算结果	

续表

函数名	函数原型说明	功　能	返回值	说　明
modf	double modf (double val,double * iptr);	把双精度数 val 分解成整数部分和小数部分,把整数部分存放到 iptr 指向的单元	返回 val 的小数部分	
pow	double pow(double x, double y);	计算 x^y 的值	计算结果	
rand	int rand(void);	产生 －90～32 767 间的随机整数	随机整数	
sin	double sin(double x);	计算 sin(x)的值	计算结果	x 的单位为弧度
sinh	double sinh(double x);	计算 x 的双曲正弦函数 sinh(x)的值	计算结果	
sqrt	double sqrt(double x);	计算$\sqrt{x}$	计算结果	$x \geqslant 0$
tan	double tan(double x);	计算 tan(x)的值	计算结果	
tanh	double tanh (double x);	计算 x 的双曲正切函数 tanh(x)的值	计算结果	

2. 字符函数和字符串函数

ANSI C 标准要求在使用字符串函数时要包含头文件 string. h,在使用字符函数时要包含头文件 ctype. h。有的 C 编译系统不遵循 ANSI C 标准的规定,而用其他名称的头文件。请使用时查有关手册。字符函数和字符串函数见附表 D-2。

附表 D-2　字符函数和字符串函数

函数名	函数原型说明	功　能	返回值	包含文件
isalnum	int isalnum(int ch);	检查 ch 是否为字母(alpha)或数字(numeric)	是字母或数字返回 1;否则返回 0	ctype. h
isalpha	int isalpha(int ch);	检查 ch 是否为字母	是,返回 1;否则返回 0	ctype. h
iscntrl	int iscntrl(int ch);	检查 ch 是否为控制字符	是,返回 1;否则返回 0	ctype. h
isdigit	int isdigit(int ch);	检查 ch 是否为数字(0～9)	是,返回 1;否则返回 0	ctype. h
isgraph	int isgraph(int ch);	检查 ch 是否为 ASCII 码值在 ox21～ox7e 的可打印的字符(不包含空格字符)	是,返回 1;否则返回 0	ctype. h
islower	int islower(int ch);	检查 ch 是否为小写字母(a～z)	是,返回 1;否则返回 0	ctype. h
isprint	int isprint(int ch);	检查 ch 是否为包括空格在内的可打印字符,其 ASCII 码在 ox20～ox7E 之间	是,返回 1;否则返回 0	ctype. h
ispunct	int ispunct(int ch);	检查 ch 是否为标点字符,即除了空格、字母、数字之外的可打印字符	是,返回 1;否则返回 0	ctype. h
isspace	int isspace(int ch);	检查 ch 是否为空格、跳格符(制表符)或换行符	是,返回 1;否则返回 0	ctype. h
isupper	int isupper(int ch);	检查 ch 是否为大写字母(A～Z)	是,返回 1;否则返回 0	ctype. h

续表

函数名	函数原型说明	功　能	返回值	包含文件
isxdigit	int isxdigit(int ch)；	检查 ch 是否为一个十六进制数字字符(即 0～9,或 A～F,或 a～f)	是,返回 1；否则返回 0	ctype. h
strcat	char * strcat(char * str1,char * str2)；	把字符串 str2 接到 str1 后面,str1 最后面的'\0'被取消	str1	string. h
strchr	char * strchr(char * str,int ch)；	找出 str 指向的字符串中第一次出现字符 ch 的位置	返回指向该位置的指针,如找不到,则返回空指针	string. h
strcmp	int strcmp(char * str1,char * str2)；	对 str1 和 str2 所指字符串进行比较	str1 < str2,返回负数；str1==str2,返回 0；str1 >str2,返回正数	string. h
strcpy	char * strcpy(char * str1,char * str2)；	把 str2 指向的串复制到 str1 指向的空间	str1 所指地址	string. h
strlen	unsigned int strlen(char * str)；	统计字符串 str 中字符的个数(不包括终止符'\0')	返回字符个数	string. h
strstr	char * strstr(char * str1,char * str2)；	找出 str2 字符串在 str1 字符串中第一次出现的位置(不包括 str2 的串结束符)	返回指向该位置的指针,如找不到,则返回空指针	string. h
tolower	int tolower(int ch)；	把 ch 字符转换为小写字母	返回 ch 所代表的字符的小写字母	ctype. h
toupper	int toupper(int ch)；	把 ch 字符转换成大写字母	与 ch 相应的大写字母	ctype. h

3. 输入输出函数

凡调用输入输出函数(附表 D-3)时,应该使用#include<stdio. h>把 stdio. h 头文件包含到源文件中。

附表 D-3　输入输出函数

函数名	函数原型说明	功　能	返 回 值	说　明
clearerr	void clearerr(FILE * fp)；	使 fp 所指文件的错误,标志和文件结束标志置 0	无	
close	int close(int fp)；	关闭文件	关闭成功返回 0；否则返回－1	非 ANSI 标准
creat	int creat(char * filename,int mode)；	以 mode 所指定的方式建立文件	成功则返回正数；否则返回－1	非 ANSI 标准
eof	int eof(int fd)；	检查文件是否结束	遇文件结束,返回 1；否则返回 0	非 ANSI 标准
fclose	int fclose(FILE * fp)；	关闭 fp 所指的文件,释放文件缓冲区	有错则返回非 0；否则返回 0	
feof	int feof(FILE * fp)；	检查文件是否结束	遇文件结束符返回非 0,否则返回 0	
fgetc	int fgetc(FILE * fp)；	从 fp 所指定的文件中取得下一个字符	返回所得到的字符,若读入出错,返回 EOF	

续表

函数名	函数原型说明	功　能	返　回　值	说　明
fgets	char * fgets(char * buf,int n,FILE * fp);	从fp所指的文件中读取一个长度为(n-1)的字符串,存入起始地址为buf的空间	返回地址buf,若遇文件结束或出错,返回NULL	
fopen	FILE * fopen(char * filename,char * mode);	以mode指定的方式打开名为filename的文件	成功,返回一个文件指针(文件信息区的起始地址);否则返回NULL	
fprintf	int fprintf(FILE * fp,char * format,args,…);	把args的值以format指定的格式输出到fp所指定的文件中	实际输出的字符数	
fputc	int fputc(char ch,FILE * fp);	把字符ch输出到fp指向的文件中	成功,则返回该字符;否则返回非0	
fputs	int fputs(char * str,FILE * fp);	把str指向的字符串输出到fp所指定的文件中	成功,返回0,若出错返回非0	
fread	int fread(char * pt,unsigned size,unsigned n,FILE * fp);	从fp所指定的文件中读取长度为size的n个数据项,存到pt所指向的内存区	返回所读的数据项个数,如遇文件结束或出错返回0	
fscanf	int fscanf(FILE * fp,char * format,args,…);	从fp所指定的文件中按format给定的格式将输入数据送到args所指向的内存单元(args是指针)	返回已输入的数据个数,遇文件结束或出错返回0	
fseek	int fseek(FILE * fp,long offer,int base);	移动fp所指文件的位置指针	成功,返回当前位置,否则返回-1	
ftell	long ftell(FILE * fp);	求出fp所指文件当前的读写位置	读写位置,出错返回-1	
fwrite	int fwrite(char * ptr,unsigned size,unsigned n,FILE * fp);	把ptr所指向的n×size个字节输出到fp所指向的文件中	写到fp文件中的数据项的个数	
getc	int getc(FILE * fp);	从fp所指文件中读取一个字符	返回所读字符,若出错或文件结束返回EOF	
getchar	int getchar(void);	从标准输入设备读入一个字符	返回所读字符,若出错或文件结束返回-1	
gets	char * gets(char * s);	从标准设备读取一行字符串放入s所指存储区,用'\0'替换读入的换行符	返回s,出错返回NULL	
printf	int printf(char * format,args,…);	把args,…的值以format指定的格式输出到标准输出设备	输出字符的个数,若出错,返回-1	format可以是一个字符串,或字符数组的起始位置

续表

函数名	函数原型说明	功　　能	返　回　值	说　　明
putc	int putc(int ch,FILE * fp);	把一个字符 ch 输出到 fp 所指的文件中	输出的字符 ch,若出错,返回 EOF	
putchar	int putchar(char ch);	把 ch 输出到标准输出设备	输出的字符 ch,若出错,返回 EOF	
puts	int puts(char * str);	把 str 所指字符串输出到标准输出设备,将'\0'转换成回车换行符	返回换行符,若出错,返回 EOF	
rename	int rename(char * oldname,char * newname);	把由 oldname 所指的文件名,改为由 newname 所指的文件名	成功返回 0,出错返回 −1	
rewind	void rewind(FILE * fp);	将 fp 指示的文件中的位置指针置于文件开头位置,并清除文件结束标志和错误标志	无	
scanf	int scanf(char * format,args,…);	从标准输入设备按 format 指定的格式把输入数据存入到 args,…所指的内存单元	读入并赋给 args 的数据个数,遇文件结束返回 EOF,出错返回 −1	args 为指针

4. 动态分配函数和随机函数

ANSI 标准建议设 4 个有关的动态存储分配的函数,即 calloc()、malloc()、free()、realloc()。实际上,许多 C 编译系统实现时,往往增加了一些其他函数,如附表 D-4 所示。ANSI 标准建议在 stdlib. h 头文件中包含有关的信息,但许多 C 编译系统要求用 malloc. h 而不是 stdlib. h。读者在使用时应查阅有关手册。当使用 rand()和 exit()函数时,则使用头文件 stdlib. h。

附表 D-4　动态分配函数和随机函数

函数名	函数原型说明	功　　能	返　回　值
calloc	void * calloc(unsigned n,unsigned size);	分配 n 个数据项的内存连续空间,每个数据项的大小为 size 个字节	分配内存单元的起始地址;如不成功返回 0
free	void free(void * p);	释放 p 所指的内存区	无
malloc	void * malloc(unsigned size);	分配 size 个字节的存储空间	所分配的内存区的起始地址;如内存不够,返回 0
realloc	void * realloc(void * p,unsigned size);	把 p 所指出的已分配内存区的大小改为 size,size 可以比原来分配的空间大或小	返回指向该内存区的指针;如不成功返回 NULL
rand	int rand(void);	产生 0～32 767 的随机整数	返回一个随机整数
exit	void exit(0);	文件打开失败,返回运行环境	无

5. 图形库函数

C 语言中的图形库函数(附表 D-5)要求在源文件中包含头文件 graphic. h。

附表 D-5　图形库函数

函数名	函数原型说明	功　能	返　回　值
putpixel()	void putpixel(int x,int y,int color);	在图形模式下屏幕上画一个像素点	无
getpixel()	int getpixel(int x,int y);	返回像素点颜色值	返回一个像素点色彩值
line()	void line(int startx,int starty,int endx,int endy);	使用当前绘图色、线型及线宽,在给定的两点间画一直线	无
lineto()	void lineto(int x,int y);	使用当前绘图色、线型及线宽,从当前位置画一直线到指定位置	无
linerel()	void linerel(int dx,int dy);	使用当前绘图色、线型及线宽,从当前位置开始,按指定的水平和垂直偏移距离画一直线	无
setlinestyle()	void setlinestyle(int stly,unsigned pattern,int width);	为画线函数设置当前线型,包括线型、线图样和线宽	无
rectangle()	void rectangle(int left,int top,int right,int bottom);	用当前绘图色、线型及线宽,画一个给定左上角与右下角的矩形(正方形或长方形)	无
bar()	void bar(int left,int top,int right,int bottom);	用当前填充图样和填充色(注意不是给图色)画出一个指定左上角与右下角的实心长条形(长方块或正方块,但没有4条边线)	无
bar3d()	void bar3d(int left,int top,int right,int bottom,int depth,int topflag);	使用当前绘图色、线型及线宽画出三维长方形条块,并用当前填充图样和填充色填充该三维条块的表面	无
drawpoly()	void drawpoly(int pnumber,int * points);	用当前绘图色、线型及线宽,画一个给定若干点所定义的多边形	无
circle()	void circle(int x,int y,int radius);	使用当前绘图色并以实线画一个完整的圆	无
arc()	void arc(int x,int y,int startangle,int endangle,int radius);	使用当前绘图色并以实线画一圆弧	

附录E　课后习题参考答案

习　题　1

一、填空题

1. 编程语言
2. 编程语言
3. 机器语言　汇编语言　高级语言
4. 二进制
5. 指令部分　数据部分
6. 低级语言
7. 汇编语言
8. 汇编语言　高级语言
9. 硬件系统　软件系统
10. 控制器　存储器
11. 系统软件　应用软件
12. 存储器　内存地址
13. 字节(Byte)　位　字节　位
14. 8　8
15. 11101011
16. 171.75
17. $(205)_{16}=(\underline{517})_{10}=(\underline{1000000101})_2=(\underline{1005})_8$

    $(\underline{3BD})_{16}=(\underline{957})_{10}=(\underline{1110111101})_2=(\underline{1675})_8$

    $(\underline{B5.34})_{16}=(\underline{181.2031})_{10}=(\underline{10110101.001101})_2=(\underline{265.15})_8$

    $(\underline{F5.C})_{16}=(\underline{245.75})_{10}=(\underline{11110101.1100})_2=(\underline{365.60})_8$

二、选择题

1～5：D C B B A

6～10：D A D A A

三、简答题

1. 答：人与人之间交流需要语言，人和计算机之间交流同样也需要一种语言。只是这种语言不是单纯的汉语、英语，而是符合计算机语法的语言，这种计算机能够响应、程序员能够理解的语言被称为计算机程序设计语言，也叫编程语言。

2. 答：计算机的发展经历了电子管时代、晶体管时代、中小规模集成电路时代、大规模和超大规模集成电路时代，还有未来的光子和量子计算机时代，无论是哪一个计算机时代，计算机的设计始终遵循冯·诺依曼式体系结构，即：计算机都是由运算器、控制器、存储器、输入设备和输出设备5大部分组成，整个工作过程遵循着存储程序控制的原理，并在其内部都是以二进制的形式存储数据来实现的。

3. 答：首先，将程序和数据通过输入设备送入存储器；然后，计算机从存储器中依次取出程序指令送到控制器进行识别和分析该指令的功能；控制器根据指令的含义发出相应的命令（如加法、减法），将存储单元中存放的操作数取出送往运算器进行运算，再把运算结果送回存储器指定的单元中；最后，计算机可以根据指令将最终的运算结果通过输出设备进行输出。

4. 答：运算器和控制器构成中央处理器，也就是人们常说的CPU(Central Processing Unit)；存储器是存放数据的单元，可以分为内存和外存，内存主要指RAM(Random Access Memory，随机存取存储器)，外存主要指计算机中的硬盘；输入设备就是人们常说的键盘和鼠标，而输出设备就是显示器。

5. 答：编写程序也是由若干个步骤来完成的。而这种解决实际问题的一般步骤则被称为算法。解决一个实际问题的方法、步骤有很多种，不同的人想到的算法也不同。算法是程序的灵魂。只要有了算法，就可以用任何语言来实现这个算法。

算法的描述方法有很多。常用的有自然语言描述、伪代码、传统流程图以及N-S图等。

6. 答：有穷性：算法必须在有限的时间内结束，也即，设计的算法不能出现无限循环的情况。确定性：算法必须具有确定性，不能出现二义性的描述。有零个或多个输入：描述一个算法时，可以没有输入，也可以有多个输入。有一个或多个输出：描述一个算法时，至少要有一个输出。有效性：算法必须是有效可行的，否则这个算法就是没有意义的。

习　题　2

一、填空题

1. .exe

2. .c　.obj　.exe

3. /*　*/

4. 注释

5. 空格　嵌套

6. stdio.h

7. main()　函数头　函数体

8. 主函数

9. 函数

10. ;

11. 常量

12. 整型常量　实型常量　字符串常量

13. 八进制　十六进制

14. 小数形式　指数形式

15. 普通字符　转义字符

16. 双引号

17. 取整运算　整数

18. =　==　!=

19. −4<x&&x<4

20. 5　10

21. 20　4

二、选择题

1～5：A C B A D

6～10：A B A D C

11～15：A B A A C

16～24：A A A C D A B D B

三、简答题

1. 答：常量是指在程序运行过程中，数据的值永不能被改变的量。常量是有一定值的，并且其值是永远不能改变的。常量又分为整型常量、实型常量、字符常量、字符串常量4类。

2. 答：常用的运算符有：算术运算符、关系运算符、逻辑运算符、条件运算符、赋值运算符、逗号运算符、自增与自减运算符。

3. 答：(1) 无论是自增(++)还是自减(−−)都蕴含着赋值操作，因此，参加运算的运算对象只能是变量，不能是常量或表达式。

(2) 因自增、自减运算符是使变量在原来值的基础上做增1或减1操作，所以，该运算符要求操作的变量必须有初值。

(3) 两个加号和两个减号之间不能有空格。

(4) 尽量不要在一个表达式中对同一个变量进行多次自增、自减运算。

(5) 为了避免二义性出现，在使用自增和自减运算符时，可以加上小括号"()"，以强调其优先结合性。

习　题　3

一、填空题

1. int　4

2. −128～127，即$-2^7 \sim 2^7-1$　0～257，即$0 \sim 2^8-1$

3. char　1

4. ASCII

5. float　4　8

6. 内存单元

7. int　i;

8. char c='a';

二、选择题

1～5：A B D C A

6～10：C A D B A

11～15：B D A C C

16～20：A B D C A

三、简答题

1. 答：整型、字符型、实型(也称浮点型)。

2. 答：存放带符号数范围为 $-2^{31} \sim 2^{31}-1$，存放无符号数范围为 $0 \sim 2^{32}-1$

3. 答：只能由字母、数字、下划线组成，且第一个字符必须是字母或者下划线。名字的有效长度不能超过 32 个字符。

习　题　4

一、填空题

1. 数据输入　数据输出

2. stdio.h

3. scanf()　printf()

4. 格式说明符　普通字符

5. %　\

6. d　f

7. getchar()　putchar()

二、选择题

1～5：A C B D A

6～10：C D D B D

三、程序设计题

1.

```
#include<stdio.h>
main()
{
    int minute=560,hour;
    hour=minute/60;
    minute=minute-hour*60;
    printf("%d:%d\n",hour,minute);
}
```

2.

```
#include<stdio.h>
main()
{
    int m,n,shang,yushu;
    scanf("%d%d",&m,&n);
    shang=m/n;    yushu=m%n;
```

```
    printf("shang = %d,yushu = %d\n",shang,yushu);
}
```

3.

```
#include<stdio.h>
main()
{
    double x,y,z,average;
    printf("please enter three number:\n");
    scanf("%lf%lf%lf",&x,&y,&z);
    average = (x + y + z)/3;
    printf("average = %.1f\n",average);
}
```

4.

```
#include<stdio.h>
main()
{
    int a,b,c,t;
    printf("please enter three number:\n");
    scanf("%d%d%d",&a,&b,&c);
    t = b;b = a;a = c;c = t;
    printf("a = %d,b = %d,c = %d\n",a,b,c);
}
```

习　题　5

一、填空题

1. 选择结构　循环结构
2. 函数　函数调用
3. if 语句
4. switch 语句
5. break 语句

二、选择题

1～5：A D D B B

6～10：A C B D A

11～15：B A B A D

16～20：C A B A C

三、程序设计题

1.
```
#include<stdio.h>
main()
{
    int y0,m0,d0,y1,m1,d1,y2,m2,d2;
    printf("please input birthday:\n");
```

```
    scanf("%d%d%d",&y0,&m0,&d0);
    printf("\nplease input current date:\n");
    scanf("%d%d%d", &y1,&m1,&d1);
    y2 = y1 - y0;
    if(m0 > m1){m2 = 12 - (m0 - m1);y2 -- ;} else m2 = m1 - m0;
    if(d0 > d1) {d2 = 30 - (d0 - d1);m2 -- ;} else d2 = d1 - d0;
    printf("age is: %d- %d- %d\n",y2,m2,d2);
}
```

2.
```
#include<stdio.h>
main()
{
    int  m;
    printf("please input a number:\n");
    scanf("%d",&m);
    if(m%2 == 0)  printf("this is a even\n");
    else  printf("this is a odd\n");
}
```

3.
```
#include<stdio.h>
main()
{
    int a,b,c;
    printf("please enter three number:\n");
    scanf("%d%d%d",&a,&b,&c);
    if(a>b)
        if(a>c)  printf("max is %d:\n",a);
        else  printf("max is %d:\n",c);
    else
        if(c<b) printf("max is %d:\n",b);
        else  printf("max is %d:\n",c);
    }
```

4.
```
#include<stdio.h>
#include<conio.h>
void main()
{
    float num1,num2;
    char s;
    clrscr();
    printf("Enter a statement please:");
    scanf("%f%c%f",&num1,&s,&num2);
    switch(s)
    {
        case '+':printf("%.2f%c%.2f = %.2f",num1,s,num2,num1 + num2);break;
        case '-':printf("%.2f%c%.2f = %.2f",num1,s,num2,num1 - num2);break;
        case '*':printf("%.2f%c%.2f = %.2f",num1,s,num2,num1 * num2);break;
        case '/':printf("%.2f%c%.2f = %.2f",num1,s,num2,num1/num2);break;
        default: printf("Input Error!");
    }
    getch();
}
```

5.

```
main()
{
    int score;
    char grade;
    printf("please input a score\n");
    scanf("%d",&score);
    grade=score>=90?'A':(score>=60?'B':'C');
    printf("%d belongs to %c",score,grade);
}
```

6.

```
main()
{
    long int i;
    int bonus1,bonus2,bonus4,bonus6,bonus10,bonus;
    scanf("%ld",&i);
    bonus1=100000*0.1;bonus2=bonus1+100000*0.75;
    bonus4=bonus2+200000*0.5;
    bonus6=bonus4+200000*0.3;
    bonus10=bonus6+400000*0.15;
    if(i<=100000)
        bonus=i*0.1;
    else if(i<=200000)
        bonus=bonus1+(i-100000)*0.075;
    else if(i<=400000)
        bonus=bonus2+(i-200000)*0.05;
    else if(i<=600000)
        bonus=bonus4+(i-400000)*0.03;
    else if(i<=1000000)
        bonus=bonus6+(i-600000)*0.015;
    else
        bonus=bonus10+(i-1000000)*0.01;
    printf("bonus=%d",bonus);
}
```

习　题　6

一、填空题

1. 条件循环　计数循环　直到型的do…while结构　for循环

2. 非0

3. 5　4　6

4. 1024

5. －1

二、选择题

1～5：D A D A C

6～10：D A A D B

11～15：A C B D A

16～20：B B A C D

三、程序设计题

1.
```
#include<stdio.h>
main()
{
    int i=1,t,sum=1;  int s=1;
    while(i<=99)
    { i=i+2;   s=-s;    t=i/s;   sum=sum+t;  }
    printf("%d",sum);
}
```

2. (1) 用for循环，计算前50项。

```
#include<stdio.h>
main()
{
    int i; float n=1;  float e=1.0;
    for(i=1;i<50;i++) {  n*=1.0/i;     e+=n;}
    printf("e=%f",e);
}
```

(2) 用while循环，要求直至最后一项的值小于10^{-6}。

```
#include<stdio.h>
main()
{
    int i=1;  float  n=1;  float e=1.0;
    while(n>=1.0e-006)
    {  n*=1.0/i;  i++;   e+=n;}
    printf("e=%f",e);
}
```

3.
```
#include<stdio.h>
main()
{  int i,j=0;
   for(i=2000;i<=3000;i++)
   {   if(i%4==0&&i%100!=0||i%400==0)
       {  printf("%d ",i);   j++;   if(j%8==0) printf("\n");  }
   }
}
```

4.
```
#include<stdio.h>
main()
{ int i,j,k;
  for(i=1;i<=3;i++)
  {  for(j=3;j>=i;j--)     printf(" ");
     for(k=1;k<=2*i-1;k++)  printf("*");
     printf("\n");}
     for(i=1;i<=4;i++)
```

```
    {  for(j = 1;j < i;j++)          printf(" ");
       for(k = 1;k <= 9 - 2 * i;k++)  printf(" * ");
       printf("\n");
    }
}
```

5.

```
main()
{
    int a,n,count = 1;
    long int sn = 0,tn = 0;
    printf("please input a and n\n");
    scanf(" %d, %d",&a,&n);
    printf("a= %d,n= %d\n",a,n);
    while(count <= n)
    {
        tn = tn + a;
        sn = sn + tn;
        a = a * 10;
        ++count;
    }
    printf("a + aa + … = %ld\n",sn);
}
```

6.

```
main()
{
    float sn = 100.0,hn = sn/2;
    int n;
    for(n = 2;n <= 10;n++)
    {
        sn = sn + 2 * hn;              /* 第 n 次落地时共经过的米数 */
        hn = hn/2;                     /* 第 n 次反跳高度 */
    }
    printf("the total of road is %f\n",sn);
    printf("the tenth is %f meter\n",hn);
}
```

习　题　7

一、填空题

1. 模块化设计　函数
2. 函数体　有参函数　无参函数
3. return 语句
4. 函数语句　函数表达式
5. 按值传递　按址传递

二、选择题

1～5：A C B C D

6～10：A C B A B

11～15：C A A C A

16～20：C D B A B

三、程序设计题

1.

```
long  fun(int x,int y)
{
    int i; long z = 1;
    for(i = 1;i <= y;i++)
        z = z * x;
    return z;
}
```

2.

```
int mymod(int a,int b)
{
    int s;
    s = a % b;
    return s;
}
```

3.

```
int age(int n)
{
    int c;
    if(n == 1) c = 10;
    else c = age(n - 1) + 2;
    return(c);
 }
 main()
 {
    printf(" % d",age(5));
 }
```

4.

```
# include < stdio.h>
 int s1,s2,s3;
 int vs(int a,int b,int c)
 {
       int v;
       v = a * b * c;
       s1 = a * b;
       s2 = b * c;
       s3 = a * c;
```

```
        return v;
  }
  void main()
 {
        int v,l,w,h;
        scanf("%d%d%d",&l,&w,&h);
        v=vs(l,w,h);
        printf("\nv=%d,s1=%d,s2=%d,s3=%d\n",v,s1,s2,s3);
  }
```

5.

```
#include<stdio.h>
int fac(int n)
{
    static int f=1;
    f=f*n;
    return(f);
}
void main()
{
    int  i;
    for(i=1;i<=5;i++)
        printf("%d!=%d\n",i,fac(i));
}
```

习　题　8

一、填空题

1. 数组
2. int a[10];
3. 5
4. &a[3]
5. float c[5][5];

二、选择题

1～5：A C C C A

6～10：D A B B A

11～15：B A C B A

16～20：C C A D A

三、程序设计题

1.

```
#include<stdio.h>
main()
{ int i,a[10]={0}; char ch;
 while((ch=getchar())!='\n')
```

```
{ i=ch-48; a[i]++;}
for(i=0;i<10;i++)
printf("\'%c\'character number is %d:\n",48+i, a[i]);
}
```


2.
```
#include<stdio.h>
void fun(int a[],int n)
{int i;
for(i=n;i<10;i++)
  a[i-1]=a[i];
  }
main()
{  int a[10], i;
 for(i=0;i<10;i++)
   scanf("%d",&a[i]);
 fun(a,3);
 for(i=0;i<9;i++)
   printf("%d  ", a[i]);
   }
```

3.
```
void odds(int *a, int an, int *b, int *bn)
{ int i,j;
 for(i=0,j=0;i<an;i++)
    if(a[i]%2)
      {b[j]=a[i];
       j++;}
  *bn=j;
}
```

4.
```
void sort(char *a, int an)
{  int i,j; char t;
   for(i=0;i<an;i++)
      for(j=i+1;j<an;j++)
          if(a[i]<a[j])
             {t=a[i];a[i]=a[j];a[j]=t;}
             }
```

5.
```
#include<stdio.h>
void insert(int *a, int x, int *n)
{ int i,j=0;
  while(j<*n && a[j]<x) j++;                    /*寻找待插入位置*/
  for(i=*n-1;i>=j;i--) a[i+1]=a[i];            /*依次向后移位,空出待插入的位置*/
  a[j]=x;                                        /*插入元素*/
   *n=*n+1;                                      /*存放数据个数的变量加1*/
}
```

6.
```
void conversion(int x)
{  int a[100], i,n=0;
  while(x!=0)
    { a[n]=x%2; n++; x=x/2;}
  for(i=n-1;i>=0;i--)
    printf("%d", a[i]);}
```

7.
```
#include<stdio.h>
#include<stdlib.h>                                   /*调用产生随机数的函数rand()*/
void fun(int x, int *a, int *p)  /*  x为要放入数组中的随机数,*a指向要存入的数组,
                                     *p指向数组的长度变量*/
{  int i=0;
   while(i<*p&&x!=a[i])
      i++;
   if(i==*p)
      { a[*p]=x;  (*p)++;}
}
main()
{  int x,i, n=0, a[15]={0};
  while(n<15)
     { x=rand()%20; fun(x,a,&n);  }
  for(i=0;i<15;i++)
     printf("%d\n",a[i]);}
```

习 题 9

一、填空题

1. (1) char *p (2) p=&ch; (3) scanf("%c",p); (4) *p='A'

(5) printf("%c", *p);或 putchar(*p);

2. (1) s=p+3; (2) s--,s--或 s=s-2;或 s-=2 (3) *(s+1) (4) 2

二、选择题

1～5: A C A A C

6～10: B A C D A

11～15: D B A D A

16～20: C B D A C

三、程序设计题

1.
```
void f(float x, float y,float *p1,float *p2)
  {   *p1=x+y;
      *p2=x-y;
   }
```

2.
```
void fun(float x,float y,float z,float *p,float *q)
  {  int t;
    if(x>y)
       {t=x; x=y; y=t}
    if(x>z)
       {t=x; x=z; z=t}
    if(y>z)
       {t=y; y=z; z=t}
    *p=x;
    *q=z;
    }
```

3.
```
swap(int * p1,int * p2)
{int p;
p = * p1; * p1 = * p2; * p2 = p;
}
main()
{
int n1,n2,n3;
int * pointer1, * pointer2, * pointer3;
printf("please input 3 number:n1,n2,n3:");
scanf(" % d, % d, % d",&n1,&n2,&n3);
pointer1 = &n1;
pointer2 = &n2;
pointer3 = &n3;
if(n1 > n2) swap(pointer1,pointer2);
if(n1 > n3) swap(pointer1,pointer3);
if(n2 > n3) swap(pointer2,pointer3);
printf("the sorted numbers are: % d, % d, % d\n",n1,n2,n3);
}
```

4.
```
strcmp(char * p1,char * p2)
{ int i;
i = 0;
while( * (p1 + i) == * (p2 + i))
if( * (p1 + i++) == '\0') return(0);
return( * (p1 + i) - * (p2 + i));
}
main()
{ int m;
char str1[20],str2[20], * p1, * p2;
printf("Input two strings(1 string at each line):\n");
scanf(" % s",str1);
scanf(" % s",str2);
p1 = &str1[0];
p2 = &str2[0];
m = strcmp(p1,p2);
printf("The result of comparison : % d\n",m);
}
```

5.
```
length(char * p)
{ int n;
    n = 0;
    while( * p! = '\0')
      {n++;p++;
        }
    return n;
}
main()
{
int len;
char * str[20];
printf("please input a string:\n");
```

```
scanf("%s",str);
len=length(str);
printf("the string has %d characters.",len);
}
```

习　题　10

一、填空题

1. 双引号
2. 字符型数组
3. h
4. 9
5. 0

二、选择题

1～5：A B A C C

6～10：A C A B A

11～15：C B C A D

16～20：A D B C A

三、程序设计题

1.
```
#include<stdio.h>
void mygets(char *p)
{char ch;
while((ch=getchar())!='\n')
        *p++=ch;
 *p='\0'}
void myputs(char *p)
{char ch;
while((ch=*p++)!='\0')
       printf("%c",ch);
printf("\n");}
```

2.
```
int isHuiwen(char *s)
 { int i=0,j=strlen(s)-1;
 while(i<j&&s[i]==s[j])
     {i++;j--;}
 if(i<j)
    return 0;
 else
   return 1;}
```

3.
```
char delchar(char *s, int pos)
 {int i;
 char ch=s[pos];
 if(pos>=strlen(s)||pos<0)
      return 0;
 for(i=pos;s[i]!='\0';i++)
```

```
    s[i] = s[i + 1];
  return ch;}
```

4.

```
#include "string.h"
#include "stdio.h"
main()
{ char str1[20],str2[20], * p1, * p2;
int sum = 0;
printf("please input two strings\n");
scanf(" %s%s",str1,str2);
p1 = str1;p2 = str2;
while( * p1! = '\0')
{
  if( * p1 == * p2)
  {while( * p1 == * p2&& * p2!= '\0')
    {p1++;
      p2++;}
  }
  else
    p1++;
  if( * p2 == '\0')
    sum++;
  p2 = str2;
}
printf(" %d",sum);
getch();}
```

习　题　11

一、选择题

1～5：B D A C A

6～10：B D B B A

11～15：B C D B C

16～20：A C B D A

21～25：C C D B A

二、程序设计题

1.

(1)

```
int maxaval(struct node * head)
{ int m, * p, * pmax;
  p = head -> next; m = p -> data;
  for(p = p -> next;p! = NULL;p = p -> next)
    if(m <= p -> data) m = p -> data;
  return m;}
```

(2)

```
int * maxaval(struct node * head)
{ int m, * p, * pmax;
  p = head -> next; m = p -> data;pmax = p;
```

```
  for(p = p -> next;p!= NULL;p = p -> next)
    if(m <= p -> data)
      {m = p -> data; m = p -> data;}
return pmax;}
```

2.

(1)
```
void readrec(struct stud * ps)
{ int i, j;
    for(i = 0;i < N;i++)
    { gets(ps[i].num); gets(ps[i].name);ps[i].ave = 0;
        for(j = 0;j < 4;j++) {(scanf(" % d",&ps[i].s[j]); ps[i].ave + = ps[i].s[j]/4.0;}
        getchar();
    }
}
```

(2)
```
void writerec(struct stud * ps)
{ int i,j;
    for(i = 0;i < N;i++)
    { printf(" % s % s",(ps + i) -> num, ( * (ps + i)).num);
      for(j = 0;j < 4;j++) printf(" % 3d",ps[i].s[j]);
      printf(" % 6.1f\n",ps[i].ave);
    }
}
```

(3)
```
#define N 30
    main(){ struct stud a[N]; readrec(a); writerec(a);}
```

习　题　12

一、选择题

1～5：B B B C B

6～10：D A A C C

11～15：B C A A A

16～22：A C A B B A C

二、程序设计题

1.

```
#include < stdio.h >
#include < math.h >
void main()
{
    int i,x,y,z;
    for(i = 1;i < 10000;i + + )
    {   x = sqrt(i + 100);
        y = sqrt(i + 168);
        if(x * x = = i + 100&&y * y = = i + 168)
              printf(" % d\n",i);
    }
}
```

2.

```
#include <stdio.h>
#include <string.h>
void main()
{
char st[20],cs[5][20];
int i,j,p;
printf("input country's name:\n");
for(i=0;i<5;i++)
  gets(cs[i]);
printf("\n");
for(i=0;i<5;i++)
{
p=i;
strcpy(st,cs[i]);
for(j=i+1;j<5;j++)
  if(strcmp(cs[j],st)<0)
  {
  p=j;
  strcpy(st,cs[j]);
  }
if(p!=i)
{
  strcpy(st,cs[i]);
  strcpy(cs[i],cs[p]);
  strcpy(cs[p],st);
  }
  puts(cs[i]);
}
printf("\n");
}
```

习 题 13

一、选择题

1～5：B A B D A

二、程序设计题

1.

```
#include <stdio.h>
#define N 10
main()
{ char  s[100],t[N][100],ch; int i,j;
 FILE *fp;  fp=fopen("fname","w");
 for(i=1;i<=N;i++)                              /*将字符串输入到文件中*/
 { printf("Enter a string: "); gets(s);  fputs(s,fp);  fputc('\n',fp);}
  fclose(fp); fp=fopen("fname","r");i=0;
  while(!feof(fp)&&i<N)                         /*从文件中读入字符放入字符数组t中*/
   { j=0;  while((ch=fgetc(fp))!='\n')  {t[i][j++]=ch; j++;}   i++;}
  for(i=0;i<N;i++)  puts(t[i]);                 /*将字符数组中的字符串输出到终端*/}
```

2.
```
#include< stdio.h>
#define N 10
main()
{ float a[N]; int i; FILE *fp;
 for(i=0;i<=N; i++) scanf("%f",&a[i]);  /*从键盘中输入10个浮点数放入数组a中*/
 fp=fopen("fname","wb");
 for(i=0;i<N;i++) fwrite(a+i,sizeof(float),1,fp); /*从数组a中读出10个浮点数放入
                                                     文件中*/
 fseek(fp,0L,SEEK_SET);
 for(i=0;i<N;i++) fread(a+i,sizeof(float),1,fp); /*从文件中读出10个浮点数放入数
                                                    组a中*/
 for(i=0;i<N;i++) printf("%d\n",a[i]);     /*输出数组a中的10个浮点数*/}
```

参考文献

[1] K N King. C语言程序设计现代方法[M]. 2版. 吕秀锋,译. 北京：人民邮电出版社,2010.

[2] 谭浩强. C语言程序设计[M]. 北京：清华大学出版社,2005.

[3] 李丽娟. C语言程序设计教程[M]. 北京：人民邮电出版社,2009.

[4] 王敬华,林萍,张清国. C语言程序设计教程[M]. 北京：清华大学出版社,2009.

[5] 张秀国. 基于编程语言类课程教学方法的探讨[J]. 教育教学论坛，2014，10：213-214.

[6] 陈波,吉根林. C语言程序设计教程[M]. 北京：中国铁道出版社,2010.